国家自然科学基金项目（41272278）
安徽高校科研平台创新团队建设项目（2016-2018-24）
安徽高校自然科学研究重点项目（KJ2016A826）　　　　　　　资助
安徽理工大学引进人才科研启动基金（2020yjrc23）
矿井水害综合防治煤炭行业工程研究中心开放基金项目（2022-CIERC-03）

岩溶陷落柱发育模式及综合治理技术
——以淮北煤田为例

吴基文　张红梅　段中稳　毕善军　王广涛　著

科学出版社

北　京

内 容 简 介

本书以淮北煤田岩溶陷落柱为研究对象，采用野外勘查、现场测试、室内试验、模型预测等方法和手段，全面地研究了淮北煤田岩溶陷落柱的揭露方式、发育规律、充水性特征，分析了陷落柱与灰岩地层组合、煤田地质构造、地质与水文地质单元、古径流场、现今地温场、现代径流场条件、岩溶发育、构造演化等之间的关系，建立了陷落柱的发育模式，揭示了陷落柱充水性的主要控制因素，并对淮北煤田典型发育模式陷落柱进行了预测研究。在此基础上，建立了淮北煤田岩溶陷落柱水害防控体系，针对不同类型陷落柱提出了突水淹井陷落柱"止水塞"封堵治理技术、突水淹井陷落柱"截流-堵源"治理技术、近陷落柱掘进巷道出水隐伏陷落柱探查与治理技术、近陷落柱开采工作面出水隐伏陷落柱探查与治理技术、巷道揭露（疑似）陷落柱探查与治理技术、采场下隐伏陷落柱水平孔钻进与高压注浆超前探查与治理技术等陷落柱综合治理技术，并应用于工程实际，取得了显著的经济效益和社会效益。研究成果对皖北矿区乃至华北地区类似条件的矿井岩溶陷落柱形成机制及其水害防治均具有重要的指导意义，推广应用前景十分广阔。

本书可供煤田地质、水文地质、地质工程、勘查技术与工程、矿山地质灾害防治及采矿工程等专业从事相关课题研究的科研人员、工程技术人员及大专院校师生参考。

图书在版编目(CIP)数据

岩溶陷落柱发育模式及综合治理技术：以淮北煤田为例／吴基文等著.
—北京：科学出版社，2022.11
　ISBN 978-7-03-073712-0

Ⅰ.①岩… Ⅱ.①吴… Ⅲ.①煤田–岩溶塌陷–综合治理–研究–淮北
Ⅳ.①TD327

中国版本图书馆 CIP 数据核字（2022）第 208274 号

责任编辑：焦　健／责任校对：何艳萍
责任印制：吴兆东／封面设计：北京图阅盛世

科学出版社 出版
北京东黄城根北街 16 号
邮政编码：100717
http://www.sciencep.com

北京中科印刷有限公司 印刷
科学出版社发行　各地新华书店经销

*

2022 年 11 月第 一 版　开本：787×1092　1/16
2022 年 11 月第一次印刷　印张：17 1/2
字数：410 000

定价：238.00 元
（如有印装质量问题，我社负责调换）

前　言

岩溶陷落柱突水是华北煤田主要的水害类型之一，一旦突水，后果将十分严重。充水条件不同的陷落柱，将影响煤矿开采工作面涌突水威胁程度及其防治工程的设计。淮北煤田揭露的岩溶陷落柱多为干燥无水或弱淋水，但也发生过陷落柱特大突水事故，造成了巨大的财产损失。随着煤田进入深部勘探与开采，岩溶陷落柱水害威胁程度将增大。淮北煤田构造和水文地质条件均较复杂，不同构造单元岩溶发育规律、陷落柱的揭露特征、分布规律、充水性等差异较大。因此，系统地开展淮北煤田岩溶陷落柱发育特征、发育模式、充水性与控制机理及其综合治理技术研究，不仅具有重要的理论意义，而且具有较高的应用价值。

鉴于此，作者在国家自然科学基金、安徽省教育厅自然科学基金、安徽高校科研平台创新团队建设项目以及淮北矿业（集团）有限责任公司科研基金、皖北煤电集团有限责任公司科研基金的共同支持下，淮北矿业（集团）有限责任公司、皖北煤电集团有限责任公司一起，联合高等院校、科研院所、勘探系统等单位，系统地开展了淮北煤田岩溶陷落柱的探查、评价、预测、防治等多项研究，取得了显著的经济效益和社会效益，多项研究成果经同行专家评价达到了国际领先或先进水平，获省部级科学技术奖二、三等奖各两项。张红梅副教授完成了博士论文的研究工作。本书即是在这些研究成果的基础上完成的。

本书以淮北煤田岩溶陷落柱为研究对象，采用野外勘查、现场测试、室内试验、模型预测等方法和手段，全面地研究了淮北煤田岩溶陷落柱的揭露方式、发育规律、充水性特征，分析了陷落柱与灰岩地层组合、煤田地质构造、地质（水文地质）单元、古径流场、现今地温场、现代径流场条件、岩溶发育、构造演化等之间的关系，建立了陷落柱的发育模式，揭示了陷落柱充水性的主要控制因素，并对淮北煤田典型发育模式陷落柱进行了预测研究，在此基础上，归纳总结了淮北煤田典型陷落柱的综合治理技术。本书主要内容有：①依据淮北煤田地质构造、基岩面和松散层沉积特征、含水层水化学特征等，将淮北煤田地质（水文地质）单元划分为2个一级水文地质单元和5个二级水文地质单元。淮北煤田受徐-宿弧形构造中段和南段影响明显，具有南北分区、东西分段的特点，推覆构造西部外缘地带或锋带位置上的濉肖-闸河矿区和宿县矿区，揭露的陷落柱数量相对较多。②综合研究了淮北煤田灰岩地层的沉积组合类型、岩性特征、灰岩组成成分、测井特征等，确定了中奥陶统灰岩地层为岩溶陷落柱发育的基底地层。系统地研究了淮北煤田岩溶发育特征，总结了灰岩含水层岩溶发育规律。中奥陶统灰岩地层经历了沉积岩溶期、风化壳岩溶期、埋藏岩溶期、构造（半埋藏）岩溶期、二次埋藏岩溶期等5个岩溶作用期次，半埋藏岩溶期为淮北煤田岩溶发育和陷落柱形成的主要期次。③系统地整理分析了淮北煤田陷落柱的揭露资料，从几何学特征、空间位置和分布规律、充填特征、充水性特征等方面，结合物探和放水试验等成果，构建了陷落柱特征系统分类。淮北煤田陷落柱揭露方式主要包括采掘直接揭露、突水显现和综合判定三种类型。揭露的陷落柱横向截面多为椭圆形，纵向剖面为不规则三角形，几何学特征差异较大；柱顶层位发育至太原组灰岩，第2层段发育至松散地层。根据陷落柱柱体充填特征，将其划分为压实和未压实两类；根据充水性将陷落柱分为不充水型、柱缘裂隙弱充水型和强充水型；并厘定了陷落柱发育的四个期次。④基于淮北煤田构造系统、灰岩地层沉积特征、岩溶发育规律、现代径流条件、古径流场恢复、地温分布规律、陷落柱发育特征及其充水性特征等研究，建立了淮北煤田岩溶陷落柱的岩溶接触带型、向斜构造控制型、断裂构造控制型、内循环控制型、灰岩地层半裸露外循环控制型和灰岩地层隐伏外循环控制型等6种典型发育模式。⑤通过研究陷落柱与构造特征、灰岩含水层富水性、含水层间水力联系、边界断层性质、井田补径排条件、矿区构造演化、水质水位异常和地温场规律性之间的关系，论证了不充水型、柱缘裂隙弱充水型和强充水型三类陷落柱充水性的主要控制因素。不充水或弱充水型均为古陷落柱，分别是印支—早燕山期、早燕山期和晚燕山期岩溶作用的产物；强充水型陷落柱包括外循环控制发育型和内循环控制发育型，为现代岩溶作用的结果。灰岩地层岩溶发育程度高和含水层富水性强的井田位置，多揭露强充水型陷落柱。⑥依据陷落柱空间位置特征和充水性控制因素研究结果，针对典型陷落柱发育模式的井田，基于GIS空间数据多源信息复合技术，定量地统计了内循环控制型、外循环控制型和向斜构造控制型发育模式下陷落柱发育特征参数，分别采用决策树分级归类法、多源信息复合预测法，对深部岩溶陷落柱空间位置及其充水性进行了预测，通过对比预测结果和已揭露陷落柱实际情况，验证了陷落柱发育模式和充水性控制机理结论的准确性，为深部岩溶陷落柱防治工作提供了空间靶区。⑦针对不同陷落柱的导含水性特征，开展了一系列探查与治理技术研究工作，建立了（疑似）陷落柱水害治理模式与工作流程，提出了陷落柱位置和范围的井下、井上物探和钻探相结合的综合探查方法，集成创新了岩溶陷落柱水害防治技术，即突水淹井陷落柱"止水塞"封堵治理技术、突水淹井陷落柱"截流-堵源"治理技术、近陷落柱掘进巷道出水隐伏陷落柱探查与治理技术、近陷落柱开采工作面出水隐伏陷落柱探查与治理技术、巷道揭露（疑似）陷落柱探查与治理技术、采场下隐伏陷落柱水平孔钻进与高压注浆超前探查与治理技术等，并进行了工程应用，取得了显著的经济效益和社会效益。

本书主要创新性成果有：①建立了淮北煤田岩溶陷落柱的发育模式，揭示了陷落柱充水性的主要控制因素。基于淮北煤田灰岩地层沉积特征、煤田构造系统、现代径流条件、岩溶发育规律、古径流场恢复、地温分布规律、陷落柱发育特征及其充水性特征等研究的基础上，建立了淮北煤田岩溶陷落柱发育的6种典型模式，分别为岩溶接触带型、向斜构造控制型、断裂构造控制型、内循环控制型、灰岩地层半裸露外循环控制型和灰岩地层隐伏外循环控制型岩溶陷落柱发育模式。论证了不充水型、柱缘裂隙弱充水型和强充水型陷落柱充水性影响因素，揭示了陷落柱充水性控制机理。②归纳总结了淮北煤田岩溶陷落柱的发育特征。分析了淮北煤田现有陷落柱的揭露方式，系统地研究了陷落柱的几何学、平面分布、柱体充填、发育层位和充水性等特征，对陷落柱进行了系统分类，确定了陷落柱的形成期次。③提出了淮北煤田典型发育模式陷落柱空间位置及充水性预测方法。针对典型陷落柱发育模式的井田，采用决策树分级归类法、单因素分级赋值模糊综合预测法，对深部岩溶陷落柱空间位置及其充水性进行了预测，验证了陷落柱发育模式和充水性控制机理结论的准确性，为深部岩溶陷落柱防治提供了靶区。④建立了（疑似）陷落柱水害治理模式与工作流程，提出了陷落柱位置和范围的井下、井上物探和钻探相结合的综合探查方法，集成创新了岩溶陷落柱水害综合治理技术。

本书共 7 章，由安徽理工大学吴基文教授、张红梅副教授、王广涛博士，皖北煤电集团有限责任公司段中稳副总工程师，淮北矿业（集团）有限责任公司毕善军副总工程师合作完成。其中前言、第 1 章由吴基文教授、张红梅副教授合作撰写；第 2 章由吴基文教授、张红梅副教授、段中稳副总工程师、毕善军副总工程师合作撰写；第 3 章、第 4 章由张红梅副教授、吴基文教授合作撰写；第 5 章、第 6 章由张红梅副教授、王广涛博士合作撰写；第 7 章由吴基文教授、段中稳副总工程师、毕善军副总工程师、张红梅副教授合作撰写。全书由吴基文教授、张红梅副教授统稿。

本书研究工作自始至终得到了淮北矿业（集团）有限责任公司、皖北煤电集团有限责任公司、安徽理工大学等单位领导和技术人员的热情指导和大力支持。在现场资料收集、采样与测试过程中，得到了淮北矿业股份有限公司和安徽恒源煤电股份有限公司及所属煤矿领导及地测技术人员的大力帮助。

自 2012 年以来，安徽理工大学研究生黄伟、邱国良、张郑伟、翟晓荣、彭涛、王浩、李博、宣良瑞、郭艳、郑晨、彭军、郑挺、沈书豪、张海潮、任自强、田诺成、黄凯等做了大量的现场资料收集与室内外试验工作。研究生毕尧山和黄楷参与了本书插图的清绘工作。

借本书出版之际，向以上各单位领导、专家、老师和朋友们为本书研究和出版提供指导、支持和帮助表示衷心感谢！向本书引用文献中作者的支持和帮助表示衷心感谢！向参与本项研究的同事和研究生们表示衷心感谢！

本著作的研究和出版得到了国家自然科学基金项目（41272278）、安徽高校科研平台创新团队建设项目（2016–2018-24）、安徽高校自然科学研究重点项目（KJ2016A826）、安徽理工大学引进人才科研启动基金（2020yjrc23）和矿井水害综合防治煤炭行业工程研究中心开放基金项目（2022-CIERC-03）的资助，在此表示衷心感谢。

限于研究水平和条件，书中难免存在不足之处，恳请读者不吝赐教。

2022 年 8 月于淮南

目　　录

第1章 绪 论

1.1 研究背景与意义

陷落柱突水是煤矿生产中最严重的水害事故类型之一。陷落柱具有隐蔽、分散分布、规模相对较小、不易探查、难以预判、易活化突水、突水量大、治理工程大等特点，是煤矿开采过程中重点防范的地质构造体。

近年来，在我国北方神华、开滦等矿区发生过多起陷落柱突水事故（吴文金，2006b；曹阳勃，2016；张勃阳等，2016；尹尚先等，2019），有关陷落柱的研究一直都是华北型煤田水害防治的重点与难点（表1.1）。

表 1.1 华北煤田特大突水陷落柱特征

事故时间	事故地点	水压/MPa	最大涌水量/(m³/min)	水温/℃	损失情况
1964.04.13	河北井陉三矿	3.40	1.80		40m处，断裂带导通
1965.08.25	河南铜冶矿103工作面		25.30		淹井
1967.01.28	山西霍州圣佛矿483m水平大巷		7.80		巷道报废，淹井
1967.03.29	河南焦作李封矿东18南区		120.00		淹井
1978.03	河北开滦范各庄矿204二水平工作面		59.70		裂隙沟通，淹没-310m水平
1983.01.15	江苏徐州庞庄东城井		1.60		部分巷道被淹没
1983.06.03	河北开滦范各庄矿2176工作面		14.08		导水陷落柱进入断层0.2~0.5m导通奥灰水后淹井
1984.04	山西霍州圣佛矿-500m大巷		3.30		部分巷道被淹没
1984.06.02	河北开滦范各庄矿2171工作面	6.04	2053.00	38	4个矿淹井，减产煤炭1141.7万t，损失近5亿元，多人遇难
1993.01.05	山东郭家庄矿-210m北大巷		550.00		淹井
1996.03.04	安徽任楼煤矿 $7_2$22工作面	6.90	576.17	43	断层沟通，淹井，直接损失2亿元
1997.02.18	江苏徐州张集矿-300m水平轨道下山	4.50	401.60	33	淹井，损失约6880万元

事故时间	事故地点	水压/MPa	最大涌水量/(m³/min)	水温/℃	损失情况
1997.04.22	山东肥城杨庄煤矿 8701 工作面		40.00		部分巷道被淹没
1999.11.25	河南辉县吴村矿 32031 工作面		40.00		淹采区
2003.04.12	河北邢台东庞矿 2903 工作面	5.20	1167.00	36	淹井,损失 3.8 亿元
2009.01	河北峰峰集团九龙矿 14123N 工作面	7.50	120.00		淹井
2010.03	内蒙古乌海骆驼山矿 16 煤层回风大巷 870m 水平	2.30	1000.00		淹井,损失约 4853 万元,32 人遇难,7 人受伤
2011.12	河北黄沙矿 1102106 工作面		380.00		淹井
2013.02	安徽淮北桃园煤矿	6.35	166.67	35	淹井,1 人失踪
2014.07	河北峰峰集团梧桐庄矿				底板隐伏陷落柱突水
2017.05.23	安徽淮南潘二矿		242.00		淹没部分巷道

淮北煤田位于华北板块南缘,为典型的华北隐伏型煤田,主采二叠系煤层,且煤系地层被较厚新生界松散层所覆盖。淮北煤田从上到下含水系统包括:第四系松散含水层、二叠系煤系砂岩裂隙含水层、石炭系太原组灰岩(简称太灰)含水层和奥陶系岩溶含水层(徐德金,2009)。淮北煤田二叠系山西组下组煤距其下伏太原组灰岩含水层平均距离 60m 左右,距奥陶系灰岩(简称奥灰)地层 100m 以上,正常情况下下组煤回采不受奥灰含水层影响。但若存在岩溶陷落柱,可造成太原组灰岩、煤系地层与奥灰含水层间产生水力联系,从而导致严重突水事故(梁红书和秦万能,2016;Zeng et al.,2016)。

淮北煤田水文地质条件极为复杂,已于 10 个生产煤矿揭露陷落柱 32 个。揭露的陷落柱数量虽不多,但不充水、弱充水、强充水甚至突水的陷落柱均有揭露,空间分布差异明显。淮北煤田曾揭露突水陷落柱 4 个,其中特大突水事故 2 次,损失巨大,分别为 1996 年任楼煤矿 $7_2$22 工作面陷落柱突水,最大突水量 34571m³/h,直接经济损失 2 亿元(张瑞钢,2008);2013 年桃园煤矿 1035 工作面隐伏陷落柱突水,最大突水量 29000m³/h,损失严重。

随着煤矿开采深度和下组煤开采规模不断地加大,开采过程中煤层底板承受下伏岩溶含水层水压逐步增大,若存在陷落柱,在采动影响下,形成充水导水通道,可能诱发突水(Sevil et al.,2017)。陷落柱充水性,是判断陷落柱发育阶段、控制陷落柱附近煤炭开采是否导突水的重要条件,对于不同充水条件的陷落柱,在探查出基本特征后,会采用相应的治理与防治水工程,因此,陷落柱发育特征及充水性研究是防治水的重要依据和基础工作。淮北煤田前期研究多集中于揭露陷落柱形态和出露特征、突水特征、突水过程和突水机理等;研究对象多为揭露陷落柱所在煤矿,需加强系统的岩溶发育规律、陷落柱空间位置、发育特征、充水性等方面的研究，缺少空间差异性与规律性研究。本书针对淮北煤田，研究内容主要为陷落柱的发育空间规律、发育期次、发育模式和充水性等，在此基础上，对岩溶陷落柱水害的综合治理技术进行系统总结。

系统地研究淮北煤田陷落柱分布规律、发育模式与机理、充水性控制机理，是深部开采、陷落柱防治工作的基础。开展淮北煤田岩溶陷落柱发育特征及充水性控制机理研究，对于淮北煤田煤炭资源安全、高效开采具有重要指导意义。研究成果对华北煤田陷落柱发育模式和充水性控制机理研究及其治理也具有重要参考价值。

1.2 国内外研究现状

1.2.1 国外研究现状

由于煤层与灰岩地层特殊的地层组合特征，发育了华北煤田和华南煤田特殊的陷落柱构造地质异常体，国外仅有岩溶塌陷和采矿垮落的理论作为研究借鉴（尹尚先等，2019）。国外研究中与陷落柱成因相似的陷坑（sinkhole）等有相关研究较多，多矿坑或工程隧道陷落问题（Sevil et al.，2017；Song et al.，2012）。坑穴、岩溶塌陷研究方面，多涉及的地质构造、水文地质条件分析等，如 Osipov 等（2017）研究在产钾矿岩溶天坑形成时的水动力条件和地质力学结构原因；Siska 等（2016）研究了溶洞和塌陷的稳定性与灾害评价研究；Santo 等（2017）对于岩溶塌陷区域进行预测评估；Lny 等（2020）在古岩溶洞穴和岩溶角砾岩的形态特征描述基础上进行地质模型绘制，以上多涉及塌陷体危险性评价和古岩溶地貌的描述。相关的古岩溶研究方面，多涉及塌陷坑的演化与过程，如 Georg 和 Douchko（2016）研究了德国哈尔茨山脉南部一个典型的塌陷坑，利用地球物理测量（重力、电阻率层析成像、自然电位、磁学）来识别局部塌陷坑信号，恢复岩溶岩石中流动和溶解的三维岩溶演化模型。国外关于岩溶塌陷或岩溶陷落的研究内容总体上集中在岩溶地貌、塌陷坑和古岩溶的储层特征和岩溶三维模型重塑等方面，有关岩溶陷落柱或沉煤地层环境岩溶的研究内容相对较少。

1.2.2 国内研究现状

国内于 20 世纪 40 年代发现并提出岩溶陷落柱（karst collapse column）概念，研究该地质异常构造体已有 70 余年的历史，其主要揭露于华北煤田，华南煤田也有零星揭露。陷落柱被发现后，一段时间内困扰着煤田地质和矿业工程专家。于 1987 年召开了华北地区岩溶陷落柱学术交流会，研讨了陷落柱形成机制、时期及其特殊地质现象等内容，自此以后陷落柱研究系统性增强。现阶段陷落柱研究已深入至岩溶发育模式、突水机理、工程应用等领域（宋卫华等，2019；开滦矿务局，1986a，1986b）。通过对陷落柱的研究也加强了对煤田地层沉积、构造特征、水文地质条件、构造演化等方面的研究。

采矿界、基础地质和岩溶水文地质等领域的专家，一直长期致力于煤田岩溶作用和陷落柱构造体及其相关领域的研究，取得了较为系统和全面的研究成果，很好地指导了工程应用和理论创新等领域，如尹尚先等（2019）长期研究岩溶陷落柱及致灾理论技术体系，全面系统地从陷落柱发育特征、分类、分布规律、成因、充水性、突水模式及机理、预测、综合探查治理等方面进行研究，取得了较为完善的理论和技术体系，在该研究领域成果丰硕。李永军和彭苏萍（2006）、赵金贵和郭敏泰（2014）、赵金贵等（2020）等以陷落柱密集发育的山西西山煤田岩溶陷落柱为主要研究对象，系统地研究陷落柱的发育特征、充填组成、发育模式、形成时代等。经过长期的探索与研究，众多团队取得了丰硕成果，各自发挥着专业优势，形成百家争鸣、学科融合的发展态势，不断促进陷落柱研究及相关领域的发展。

以下针对华北煤田陷落柱研究相关内容，从陷落柱几何形态特征、柱体充填特征、陷落柱分布规律、陷落柱成因与发育、陷落柱充水性与导突水特征、陷落柱探测与识别、陷落柱的工程治理等方面，系统地介绍陷落柱研究的相关成果。在陷落柱研究内容介绍基础上，分析淮北煤田陷落柱的研究现状及研究基础。

1. 陷落柱发育特征与发育规律研究现状

1）陷落柱形态特征及伴生特征研究方面

陷落柱的水平截面多呈椭圆形，剖面多圆锥状。揭露的陷落柱发育至松散层—灰岩层段，大多发育于奥陶系或寒武系灰岩地层。柱内充填物压实胶结，少数填充松散，极少数洞顶置空现象等。柱体横截面积数百至数万平方米，多数高达 100～300m，少数高达 600m。陷落柱发育密度、柱内上覆岩层垮落距离、堆积状态、围岩构造与围岩裂隙发育程度、柱体方解石充填状况、胶结程度、柱轴倾斜程度等差异明显（李俊杰等，2010）。

牛磊（2015）、张永双等（1998）等学者，就华北煤田特殊的陷落柱构造，从岩溶形成时间、形成时代、灰岩地层基底条件、构造演化、地下水径流场的变化等方面，对陷落柱特征进行了全面、系统地分类与概述。张永双等（1998）采用陷落柱不同的特征指标，对陷落柱进行系统的分类研究。李振华等（2014）采用理论分析、现场观测的手段从几何参数、发育特征、出现前兆和分布特征等 4 个方面分析归纳双柳煤矿陷落柱的基本特征，认为陷落柱主要发育在浅部，附近通常伴有小断层，周围煤岩层产状发生变化，主要分布在奥灰岩溶溶孔、溶洞发育比较强烈的区域。

2）空间发育规律研究方面

基底为巨厚可溶地层、上覆松软地层组合、古岩溶或现代岩溶强发育，上述三点是陷落柱发育的必要条件（赵金贵和郭敏泰，2013；王彦仓等，2010）。构造控制灰岩地层的赋存和地下水的补给条件，因此陷落柱的发育与构造关系极为密切。陷落柱多分布于埋藏型灰岩含水层浅部位置，或向斜轴部附近地层浅部（尹尚先等，2004a，2008）。中奥陶统中，构造体集中发育处、岩溶泉域排泄带或强径流带，为陷落柱主要的发育构造位置（施龙青等，2015）。陷落柱多揭露于古径流带上，唐攀等（2015）指出岩溶多发育于地势低洼处，地下水排泄位置附近。

李成（2015）在研究阳泉矿区陷落柱发育特征基础上，研究区域褶皱和断裂构造体系，结合区域地震规律，给出相关性分析，得出构造控制的主要结论。曹鹤（2017）在应用分形、底板曲率等方法对研究区陷落柱的发育规律和成因进行了研究。断层落差较大地带，可以增强岩溶水的径流，是陷落柱发育主要地段（张茂林和尹尚先，2007）。

张书林等（2011）总结出陷落柱多位于断层应力集中部位或向斜轴部，其受岩溶水和构造裂隙的共同影响。蒋勤明（2008）、吴基文等（1998）等得出陷落柱分布具有集群性、网格状、似等距和构造控制性等特征。同时，在垂直方向看，陷落柱分布浅部多于深部（乔伟，2011；贺志宏，2012）。Ennes 等（2016）得出岩溶作用的向斜控制机理，同时分析了岩溶的构造控制作用。Silva 等（2017）研究了河流的岩溶控制作用，以及岩溶空间位置与河流的空间的一致性。

地面和井下探查相结合，是确定陷落柱范围和空间位置的方法之一，定位和定性精度均较高（李振华等，2009）。

2. 陷落柱形成机理与发育模式研究现状

陷落的形成条件：可溶性岩层、丰富的地下水补给和有利于地下水沟通的通道、强径流条件（段中稳，2004；王首同等，2010）。公认的形成机理理论有：重力塌陷（李振华等，2014）、石膏溶蚀（钱学溥，1988）、真空吸蚀（张鑫，2017）、热液成因（陈尚平，1993）、向斜"倒楔形"裂隙发育（尹尚先等，2004a）、"水岩共振"（徐卫国和赵桂荣，1990；代群力，1991）、溶洞循环扩溶形成论（渗流效应）（赵金贵和郭敏泰，2013；Martinezj et al., 2011）、液化论（Ma et al., 2019）、压力差理论（Yong and Shu, 2018）、潜蚀论（Terzaghi, 1992）等。

大量研究表明，地下水强径流是陷落柱形成的必要条件。但是在弱径流处，亦揭露陷落柱，且导水性强。王经明等（2007）、Li 等（2008）等从内热循环原理提出非外循环陷落柱成因，Frumldn 等（2015）研究了热液岩溶作用的过程。除以上成因外，仍有气爆效应、工程动荷载效应理论等。岩体（岩层）塌陷应力来源有其上覆盖物重力、构造应力、水动力等，因此塌陷的模式多样，如重力、荷载、溶蚀、潜蚀、真空吸蚀、冲爆、振动致塌模式等（贺可强等，2017）。

由上得出陷落柱形成条件：可溶岩层与上覆松散岩层、构造控制、地下水强径流和排泄点通畅、主应力重力或伸展构造区域等致塌条件相互作用下，共同影响着区域陷落柱的发育（尹尚先等，2004b；毕雅静，2006）。可溶性岩层之上覆盖的巨厚的煤系地层，长时间塌陷压实后可以成为较好的阻水、隔水层段，从而削弱地下水的岩溶过程和机械搬动作用，这也是为什么岩溶陷落柱仅发现于煤田开采煤矿的主要原因。

煤田岩溶规律研究方面，李俊杰等（2010）、隋旺华等（2019）、田景春等（2009）专家，长期研究华北煤田灰岩含水层岩溶储层特征、岩溶发育规律、控制因素等。He 等（2010，2012）对比中国南北方岩溶，对华北煤田岩溶发育特征、地下水扰动对岩溶发育的影响评价等方面做出系统的研究。

3. 陷落柱充水性与导水性研究现状

1) 充水性与导水性规律研究方面

陷落柱的充水性决定于发育层位、地层组合和陷落、规模、胶结状况等，而胶结状况又和其发育时代和填充物的特征有关（尹尚先等，2004a；吴文金，2006a；李俊杰等，2010）。已有研究表明，陷落柱形成的时间主要发生在上石炭—二叠系煤系地层沉积后—喜马拉雅早期（李振华等，2014；张勃阳等，2016），定量研究的结论为 $40 \sim 30 Ma$（赵金贵等，2020）。

陷落柱形成后经历长时间压实，呈胶结或半胶结过程，柱体本身可充当隔水塞，故无导（突）水可能。空腔时间长的陷落柱，其壁缘煤、岩层浸水、氧化，形成数米宽度的风氧化带。

马占国等（2009）、Ma 等（2016）针对奥灰岩溶发育规律、奥灰顶渗透性和阻水性能、煤层开采底板奥灰突水机理和防治等方面进行系统研究，建立陷落柱充水水源判识技术。

师皓宇和田多（2018）、周锦涛（2017）等分别从柱体赋存特征和采动影响研究陷落柱的导水性，指出陷落柱直径规模对柱体导水性的影响，工作面推进时应力、应变和渗流场的变化规律对导水性的影响，并解释其充水和导水原因。啜晓宇和滕吉文（2017）结合陷落柱充水特征，理论分析和数值模拟突水的控制机理。位于奥灰岩溶水现代强径流地带或排泄区附近的陷落柱，地下水水压高，具有现今岩溶发育或"复活"的条件，从而生成或演变成导水性陷落柱，其危害较大（李金凯和周万芳，1989）。高承压强富水条件下，华北煤田多数陷落柱并不充水（尹尚先等，2005），说明以上只是发育或"活化"导水的必要条件之一（许进鹏和桂辉，2013）。

2) 陷落柱导（突）水机理研究方面

常见的研究方法有：柱体特征研究、力学推导、物理模拟和数值模拟等。

司海宝等（2004）、杨为民等（2005a）从柱缘围岩结构出发，将柱体分为不导水和导水型。杨为民等（2001）垂向上将柱体划分为三段，并分析各段对陷落柱阻水性的作用。柱体本身多具阻水效果，柱缘贯穿性节理是高压水导入工作面的主要通道。许进鹏等研究了弱径流条件下煤矿开采时柱缘裂隙、柱顶存在空洞时陷落柱更易活化的机理（许进鹏，2006；许进鹏等，2006）。因此，柱体本身特征研究尤为重要。

王家臣、许进鹏等（王家臣和杨胜利，2009；许进鹏和桂辉，2013）在陷落柱形成与构造异常体充水、导（突）水力学判据方面进行了研究；张永双、尹尚先、詹金明等（张永双等，2000；尹尚先等，2004a，2005；詹金明，2020）分别从几何形态、空间形态、柱顶层位、规模等指标分类，详细划分陷落柱导水模式。

物理和数值模拟模型是通过设置地质体条件，研究岩石渗流致裂突水过程和机理，有益成果颇多。

司海宝、杨为民等（司海宝等，2004；司海宝，2005；杨为民等，2005）建立了全柱和柱缘裂隙导突水力学模型。李连崇等（2009）、Zhang 等（2009）、陈占清等（2014）、

Bo 等（2016）等通过研究柱体或围岩破碎泥岩的渗流和围岩破坏，研究渗透破坏后突水机理。贺志宏（2012）采用钻孔窥视仪观测陷落柱内部结构，并采用回弹仪和实验室试验对内部跨落物物理力学参数进行测试，完成了顶端尖点突变突水设计和研究。

杨为民等（2005b）、尹尚先和王尚旭（2003）利用应力应变数值模拟、Miao 等（2011a，2011b）利用全应力–应变渗透试验、马占国等（2009）利用谱截断法均研究了开采条件下柱体及围岩应力、应变的过程，并分析其存在对底板和围岩损伤的过程，得出陷落柱存在时的突水机理。

4. 陷落柱探查技术研究现状

陷落柱的预警、防治在某些水害较强的煤矿已成功实现。目前，陷落柱发育及特征的探查方法有：综合物探和钻探验证等（许海涛等，2014）。导水性的探查主要方法有物探、巷探、钻探和水化学判别等。尹奇峰等（2012）、赵庆彪等（2015）在陷落柱构造体识别、综合物探探查技术、井下突水治理等方面，取得的成果具有国际领先地位，为陷落柱的识别和研究奠定了坚实的基础。

对于陷落柱构造体的充水性、导水性，物探是较为直接有效的方法，如三维地震控制岩溶陷落柱的位置、范围和规模，结合如钻孔分析、抽（注）水试验、地质及水文地质分析等（Zhang and Lin，2008）；瞬变电磁研究陷落柱的分区分段特征和富水性等（孙浩等，2014）。Yang 等（2016）基于沉积物测年结合钻孔钻探和地球物理调查的方法，确定区域断层与陷落柱构造差异性，取得较好的效果。

在地面施工少量验证钻孔，物理探查研究煤矿陷落柱一种新的、综合的、有效的物探方法（于绍波等，2017）。水化学判别方面，葛家德和王经明（2007）利用各含水层标准水样离子数据，聚类模糊综合评判判断出水水源并预警陷落柱突水风险。Miao 等（2011a）利用水质成分聚类和环境同位素构建综合判别模型。

积极防治工作对于矿井突水意义重大（谢志钢等，2019）。郑士田（2018）根据陷落柱导水类型及突水特征总结提出高密度低压充填复合低密度高压劈裂式注浆治理技术，对典型矿井的工程示范，取得了良好的水害治理效果。

5. 陷落柱预测研究现状

陷落柱形成位置受控于古径流环境、构造系统等。因此，预测陷落柱空间发育，即转化为研究岩溶作用的过程，从构造期次、岩溶过程和现代地质构造特征，将古论今，结合古地形地貌、古水文等，多源信息复合分析，宏观预测陷落柱可能发育位置等（Luo et al.，2012；尹尚先等，2016）。

Wu 等（2017）、张伟杰等（2014）、牛磊（2015）等在陷落柱类型划分、含水层富水性、底板突水预测与评价方面研究较为深入，提出了系列评价指标和方法，准确地预测于各煤矿或矿区，取得了良好的效果，如经典的地理信息系统（GIS）等方法支持下的脆弱性指数法，被广泛地应用于各研究煤矿。曹代勇等（2020）、方婷（2017）、李法浩（2019）等在煤盆构造演化、陷落柱发育规律、华北型煤田矿井突水机理等研究方面，有效地指导构造控溶、陷落柱发育预测等研究，做出重要的贡献。

对于具体煤矿范围，综合物探和定向钻孔验证，是预测陷落柱具体发育位置的常用、有效的方法（Zuo et al., 2009；李永军和程绍强，2015）。

6. 淮北煤田陷落柱研究现状

淮北煤田赋煤范围约 4100km²，已探查储量约 67 亿 t，在建和生产矿井 20 对以上。深部开采，特别当遇到断层或陷落柱等特殊构造体时，易发生特大突水事故，如 1996 年任楼煤矿首采 7_222 隐伏陷落柱沟通的奥灰突水事故，1997 年桃园煤矿 1022 底板突水，2005 年朱庄煤矿 Ⅲ622 突水，2013 年桃园煤矿 1035 工作面陷落柱特大突水事故等。

继任楼煤矿、桃园煤矿发生陷落柱特大突水事件后，专家们对淮北煤田陷落柱发育与导（突）水研究日益重视。

宋晓梅等（1997）提出了煤系地层陷落柱多期活动模式。段中稳（2004）等综合煤矿水文地质条件，结合物探等技术准确地预测任楼煤矿 2 号陷落柱强充水特性。童世杰等预测了任楼煤矿陷落柱的构造控制位置。桂和荣和陈陆望（2007）、陈陆望等（2017b）、童世杰等（2004）等，在两淮煤田乃至华北煤田水源识别、含水层水化学与动力条件方面研究成果丰硕，指导突水防治工作。

黄大兴和王永功（2005）总结了刘桥一矿陷落柱揭露规律。吴基文等（1998）、董昌伟等（2005）、徐冰寒（2004）研究刘桥一矿所揭露陷落柱空间分布特点、原因，同时对陷落柱特征进行归类、总结。吴文金（2006b）从水温、水化学等方面对其导水性进行判定。

宋晓洪和王经明（2008）认为淮北煤田陷落柱成因与永城煤田类似，主要为地下水内循环所致。Luo 等（2012）采用 GIS 方法多源复合分析，圈定了恒源煤矿陷落柱的可能发育位置。

张丽红（2012）采用波阻抗结合地震多属性分析技术反演桃园煤矿陷落柱空间特征。除了陷落柱的专题研究，与陷落柱研究有关的淮北煤田构造（陈富勇等，2009；吴诗勇等，2010；姜涛等，2014；彭涛，2015；翟晓荣，2015）、水文地质（Zuo et al., 2009；许庆青和许进鹏，2012）、灰岩岩溶发育（王浩，2013；胥翔等，2014；赵成喜，2015；杨志，2016）、地温场（徐胜平，2014）等研究成果丰富，基础地质工作程度较高。

各研究团队在陷落柱研究领域提出诸多理论体系、研究方法、探查手段、治理经验，在陷落柱特征、发育规律、基础理论与技术手段研究、矿井水害防治工作研究中，均做出了杰出的贡献，为本书研究提供了良好的理论基础和应用参考。

1.2.3 存在的问题

（1）现阶段国内陷落柱研究集中在发育特征、分布规律和突水机理方面，在此基础上完成陷落柱突水的防治工作。华北煤田揭露的陷落柱 95% 以上为不充水，无导（突）水危险，但仍存在 5% 陷落柱存在导（突）水危害。正确认识陷落柱发育模式与充水性控制机理，通过合理预测和排除法，可以有效地指导陷落柱探查与防治工作，减少陷落柱突水事故发生。

(2) 陷落柱研究的技术与手段主要包括水文地质条件分析、钻探物探化探综合识别、水源识别陷落柱充水性等,其研究多限于工作面或者采区范围,对于水文地质单元复杂的大范围煤田或矿区而言,系统性的研究较少。淮北煤田揭露的陷落柱数量虽不多,但各矿区,甚至在同一煤矿,其发育特征和充水性差异较大。系统地研究陷落柱充水性差异的原因,研究其控制机理,可以为有效地开展陷落柱突水防治和减少防治工作量提供依据。

(3) 淮北煤田范围内开展的岩溶发育、区域地质、构造系统等方面研究成果较多,但缺少煤田范围内的系统性、规律性研究。淮北煤田对岩溶陷落柱的空间分布规律、充水差异性及控制机理方面研究较少,取得的成果有限。淮北煤田范围大,需要的基础数据量大,研究淮北煤田岩溶陷落柱对煤田构造、水文地质条件、地温、水化学、岩溶、工程地质等学科理论系统性要求较强。淮北煤田自 20 世纪 60 年代始,一直勘探开采过程中,前期如此庞大的基础数据,有待科学、综合应用与研究,用以指导后期深部开采。

(4) 淮北煤田中奥陶系灰岩地层沉积后,经历了多期构造期作用,必须从构造演化史和构造控溶史出发,动态地研究淮北煤田水文地质条件变化、岩溶发育过程、陷落柱形成机理与发育模式,从而研究充水性控制机理。

(5) 陷落柱具有不易探查、煤矿内多零星分布、柱体规模相对小等特点。众多物探、化探、巷探、水文地质勘探等综合探查方法,各具优点,探查针对性强、精度较高,但其煤田范围内探查位置不易确定。因此,在煤田陷落柱发育模式、充水性控制机理研究基础上,预测陷落柱发育空间位置,通过实际揭露和综合探查技术,证实陷落柱发育模式、充水性控制机理结论和预测方法的正确性,可以有效地为煤田范围内进行陷落柱空间预测、有针对性地进行探查和预防工作提供理论基础和应用指导。同时,也为类似特征的煤田陷落柱研究提供思路和手段,具有一定的借鉴意义。

1.3 研究内容和方法

1.3.1 研究内容

以淮北煤田岩溶陷落柱为研究对象,研究煤田岩溶发育规律、陷落柱发育特征、陷落柱发育模式及充水性、控制机理为核心研究内容。综合利用沉积学、岩石学、构造地质学等理论,在地球系统科学理论指导下,建立淮北煤田可溶岩组合模式、陷落柱发育特征和发育模式,确定陷落柱形成期次,进行陷落柱充水性分类及控制机理及其预测研究。主要内容包括:

1) 淮北煤田水文地质与构造单元划分

从淮北煤田构造体系特征、基岩起伏、松散层厚度、含水层沉积特征及水化学、推覆构造系统等,确定淮北煤田水文地质与构造地质单元。

2）淮北煤田岩溶发育规律

（1）灰岩含水层的沉积特征和沉积相、岩性、地层组合；

（2）岩溶特征和富水性等；

（3）灰岩岩溶发育平面空间规律和垂向规律；

（4）恢复加里东风化壳淋溶期和构造半埋藏岩溶期径流环境，研究淮北煤田灰岩含水层岩溶发育、陷落柱发育与两期古岩溶作用的关系。

3）淮北煤田陷落柱发育特征、发育规律、充填特征和系统分类

系统地归纳总结岩溶陷落柱的揭露特征、发育特征、分布规律、充填特征、充水性特征，对揭露陷落柱进行特征类型划分，并确定不同类型陷落柱的形成期次。

4）淮北煤田陷落柱发育模式

根据陷落柱特征，确定淮北煤田岩溶主要期次，分析陷落柱发育与古径流、构造、现代地下水径流、地温场等关系，研究不同矿区或煤矿陷落柱形成的主要控制因素和形成机理，确定岩溶陷落柱的发育模式。

5）淮北煤田陷落柱充水性及控制机理

根据淮北煤田揭露陷落柱的几何学特征、规模、充填特征和充水性质，研究陷落柱充水性与形成期次，研究其与构造、地下水径流、地温异常等关系，研究充水性控制机理。

6）淮北煤田陷落柱空间位置与充水性预测

对陷落柱典型发育模式，包括内循环控制型、外循环控制型和向斜构造控制型陷落柱的空间位置和充水性进行预测，并对比预测结果与实际揭露情况，确定陷落柱发育模式和充水性控制机理的正确性。

7）岩溶陷落柱水害综合治理技术

针对淮北煤田岩溶陷落柱发育特征及其水害形成特点，开展相应的防治技术研究与应用实践。

1.3.2　研究方法和技术路线

本书研究的主要思路是：以大量实际资料为依据，通过现场工程与室内试验、水质分析与水源综合判别、综合物化钻探查技术，运用构造系统理论、地下水系统理论、GIS 分析与综合决策功能等，系统地研究了淮北煤田岩溶陷落柱发育特征、分布规律、充水性揭露方式与揭露特征。在其充水性分类基础上，研究陷落柱发育模式、形成机理、充水性与区域岩溶发育、古径流、构造、地温、现代径流场等之间的关系，从而研究不同矿区（煤矿）陷落柱形成过程、期次、模式，完成陷落柱充水性控制机理研究。

研究中采用现场调查与室内理论分析，资料收集与补充测试，现场测试与室内实验，定性与定量，化探、巷探与物探综合探查，机理分析、预测结果与实际揭露验证相结合等思路。主要方法有现场构造调查、水文地质勘查与测试、室内实验、构造系统分析法、印

模法与 GIS 水文分析法、综合探查辨别技术、多源信息复合法、决策树分级分类法、充水性等级构建法等。针对研究内容具体的方法如下。

（1）现场工程与室内实验等方法，研究地层沉积组合、岩溶发育特征及岩溶发育规律、水文地质条件分析等。现场工程包括：水文地质勘查、地温测试、巷道实测、物探、钻探与注浆工程等。室内实验包括：水样常规组分分析、宏微观测试等。室内数据整理包括：钻孔、测井、井下出水量等相关资料和信息汇总与制图等。

（2）综合探查辨别技术研究陷落柱特征及充水性，进行淮北煤田陷落柱特征系统分类。陷落柱特征识别是通过多种方法相结合而实现的。对水文地质条件简单的煤矿，直接揭露，物探和钻孔验证判别其性质、规模、含充水性等。对于水文地质条件复杂的煤矿，陷落柱特征及充导水性需要综合地应用地质（水文地质）条件预判、放水试验成果、压水试验、微量元素测定、水质与水量分析、水压与水位异常分析、综合物探、巷探与钻探综合、底板底鼓测试、注浆治理钻孔验证等技术。

（3）联合放水试验和水源综合判别研究淮北煤田现代径流场条件。井下勘查、抽水试验、井下联合放水试验、室内微量元素与水化学、常规离子组合与比值、封闭性指数、主成分分析与聚类等，研究淮北煤田和煤矿水文地质条件、含水层水源、地下水流场及沟通性、含水层富水性等。

（4）"印模法"、GIS 水文分析与古岩溶分析法确定陷落柱发育与古岩溶的关系。恢复古岩溶期（加里东风化壳岩溶期和新生代松散层沉积前古河谷岩溶期）古地貌和径流场，从而分析古岩溶与陷落柱发育的关系。研究陷落柱形成与岩溶含水层古径流场的关系，研究确定淮北煤田陷落柱形成期次和模式。

（5）研究构造特征、构造控溶史与陷落柱发育及充水性的关系。野外地质与构造调查、构造统计与制图，完成区域构造特征分析，灰岩露头调查、灰岩出露处岩溶发育特征、陷落柱出露特征等调查与研究。最邻近距离统计法研究陷落柱与断裂、褶皱构造、古河道、地表水系、地层沉积特征等关系。从构造演化史出发，结合现今地温、古水文、现代径流场、构造和水化学特征，完成陷落柱充水性模式分类及控制机理研究。

（6）建立典型发育模式煤矿深部陷落柱预测模型，完成形成模式和充水性控制机理验证。基于 GIS 多源信息复合法、决策数分级分类识别法和模糊综合聚类法，建立任楼煤矿、朱庄煤矿和刘桥矿区预测指标系统，预测陷落柱发育空间位置和充水性。根据陷落柱实际揭露、物探结果等对比，证实发育模式、充水型控制机理结论和预测方法的正确性。

（7）针对不同类型陷落柱导（突）水特征，综合运用不同的方法，开展陷落柱综合治理技术研究。

主要研究思路见图 1.1 技术路线图。

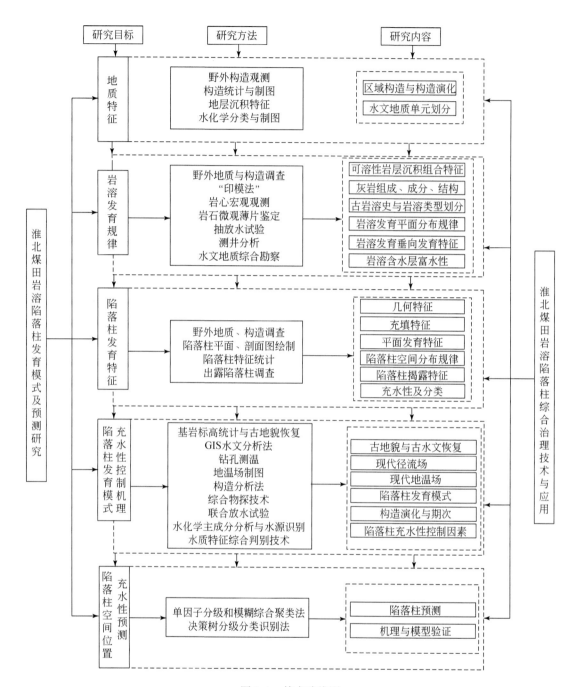

图 1.1　技术路线图

第 2 章　淮北煤田地质与水文地质特征

淮北煤田面积约 9600km², 煤系地层沉积后, 经历了多期构造运动, 形成了 EW 向和 NNE 向大断裂, 将淮北煤田分割为相对独立的多块段矿区。以宿北断裂为界, 淮北煤田分为南北两区, 北区包括濉肖—闸河矿区, 南区又以南坪断层和丰涡断层将其分为东部宿县矿区、中部临涣矿区和西部涡阳矿区。本章从地层沉积环境、灰岩地层组合和岩性特征、构造发育特征、沉积松散层厚度、基岩面起伏和出露特征、含隔水层特征、含水层水化学等方面将淮北煤田划分为五个地质(水文地质)亚单元, 力图为研究淮北煤田岩溶陷落柱发育特征、分布规律、形成模式和充水性控制机理等提供全面的地质背景和有用信息。

2.1　地　层　特　征

2.1.1　区域地层

淮北煤田属于华北地层区鲁西地层分区徐宿地层小区。本区地层大多为第四系冲、洪积平原所覆盖。区内发育的地层由老至新为青白口系(Qb)、震旦系(Z)、寒武系—奥陶系(ϵ-O_{1+2})、石炭系(C_2)、二叠系(P)、侏罗系(J_3)、古近系—新近系(E-N)和第四系(Q)。由于中奥陶世地层整体快速抬升, 经历上亿年的风化岩溶及准平原化过程, 淮北煤田大多区域缺失志留系—泥盆系(武昱东, 2010)。多期运动, 局部区域被推挤上升后, 经历后期风化剥蚀, 基岩裸露, 淮北煤田灰岩地层出露地区主要为其东北隅等。淮北煤田地层经钻孔揭露的地层有奥陶系、石炭系、二叠系、侏罗系、古近系、新近系和第四系, 由老至新简述如下。

1. 奥陶系中下统(O_{1+2})

该地层厚约 500m, 零星揭露, 为灰色—深灰色, 由厚层状隐晶质—细晶质灰岩组成。中下统的马家沟组、老虎山组, 岩性为浅色厚层状灰岩、白云质灰岩, 局部发育白云岩。浅部地层有溶洞发育, 裂隙中发育有方解石脉。该地层主要出露于淮北市相山、夹沟、老虎山等地。

2. 石炭系(C)

1) 上石炭统本溪组(C_2b)

钻孔揭露较少, 两极厚度为 0~57.4m, 平均 21.26m。下部多为铝质泥岩, 局部含铁质结核; 上部为泥岩或粉砂岩。其与下伏奥陶系呈假整合接触, 具有较好的阻水性能。

2）上石炭统太原组（C_2t）

整合于本溪组之上，厚度为 150 ~ 170m。下部以粉砂岩、砂岩为主，夹薄层灰岩和不可采煤层。中部以富含燧石灰岩为主，夹灰泥岩、粉砂岩。上部以砂岩、粉砂岩为主，夹乳灰色质不纯的灰岩和不可采煤层。灰岩中富含蟆类、腕足类等化石。

本组灰岩岩溶裂隙较发育，是区域稳定的含水层，富水性不均一，构成煤层底板突水的主要水源。

3. 二叠系（P）

淮北煤田主采煤层分布于二叠系，包括下统山西组、中统下石盒子组、上统的上石盒子组和石千峰组。

1）下二叠统山西组（P_1s）

该组地层与下伏太原组呈整合接触。自太原组灰岩顶界面至铝质泥岩（K_2）底界面，钻孔揭露两极厚度为 63.98 ~ 147.34m，平均为 115m。该组 10 煤为淮北煤田主采煤层之一。

2）中二叠统下石盒子组（P_2x）

本组与下伏山西组整合接触。下界为铝质泥岩（K_2）底，上界为 3 煤下砂岩（K_3）底。钻孔揭露两极厚度为 130.93 ~ 325.00m，平均为 235.55m，常含 4 ~ 9 煤等煤层。

3）上二叠统上石盒子组（P_3s）

该组与下石盒子组为连续沉积，本区顶部多无揭露。厚度介于 150.0 ~ 890.0m，平均为 518.97m。含 1、2、3 个煤组，其中 3_2 煤层为区域可采煤层。

4）上二叠统石千峰组（P_3sh）

本组与下伏上石盒子组整合接触，厚度在区域变化较大，钻孔揭露厚度大于 320m，未见顶。岩性为粗中粒石英砂岩，局部含灰色斑点的粉砂岩、细砂岩薄层。

4. 侏罗系（J）

上侏罗统泗县组（J_3s）：为一套紫红色陆相沉积物，仅分布于朱仙庄矿井东北角，揭露最大厚度 240m。下部主要成分为灰岩及少量的砂岩、变质岩，钙质胶结为主，岩溶发育，为第五含水层。

5. 古近系—新近系（E—N）和第四系（Q）

古近系（E_{2+3}）与下伏二叠系或侏罗系平行不整合接触。新近系上新统（N_2）钻孔揭露两极厚度 26.20 ~ 157.12m，平均为 60.51m。其上为第四纪更新统（Qp）和全新统（Qh）松散层。

以上所述地层，其中石千峰组、侏罗系和白垩系、古近系大面积缺失，仅宿州以东局部区域发育，淮北煤田大面积表现为二叠系含煤地层直接与新近纪、第四纪地层不整合接触。

2.1.2　煤系地层

淮北煤田加里东运动期区域地层整体抬升，侵蚀环境为主，上覆几乎无沉积地层。至晚石炭世早期缓慢下沉，沉积太原组碳酸盐地层和二叠系煤系地层，其基底为奥陶纪碳酸盐建造的剥蚀面，太原组含薄煤层不可采。

煤系地层总厚度大于 1300m，含煤 13~46 层，可采煤层 3~13 层，总厚度 14.99m。淮北煤田可采煤层数东多西少、南多北少，总厚东厚西薄和南厚北薄（表 2.1）。

表 2.1　淮北煤田可采煤层数和总厚度

矿区名称	濉肖－闸河矿区	宿县矿区	临涣矿区	涡阳矿区
可采煤层数/层	3~5	6~13	6~9	4~6
可采煤层总厚度/m	5.80~8.40	12.09~18.48	9.07~13.44	4.74~7.90

二叠系包含淮北煤田主采煤层，自下而上分为三个层组（图 2.1）。

下二叠统山西组（P_1s）：太原组灰岩顶部—铝质泥岩（K_2）底。厚度 63.98~147.34m，平均为 115m。含煤 1~3 层，较为稳定。下组煤 6 煤或 10 煤为淮北煤田主采煤层之一，为同一层位，宿北断裂以北濉肖－闸河矿区称为 6 煤，对应断裂以南宿县矿区、临涣矿区和涡阳矿区为 10 煤层。

中二叠统下石盒子组（P_2x）：铝质泥岩（K_2）底~3 煤下砂岩（K_3）底，厚度 130.93~325.00m，平均为 235.55m，含 4~9 等煤层。

上二叠统上石盒子组（P_3s）和石千峰组（P_3sh）：含 1~3 煤组，其中 3_2 煤为可采煤层。

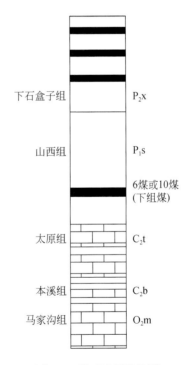

图 2.1　煤系地层柱状图

（图中标注）
下石盒子组　P_2x
山西组　P_1s
6 煤或 10 煤（下组煤）
太原组　C_2t
本溪组　C_2b
马家沟组　O_2m

2.2　地质构造特征

淮北煤田位于华北煤盆地东南缘，其先经历了华北板块与扬子板块对接、碰撞、挤压作用，形成秦岭—大别山—苏鲁挤压构造系。之后特提斯和太平洋构造域碰撞终结部位、呈 NE 向跨度巨大的郯庐断裂带深刻地影响着淮北煤田东部边缘。两大构造域终结部位，表现为碰撞、挤压、旋扭及郯庐断裂带的形成和左行平移，并形成徐–宿弧形构造带。

淮北煤田为 EW 向、NNE 向、NE 向构造和徐–宿弧形构造体系。NNE 向构造改造早期的 EW 向构造，形成近网格状断块式的隆拗构造系统。后续期次的 NW 向和 NE 向构造夹持于前期断裂系统块段内，主体为 NE 向构造。淮北煤田构造具有褶皱构造"多向展布"和断裂构造"多期活动"的特征，平面上表现为向西突出的弧形构造（彭涛，2015）。

2.2.1 淮北煤田构造特征

淮北煤田断裂构造优势走向有 EW、NNE、NWW、NE 和近 SN 向。褶皱轴优势方向有 NNE、NE、近 NS 和 NNW 向，以 NNE 向和近 SN 向为主（图 2.2）。

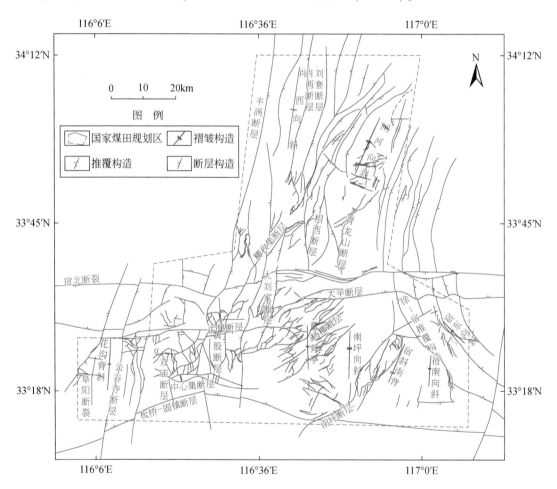

图 2.2　淮北煤田构造纲要图

1）淮北煤田构造分区

综合分析主干断层和边界断层，将淮北煤田分为 2 个一级、5 个二级构造单元（图 2.3）（刘军，2017）。

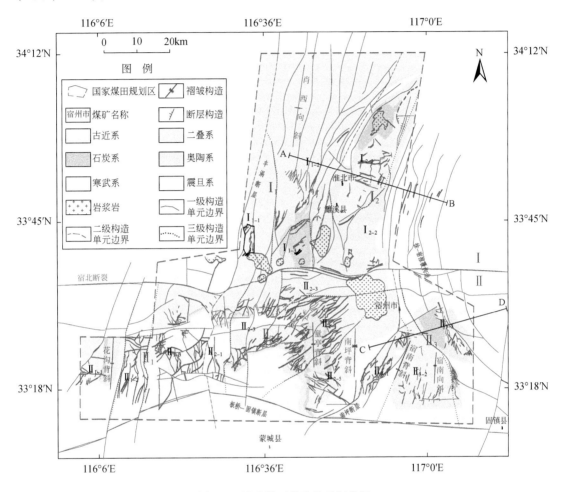

图 2.3　淮北煤田构造单元划分图

（1）北部构造区：宿北断裂以北，为向西凸出的徐-宿推覆构造体，包括近 NS–NNE 向逆冲断层和之伴生的侏罗山式紧闭线状褶皱。肖县背斜西、东侧分别为推覆体的推覆系统和原地系统，背斜西、东两侧发育大吴集复向斜和闸河向斜，分别对应濉肖矿区和闸河矿区，划分为构造 I₁ 和 I₂ 区。

（2）南部构造区：宿北断裂以南，主要构造体为 NNW 和 NNE 向正断层和近 SN 向短轴褶皱，煤层埋深达千米以下。向斜东翼陡、西翼缓，背斜反之；陡翼由于推覆作用，逆断层常见。西寺坡断裂为界，西、东分别为推覆体原地系统和推覆系统。其次依据丰涡、南坪断层之东、西松散层厚度、水文地质单元等的差异性，宿北断裂以南构造分为 II₁、II₂ 和 II₃ 区，对应涡阳矿区、临涣矿区和宿县矿区。II₃ 区西寺坡断裂将宿县矿区分为西、东的宿南矿区和宿东矿区，西部的临涣–涡阳矿区受推覆作用影响弱。

2）褶皱构造

淮北煤田被 EW 走向的宿北断裂划分为北段褶隆和南段褶断区。北区由一系列轴向NNE 的褶皱、推覆逆断层，内部为若干次级的复向斜和复背斜及断陷［图 2.2、图 2.3 和图 2.4（a）］。青龙山逆断层以东发育线状褶皱，寒武系—奥陶系地层出露，其西向斜开阔，大吴集向斜和闸河向斜位置为濉肖矿区和闸河矿区。南区发育优势走向 NE、NNE、近 NS 及 NNW 的短轴宽缓背、向斜［图 2.2、图 2.3 和图 2.4（b）］。

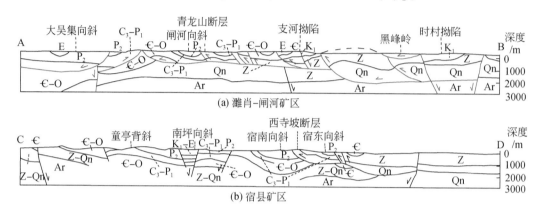

图 2.4　濉肖–闸河矿区和宿县矿区剖面图（剖面位置见图 2.3）

3）断裂构造

断裂构造优势走向为近 NS 向和 NE 向，近 EW 向和 NW 向次之。淮北煤田共统计落差 ≥100m 和 ≥50m 的断层分别为 305 和 470 条（表 2.2）。临涣矿区童亭背斜以西断层密度高达 63 条/hm²，其次为涡阳矿区的徐广楼为圈闭中心达 45 条/hm²。宿县矿区和濉肖–闸河矿区值较小，为 10~25 条/hm² 和 5~30 条/hm²。断层分维与其密度值高低分布趋势一致（图 2.5）。

表 2.2　淮北煤田落差 ≥20m 断裂构造数量

矿区名称	正断层		逆断层		落差/m		延伸长度/m		断层分维值均值
	条	百分比/%	条	百分比/%	≥50	≥100	≥1000	≥3000	
濉肖矿区	143	84.12	27	15.88	70	44	134	47	1.50
宿县矿区	86	56.95	65	43.05	84	47	74	5	1.41
临涣矿区	280	87.23	41	12.77	181	112	228	91	1.69
涡阳矿区	184	95.34	9	4.66	135	102	132	65	1.67
合计	693	83.00	142	17.00	470	305	568	208	1.52

淮北煤田已经探查确定的活动断层有宿北断裂、魏庙、祁南 F8、孟集、黄殷断层，分别错段第四纪新生界地层 110m、20~50m、40~60m、20~50m、30m；具有活动性的仍有大辛家、刘楼、花沟 F5 和桃园煤矿 F2 断层（彭涛，2015）。除花沟 F5 为 NNE 向外，其他均为东西展布的活动断层。

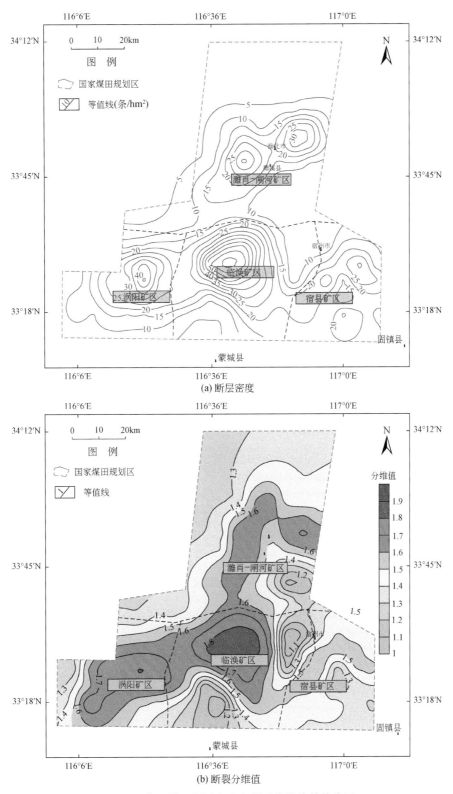

图 2.5　淮北煤田断层密度和断裂分维值等值线图

4）徐-宿推覆体构造

在自东向西挤压应力作用下，形成向西突出且具有压剪变形性质的徐-宿推覆体构造，亦称徐-宿弧形双冲叠瓦扇构造。据王桂梁和曹代勇（1992）研究，推覆构造位于丰沛断裂和光武-固镇断裂间。其由废黄河和宿北断裂分割成南部 NW 向、中段近 NS 向和北部 NE 向三段（王桂梁等，1998；张继坤，2011；王盼盼等，2012；马杰等，2015）[图 2.2 和图 2.6（a）]。淮北煤田受徐-宿推覆体南段和中段控制。

以上三段平面上可划分出东部后缘带、中部锋带和西部前（外）缘带，自东向西地层由老到新。淮北煤田受中段弧形 [图 2.6（b）] 和南部 NW 向褶皱带控制。

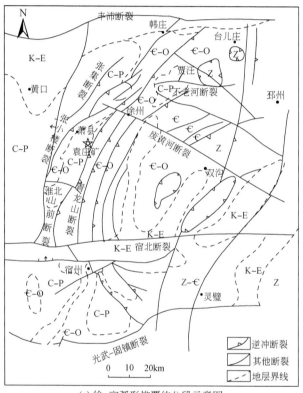

(a) 徐-宿弧形推覆体分段示意图

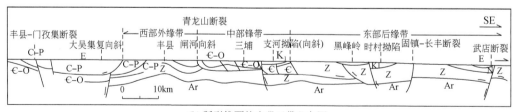

(b) 弧形推覆体中段三带分布图

图 2.6　徐-宿弧形推覆体构造示意图

由于 EW 向的宿北断裂、光武-固镇断裂左行平移作用，宿北断裂北部的中段弧形构造西移较多，变形强烈。晚燕山期，受淮北煤田东边界郯庐断裂东西拉陷影响，自东至西NS 向、EW 向古断裂复活过程中，前期高角度叠瓦状构造继而发生重力滑动。南段挤压变形弱、构造简单、分带现象不明显，且被剥蚀，与中段相比不具有西部外缘反向逆冲断裂带，主要为近 SN 向短轴背向斜。南段推覆作用消失于西寺坡逆断层，逆冲距离较中段明显滞后，其影响至南坪断层以西的临涣矿区和涡阳矿区逐渐变弱。

5）岩浆活动

自新太古代至新生代，均伴有岩浆活动，其中晚燕山期（146~101.5Ma）岩浆活动最为强烈。岩浆活动多发生于淮北煤田隆断后期，且与该期优势断裂走向一致。

研究区岩浆体多为隐伏型。淮北煤田岩浆岩分布规律：①早古生代侵入岩分布在宿县以东，为浅成—超浅成相辉绿岩；②中生代燕山期岩浆作用剧烈，范围较广，分别与 EW 向构造、NS 和 NNE 向构造（永城和肖县背斜附近）、NNE 向构造（肖县、丁里、夹沟等地）；③喜马拉雅期岩浆岩主要分布于上侏罗统及下白垩统内陆盆地层中，如淮北灵璧、泗县等地。

2.2.2　淮北煤田区域构造史

区域自煤系地层形成后经历了印支期、早燕山期、晚燕山期和喜马拉雅期构造旋回，塑造区域构造系统（表 2.3）。

表 2.3　淮北煤田构造期主应力方向及构造特征

构造期次	主应力场	动力学背景	构造表现
印支期 （257~205Ma）		印支期事件完成了西伯利亚、华北-塔里木、扬子-华南三大板块拼合，古亚洲形成统一陆块。华北与华南板块沿秦岭-大别-苏鲁碰撞，导致近 SN 方向的挤压应力场	板块内部产生众多 EW 向构造线，如： ①EW 向褶皱、隆起和拗陷：淮南向斜、蚌埠背斜、丰沛隆起； ②EW 向断裂：丰沛断层、宿北断层、板桥-固镇断层、太和-五河断层
早燕山期 （205~135Ma）		侏罗纪早期开始构造格架转变，即从 EW 向构造转变为以 NE-NNE 向构造为主。晚侏罗世-早白垩世库拉洋壳向古亚洲陆壳强烈俯冲，产生 NWW-SEE 强大的挤压作用	①形成板块内大量 NE-NNE 向构造线； ②郯庐断裂带大幅度左行平移，造成来自 SE 方向的挤压应力，从而形成推覆构造； ③徐州-宿县地区南北受到隆起的阻挡，推覆过程中形成平面弧形展布

续表

构造期次	主应力场	动力学背景	构造表现
晚燕山期（四川期）（135~52Ma）		晚白垩世-古近纪古太平洋俯冲速度减慢，俯冲角度变陡，构造应力场由挤压转为拉张古亚洲大陆边缘向东迁移，日本海、南海等边缘海拉开。高角度俯冲引起弧后地慢上拱，东亚弧后转为NWW-SEE向伸展（即NNE-SSW向挤压）	①早期NNE向高角度逆冲断层转变为张性断层；②大规模断块陷落与上升，形成晚白垩世以来众多的裂谷断陷盆地，如合肥裂陷盆地；③NNE向构造转化或形成张性正断层；④岩浆的侵入和喷发
喜马拉雅期（52Ma至今）		喜马拉雅早期（E）：NNE向水平伸展，NWW向构造水平缩短。喜马拉雅晚期（N）：印度板块，太平洋板块和菲律宾板块从不同角度与欧亚板块发生碰撞，华北板块东部转变为近EW向挤压，SN向拉伸	①宿北断裂重新活动，反转为正断层和左形平移活动，错开推覆体；②早期NNE向和近EW向的断裂重新裂开，产生大规模的隆拗构造，整体沉降形成拗陷盆地

1. 印支期（257~205Ma）

二叠世末期—中三叠世，区域性主压应力为 NS 向（李佩，2015）。华北煤田（包括淮北煤田）结束相对稳定的聚煤沉积环境，并形成 EW 向褶皱、大断裂。淮北拗陷区构造抬升，幅度相对较小，仅使二叠系顶部分地层被剥蚀。

2. 早燕山期（205~135Ma）

该期南北挤压减弱，主压应力转变为 NWW-SEE 向，淮北煤田由 EW 向转变为 NNE 向构造体系，并形成 NW 和近 NS 向的共轭小断层。由于华北板块东南缘是 NE 向延伸，其东缘 SEE 的侧压构造应力产生平行于板缘方向的剪切活动，形成郯庐断裂带。板块左行走滑（侏罗世末期—早白垩世晚期，140~110Ma），其间派生的 SE 向的压应力和 NNE 向左旋剪切力，使淮北煤田逆冲推覆构造加强，产生 NNE 向线状褶皱和断裂系，并于断裂处发生强烈的岩浆侵入。至此，淮北煤田逆冲推覆构造系统最终形成。

3. 晚燕山期（四川期，135~52Ma）

白垩纪，太平洋板块自东向西的高角度俯冲，自南向北转移，淮北煤田主要为 NS 向或 NWW 向断裂伸展，张剪力作用。NE-NNE 向构造普遍转化为正断层，早期推覆体中段前缘 NE-NNE 向高角度逆冲断层转变为张性断层，出现重力滑脱现象（琚宜文等，2011），中酸性岩浆侵入和喷发活动。

4. 喜马拉雅期（52Ma 至今）

喜马拉雅早期分为两个阶段：52～23.5Ma 以 NNE 向水平缩短，NWW 向水平伸展；23.5～0.78Ma：板内微弱变形，为 SN 向伸展、EW 向压缩。在宿北断层北盘形成了的新生代松散层厚度薄，南盘厚；早期 NNE 向（该期左行平移）和近 EW 向的断裂重新裂开，产生大规模的隆拗构造，整体沉降形成拗陷盆地。

喜马拉雅晚期（新构造期，0.78Ma 至今）：华北煤田为 NEE 向压应力，并形成 NNW 向小断裂、褶皱，影响较弱。

2.3　水文地质特征

淮北煤田地层从上到下含水系统包括：第四系松散含水层、二叠系煤系砂岩裂隙含水层、石炭系太原组灰岩含水层及奥陶系岩溶含水层。

2.3.1　含、隔水层

1. 淮北煤田含水层（组、段）

淮北煤田属于岩溶裂隙水水害区，主要含水层分为上、中、下三层（段），主要涌水含水层（段）为中下层（段），见表 2.4。

表 2.4　淮北煤田不同含水层水文地质参数

充水含水层	含水层（组、段）名称	厚度/m	单位涌水量 q /［L/(s·m)］	渗透系数 K /（m/d）	富水性	水质类型
间接	四含孔隙含水层	0～59.1	0.0002～2.635	0.0011～5.80	弱-中等	SO_4·HCO_3-Na·Ca HCO_3·Cl-Na·Ca
直接	3～4 煤砂岩	20～60	0.02～0.87	0.023～2.65	弱-中等	HCO_3·Cl-Na·Ca SO_4-Ca·Na
直接	7～8 煤砂岩	20～40	0.0022～0.12	0.0066～1.45	弱-中等	
直接	10 煤上下砂岩	25～40	0.003～0.13	0.009～0.67	弱-中等	HCO_3·Cl-Na HCO_3-Na
直接	太原组裂隙含水层	110～192.8	0.0034～11.4	0.015～36.40	弱-强	HCO_3·SO_4-Ca·Mg SO_4·Cl-Na·Ca
间接	中奥陶统岩溶含水层	约 500	0.002～45.56	0.007～128.30	强	HCO_3-Ca·Mg SO_4·HCO_3-Ca·Mg

1）上段新生界含水层（组、段）

该层自东往西、由北而南，厚度增大。厚度 80.45～866.70m，多在 140～400m，多数包括 4 个含水层（组）和 3 个隔水层（组）。由于第三隔水层（简称三隔）较厚，很好地阻隔了与第四含水层（简称四含）的水力联系。

四含局部沉积缺失，总体为东薄西厚，厚度 $0 \sim 59.10\text{m}$，$q = 0.00024 \sim 1.379\text{L}/(\text{s} \cdot \text{m})$，$K = 0.0011 \sim 12.8\text{m}/\text{d}$，富水性较弱。

2）中段砂岩和局地岩浆岩裂隙含水层（段）

对应各主采煤层，由煤系砂岩、燕山期火成岩组成，一般富水性较弱。各含水层间均被泥质岩类岩层所隔离，处于封闭—半封闭的水文地质环境。

3）下段碳酸盐岩类含水层（段）

根据碳酸盐占比划分为三种类型。

（1）碎屑岩夹碳酸盐岩含水层（段）：淮北煤田主要地层段为太原组灰岩地层，厚约 $130 \sim 150\text{m}$，灰岩 $12 \sim 14$ 层，碳酸盐岩占比 $40\% \sim 60\%$。地层上段和埋深浅部有利于岩溶，富水性多数为弱—中等。

（2）碳酸盐岩含水层（段）：碳酸盐岩占比 90% 以上，淮北煤田主要是上寒武统和中奥陶统地层。下组煤距离该中奥陶统岩溶含水层较远，一般对开采无影响。若遇导水构造沟通等，使得各含水层产生水力联系，会造成极大的突水危害。

（3）碳酸盐岩夹碎屑岩含水层（段）：淮北煤田内仅推覆体上盘局地小范围可见，主要为寒武系中下统地层。

2. 主要隔水层（组、段）

新生界三隔：黏土塑性指数为 $19 \sim 38$。煤系地层隔水层（段）对应其上下砂岩裂隙含水层（段）。太原组灰岩地层顶至底煤间厚度 $45 \sim 68\text{m}$，能有效地阻隔灰岩承压水。中石炭统本溪组（$C_2 b$）为太灰地层和中奥陶统间重要的隔水层段。

3. 淮北煤田地下水补径排特征

（1）新生界含水层（组）：四含地下水为层间侧向径流，通过风化裂隙带沟通至煤层工作面。

（2）煤系砂岩含水层（段）：半封闭含水层，静储量为主，浅部有四含水下渗流入。随着煤矿开采，水位逐年下降。

（3）太原组和奥陶系岩溶裂隙含水层（段）：本区奥陶系和太原组灰岩地层在淮北煤田内多为埋藏型，煤田范围内各矿区均有露头。闸河矿区露头范围较广，在此处接受地表水源补给后，径流至南部宿县矿区和其西侧的濉肖矿区，最后汇流至涡阳矿区。各矿区灰岩地层露头处，地表水源补给后，侧向径流至地层深部。因此表现出露头附近地层岩溶发育好，往深部变差的特征。

2.3.2　淮北煤田水文地质单元划分

淮北煤田范围内自然地理条件的气象和地貌差异较小，一级水文地质单元划分主要依据为地质条件（构造、地层沉积特征、松散层厚度、基岩标高等）和水文地质条件（含隔水层与地下水边界条件、含水层赋存规律及富水性、地下水水位变化与补径排和水化学特征)，兼顾自然地理条件。地下水径流受控于大的断裂构造，使淮北煤田成为多个田块状水文地质单元，划分的水文地质单元内具有独立完整的水循环系统，其水动力场、水化学具有区域水循环特征；单元间具有隔水边界，有效地阻隔单元间的物质和能量交换。二级水文地质单元是根据含水层补径排特征、含水层出露特征，在一级水文地质单元划分基础上，以次一级隔水断裂构造为边界而划分的。淮北煤田经历多期构造运动，大型早期EW 向构造被后期 NNE 或 NE 向构造叠加破坏而复杂化，大型断裂构造多为压扭性阻水断层；淮北煤田主控构造有宿北断裂和徐-宿弧形推覆构造。

淮北煤田中部 EW 向宿北大断裂，倾向南，落差>1000m，具左行走滑性质，是煤田地表水和地下水的天然分水岭。其巨大的落差使得上下两盘无论是构造、地貌还是沉积环境均具有较大的差异（许冬清，2017）。

结合前文区域地层、淮北煤田地层、区域构造特征、含隔水层组合等，依据淮北煤田大型阻水断裂构造边界条件、松散层厚度、基岩面标高与基岩含水层出露特征、含水层水位与地下水补径排、岩溶发育程度、含水层富水性与水化学特征等，以宿北断裂为界，淮北煤田被划分为 2 个一级和 5 个二级水文地质单元。北区（Ⅰ）以肖县复式背斜为界划分为濉肖矿区和闸河矿区，南区（Ⅱ）以丰涡断层和南坪断层为界划分为涡阳矿区、临涣矿区和宿县矿区，共计 5 个二级水文地质单元（表 2.5）。

表 2.5 淮北煤田基岩面标高、松散层厚度和含水层发育特征

一级分区	二级分区	揭露基岩面两极标高/m	揭露松散层厚度/m		松散层含水层发育特征
			两极厚度	均厚	
北区（Ⅰ）	闸河矿区（Ⅰ$_1$）	−107.36 ~ 31.12	1.88 ~ 127.14	63.95	仅发育一含一隔
	濉肖矿区（Ⅰ$_2$）	−301.69 ~ −36.68	115.80 ~ 255.80	168.38	三含三隔，局部四含
南区（Ⅱ）	宿县矿区（Ⅱ$_1$）	−638.00 ~ −54.09	39.80 ~ 453.00	313.55	四含三隔发育完整，局部地区（朱仙庄矿）发育五含
	临涣矿区（Ⅱ$_2$）	−1055.90 ~ −92.45	90.45 ~ 826.39	261.17	总体北薄南厚，广泛发育四含
	涡阳矿区（Ⅱ$_3$）	−969.19 ~ −143.60	172.00 ~ 999.95	429.20	

1. 松散层沉积特征

北部局部地区发育四含，多数表现为三含三隔，东部闸河矿区四含三隔发育完整。南部松散层整体发育完整，甚至出现宿县矿区独有五含发育的特点。松散层厚度均值 270m，自东向西增厚。受松散层孔隙水影响较严重的有朱仙庄、祁东、临涣、海孜、童亭等煤矿。

2. 基岩面标高与含水层出露特征

北部濉肖-闸河矿区基岩面向西南倾斜，闸河矿区东部大面积灰岩地层出露。煤田 6 煤（或 10 煤）受太原组灰岩含水层影响较大，C-P 之下的奥灰含水层，在相山一带直接

接受大气降水或地表水补给，灰岩含水层富水性强、连通性好。南部基岩标高自东向西呈下降趋势，总体较低。宿县矿区的祁东煤矿北部、桃园煤矿-祁南深部详查区，基岩面标高较低。临涣矿区除其东南任楼煤矿、许疃煤矿、赵集勘探区基岩面急剧变化，且较低外，其他区域基岩面整体平坦。涡阳矿区以杨潘楼勘探区为中心，形成似山丘的基岩面起伏，由该中心向四周倾斜（图2.7）。

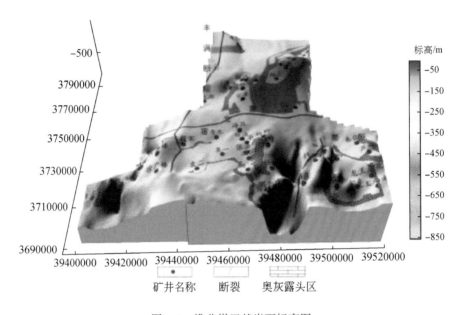

图 2.7　淮北煤田基岩面标高图

3. 含水层水位与地下水补径排

新生界四含地下水以区域层间径流补给为主，通过煤系地层浅部基岩风化裂隙带垂直渗透及排泄；在与灰岩地层风化带接触位置直接补给，加强岩溶作用和灰岩含水层富水性。煤系砂岩含水层水以静储量为主，水位随煤炭开采排水不断下降。太灰含水层水位随矿坑排水不断下降，在有与奥灰含水层沟通的构造部位，水位较高；淮北煤田奥灰含水层水位常年保持高水位，较为一致，随矿坑排水略有下降，说明奥灰含水层水水源补给充分，含水层间沟通性好，但水位也受上覆煤系地层采动排水影响，说明垂向上与其他含水层有水力联系。各含水层补给均由露头位置或四含直接接触位置下渗补给。

从奥灰含水层初始水位来看，较为一致，太灰各单元有所差异。宿县矿区以桃园煤矿北部的太灰水初始水头最低，地下水流向为芦岭矿流向朱仙庄矿、邹庄矿和骑路孙矿流向钱营孜矿、祁东流向祁南再流向桃园煤矿北部。临涣矿区太灰初始水位差小，总体不利于地下水流动，太灰水从童亭背斜轴部向背斜两翼流动。濉肖-闸河矿区，杨庄地堑以西，地下水由东北向西南即从朱庄煤矿流向卧龙湖矿；杨庄地堑以东，地下水由北向南即从袁庄矿向石台矿附近聚集。相关水化学、环境同位素、地下水流场模拟亦证明灰岩相同含水层流场关系（曾文，2017；刘延娴，2019）。濉肖-闸河矿区、宿县矿区和临涣矿区的岩溶含水层处于同一地下水流动系统中或存在明显的水力联系（谢文苹，2016）。宿县矿区中东部灰岩水力联系较好，西部流场较弱（图2.8；陈陆望等，2017a）。

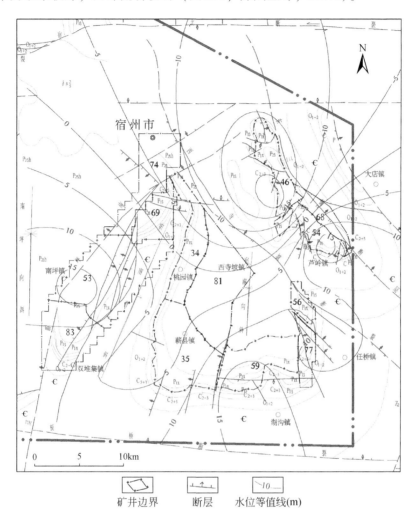

图 2.8 宿县矿区太原组灰岩水原始水位等值线图

4. 含水层富水性

南部砂岩含水性水量较小，易于疏干，对煤矿生产影响较小；太原组灰岩含水层水是底煤开采的主要充水水源，在宿县矿区影响较大，而在临涣-涡阳矿区富水性总体弱，差异较大。奥灰含水层在整个淮北煤田厚度较均一，厚度 500m 以上，埋深较大，除被深大断裂切割外，含水层完整，沟通性好。奥灰含水层层岩溶发育于古风化壳一定深度，南部表现为宿县矿区富水性较强，临涣-涡阳矿区较弱，临涣矿区差异性明显特点。灰岩含水层沉积特征、岩溶发育规律、富水性，在第 3 章分水文地质单元做出详细介绍。

5. 含水层水化学特征

淮北煤田煤系和太灰含水层水样常规离子毫克当量百分比表现出差异性。

（1）闸河矿区：煤系水样 $Ca^{2+}+Mg^{2+}$ 较低，K^++Na^+ 较高，说明目前地下水补给条件较差。太灰水样多数为 $CO_3 \cdot HCO_3$-$Ca \cdot Mg$ 型，地下水流动性较好 ［图2.9（a）］。

（2）濉肖矿区煤系：SO_4^{2-}、Cl^- 高或 K^++Na^+ 高，说明现今地下水为滞留环境。灰岩水样 SO_4^{2-}、Cl^- 多大于60%，高于闸河矿区，说明其太灰水径流条件比闸河矿区弱 ［图2.9（b）］。

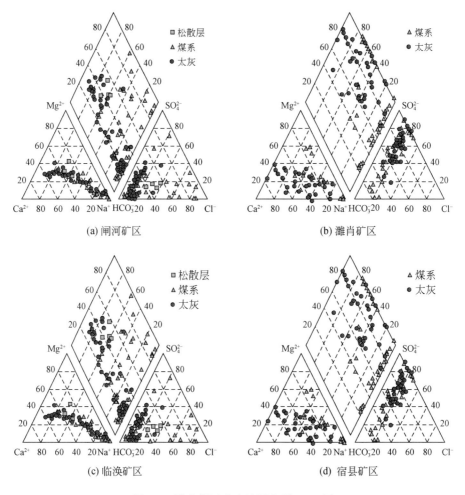

图2.9　淮北煤田含水地层水质 Piper 图

（3）临涣矿区、宿县矿区的常规水化学相似性较高。煤系砂岩水样，K^++Na^+ 或 SO_4^{2-}、Cl^- 高；太灰水 SO_4^{2-}、Cl^- 当量多高于60%，总体径流条件弱 ［图2.9（c，d）］。宿县矿区太灰 $CO_3^{2-}+HCO_3^-$ 当量百分数略高于临涣矿区，说明其径流条件比临涣矿区略强。

（4）涡阳矿区煤系和太灰水化学特征相似，Cl^-、SO_4^{2-} 和 K^++Na^+ 当量占比均较高，说明地下水与围岩产生的水岩效应差，总体水径流条件弱。

综上，将淮北煤田分为两个一级水文地质单元（南区、北区）和 5 个二级水文地质单元，分别为：濉肖矿区（I_1）、闸河矿区（I_2）、涡阳矿区（II_1）、临涣矿区（II_2）和宿县矿区（II_3）（图 2.10）。

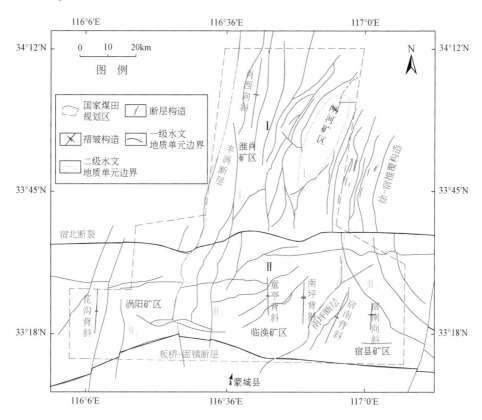

图 2.10　淮北煤田水文地质单元分区图

2.4　本章小结

（1）淮北煤田主要构造系为 EW 向和 NNE 向褶皱和大断裂，深刻影响煤田的还有徐–宿弧推覆体构造。其演化历程主要经历了三个阶段，印支—燕山期分别依次受到主压应力为 NS 向、NWW–SEE 向、NE–SW 向的挤压，形成褶皱走向多变、断裂构造形式多样的构造体系，淮北煤田被大断裂构造分割成网格状构造块段。

（2）徐–宿弧形双冲叠瓦扇逆冲推覆构造体主要影响的区域有濉肖–闸河矿区和宿县矿区。肖县背斜东侧和西侧分别为其推覆系统和原地系统。宿东向斜和宿南向斜分别为弧形构造南段的上覆系统和下伏系统。受推覆构造影响，宿县矿区逆断层最为发育，≥20m 落差的逆断层占宿县矿区断层数的 43.5%。临涣矿区和涡阳矿区受徐–宿弧形构造作用影响较小。

（3）矿井主采煤层为二叠系山西组、下石盒子组和上石盒子组含煤地层，其直接充水水源主要有：①煤系砂岩含水层水，其浅部埋藏区域受新生界松散层水补给；②太原组灰岩水，在隔水层厚度较大时难以突水至工作面。间接充水水源有新生界松散层水和奥陶系灰岩水，奥陶系灰岩水通过断层、采动裂隙、不良钻孔或陷落柱等导通突出，具有水压高、水量大、危险性大的特点。

（4）按自然地理条件、地质和水文地质条件特征，以宿北断裂为界，将淮北煤田划分为北区（Ⅰ）、南区（Ⅱ）2个一级水文地质单元，北部以肖县背斜，南部以丰涡断层、南坪断层为界划分为5个二级水文地质单元 [濉肖矿区（$Ⅰ_1$）、闸河矿区（$Ⅰ_2$）、涡阳矿区（$Ⅱ_1$）、临涣矿区（$Ⅱ_2$）和宿县矿区（$Ⅱ_3$）]。

第3章 淮北煤田岩溶发育规律

灰岩地层岩溶作用是陷落柱发育的基础（Liang et al., 2018），淮北煤田太原组灰岩（太灰）地层和中奥陶统灰岩（奥灰）地层多为埋藏型含水层，仅局部出露。太灰和奥灰含水层的富水性、渗透系数、岩溶发育规律等，具有平面和空间上的一致性。奥灰地层多为深埋状态，勘探与生产成果相对于太灰成果要少，可获取资料也更少。因此，本章从太灰岩溶发育规律入手，结合奥灰岩溶特征，研究淮北煤田灰岩地层的垂向沉积组合特征，划分出灰岩地层4种沉积组合类型，探讨淮北煤田陷落柱发育的岩溶背景和基底发育层位，分析陷落柱发育的岩溶背景条件，确定陷落柱发育的主要基底地层。

3.1 淮北煤田灰岩地层

淮北煤田早古生代为碳酸盐沉积环境，形成厚度较大的寒武系—奥陶系。加里东期区域整体快速挤压抬升，沉积中断，区域仅保存中下奥陶统灰岩地层。至晚古生代海西期，上石炭统海陆交互相本溪组—太原组直接沉积于中奥陶统之上（图2.1）。

3.1.1 太原组灰岩地层

1. 太原组

太原组由页岩夹砂岩、煤、石灰岩组成，习称"太灰"。由北向南厚度变薄又增厚，自西向东增厚，宿县矿区厚度最大（209.90m）；层数11～14层，从北到南、从西到东逐渐增加，灰岩层段占太灰地层总厚的35%～80%（表3.1）。

表3.1 淮北煤田太灰地层特征统计表

矿区名称	太灰含水层厚/m	灰岩段累厚/m	单位涌水量/[L/(s·m)]	富水性	渗透系数/(m/d)
濉肖－闸河矿区	125～180	53.87～64.4	0.0085～3.69	弱-强	0.02～97.16
涡阳矿区	127～139.77	35～40	0.0001～0.11	弱-中等	0.00004～0.46
临涣矿区	70.12～196.95	40.12～71.04	0.000026～4.533	弱-强	0.00006～9.284
宿县矿区	117.8～209.9	62～83	0.0001～3.61	弱-强	0.001～12.11

2. 太灰地层主要灰岩层段

太灰地层上部灰岩段（L_1-L_4）：厚层生物碎屑灰岩夹泥岩、粉砂泥岩、细砂岩和不可采煤层。L_1-L_4灰岩厚度相对较大（表3.2），特别是L_3和L_4灰岩，具有一定的富水性，但分布不均。中、下段距灰岩离底煤层较远，且富水性有限。

表 3.2　淮北煤田太灰地层上段灰岩厚度

层段	各矿区灰岩层段厚度/m			
	濉肖-闸河矿区	宿县矿区	临涣矿区	涡阳矿区
L_1	0.2~6.2 (1.7)	0.4~4.7 (2.7)	0.3~10.5 (2.5)	0.8~8.2 (2.6)
L_2	0.6~7.1 (3.7)	0.7~16.1 (3.4)	0.2~9.6 (3.6)	1.1~9.5 (3.1)
L_3	2.7~16.2 (7.1)	1.6~21.7 (10.9)	0.3~19.1 (7.9)	3.5~13.5 (5.4)
L_4	2.3~18.2 (10.3)	1.0~22.5 (15.3)	0.6~26.6 (10.6)	1.5~13.5 (7.7)
L_5	0.6~16.0 (6.1)	0.8~20.4 (7.2)	0.5~17.0 (5.1)	1.3~15.7 (4.5)

注：（）内为平均值。

3. 太灰地层灰岩层段岩性组成

太灰地层灰岩段主要由灰—深灰色泥晶灰岩、含生物碎屑泥晶灰岩、粉晶灰岩和页岩、薄层砂岩和不可采煤层等组成（图3.1和图3.2）。

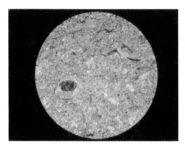 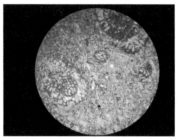 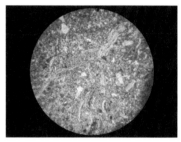

(a)桃园矿L_1碎屑泥晶灰岩正交　　(b)桃园矿L_2蜓屑泥晶单偏光　　(c)桃园矿L_3泥晶生物碎屑灰岩单偏光

 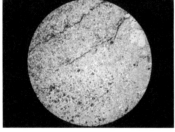 

(d)桃园矿L_4生物碎屑灰岩单偏光　　(e)桃园矿L_2显微层理正交偏光10×4　　(f)恒源煤矿L_1泥晶灰岩正交偏光

图 3.1　太灰岩性显微特征图片

(a)生物碎屑泥晶灰岩(恒源矿L_1)　　(b)泥晶生物碎屑灰岩(桃园矿L_2)

(c)少生物碎屑泥晶灰岩(桃园矿L$_1$)　　　(d)泥晶生物碎屑灰岩(桃园矿L$_4$)

图 3.2　太灰岩性宏观特征照片

4. 太灰层段岩石主要成分

太灰层段岩石主要成分为泥质和钙质生物碎屑。主要特征为：①L$_2$ 和 L$_{12}$ 含 CaO 比较高，含泥质较低，是较纯的石灰岩。②L$_4$ 为泥质石灰岩，CaO 仅占 37.21%，SiO$_2$ 为 25.98%，酸不溶物占 27.68%。③其他石灰岩层组如 L$_1$、L$_3$、L$_5$、L$_9$、L$_{11}$ 等灰岩层组含 CaO 为 48% ~ 50%，SiO$_2$ 含量为 3% ~4%，含少量泥质。④CaO/MgO 比值平均为 41（图 3.3）。

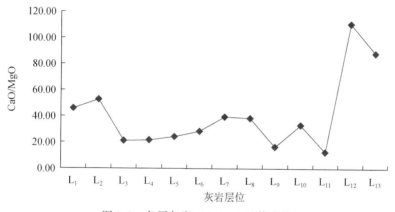

图 3.3　各层灰岩 CaO/MgO 比值变化

5. 太灰地层不具备发育陷落柱条件

太灰地层灰岩段的组成成分、结构、厚度、组合特征均等不利于岩溶作用，不具备煤田陷落柱发育的条件。主要原因有：

（1）太灰地层灰岩与砂、泥岩和不可采煤层互层，不利于岩溶作用（潘文勇，1982）。

（2）太灰岩石结构：宿南向斜桃园煤矿、祁东煤矿和祁南煤矿，以隐晶质—泥晶质—微晶质为主，有利于岩溶的发育。涡阳矿区、临涣矿区主要为隐晶或泥晶质，局部为显晶质—细晶质—砂晶质，L$_4$ 灰岩局部为粗晶质。临涣矿区重结晶明显，其结构总体不利于岩溶发育（姚孟杰，2019）。

（3）太灰地层中灰岩占比 40% ~60%，上段的 L$_1$-L$_4$ 总厚 13.96 ~ 42.46m，平均厚度 25.59m，东薄西厚，北薄南厚，最厚处位于临涣矿区南部许疃及任楼煤矿，北部海孜及临涣等煤矿。恒源、火神庙、朱庄等煤矿处，厚度约30m，难以发育大型溶洞，形成陷落柱（李涛等，2010）。

（4）太灰含水层上段为本组岩层的主要岩溶层段，但由于上段灰岩段为厚度小、CaO/MgO比值小的组合关系，不利于岩溶发育（杨志，2016）。

3.1.2　中奥陶统灰岩地层

淮北煤田中奥陶统含水地层，沉积稳定，揭露厚度达550m。主要由层状隐—细晶石灰岩、白云质灰岩组成（表3.3），性脆而坚硬，岩石致密。研究表明，奥陶系灰岩厚度越大，陷落柱分布密度越高（李定龙，1998；许进鹏，2006）。

表3.3　淮北煤田奥灰地层岩石类型

类型	岩性（主要矿物成分）	岩性特征
石灰岩类	泥晶灰岩（方解石>99%）	多小于0.01mm的泥晶方解石，含少量白云石和生物碎屑
	豹斑云质灰岩（方解石>50%）	多泥晶方解石，大量粉—细晶白云石，斑块或豹皮状
	生物碎屑灰岩（方解石>50%）	含角石、三叶虫等生物碎屑，泥晶方解石充填胶结
白云岩类	泥晶白云岩（白云石>80%）	以泥晶白云石为主，含粉晶白云石，有去云化现象形成云斑
	灰质白云岩（变化范围大）	粉细晶白云石骨架，泥晶方解石充填或泥晶白云石中次生灰岩
次生膏岩	膏溶角砾岩（变化范围大）	角砾大小悬殊，无分选，泥晶白云岩和泥质碳酸盐岩

3.1.3　中奥陶统和太原组灰岩地层沉积特征

淮北煤田灰岩基底为连续沉积在厚层奥陶系灰岩之上，沉积灰岩、砂岩和泥岩互层的太原组灰岩地层。划分淮北煤田灰岩地层沉积组合类型为4类：不可溶岩夹可溶岩（Ⅰ型）、可溶岩夹不可溶岩（Ⅱ型）、可溶岩与不可溶岩互层（Ⅲ型）和厚而纯的可溶岩（Ⅳ型）（表3.4、图3.4）。Ⅰ型可作为隔水层，岩溶发育极弱；Ⅱ型岩溶虽不及Ⅳ型，但较其他各类型岩溶发育；Ⅲ型在平缓岩层地区可发育多层岩溶；Ⅳ型对岩溶发育最为有利。岩溶发育强度为Ⅳ型>Ⅱ型>Ⅲ型>Ⅰ型。

表3.4　淮北煤田奥灰和太灰地层组合类型

含水层（段）	灰岩地层组合类型				
	濉肖矿区	闸河矿区	宿县矿区	临涣矿区	涡阳矿区
太原组 L_1-L_2	Ⅰ型	Ⅰ型	Ⅰ型	Ⅲ型	Ⅰ型
太原组 L_3-L_4	Ⅲ型	Ⅱ型	Ⅱ型	Ⅲ型	Ⅱ型
太原组 L_5	Ⅲ型	Ⅲ型	Ⅱ型	Ⅱ型	Ⅰ型
太原组 L_6-L_9	Ⅰ型	Ⅰ型	Ⅲ型	Ⅰ型	Ⅰ型
太原组 L_{10}-L_{12}	Ⅰ型	Ⅲ型	Ⅲ型	Ⅰ型	Ⅰ型
太原组 L_{13}	Ⅰ型		Ⅲ型		
奥陶系灰岩	Ⅳ型				

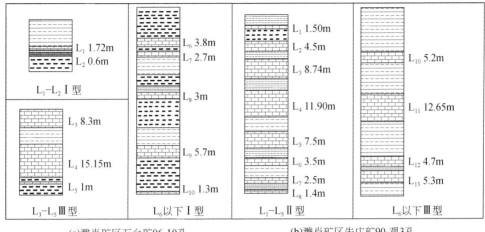

(a)濉肖矿区石台矿06-10孔　　　　　　(b)濉肖矿区朱庄矿90-观3孔

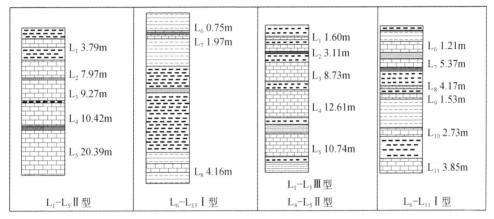

(c)宿县矿区祁东矿26-27-6孔　　　　　　(d)临涣矿区杨柳矿14-7孔

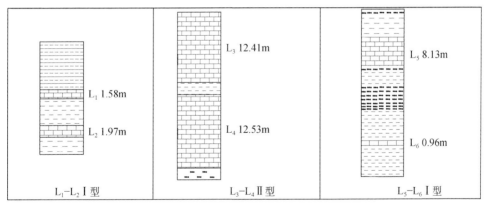

(e)涡阳矿区涡北矿61孔

图 3.4　淮北煤田太灰岩层组合类型

　　淮北煤田太灰地层各矿区组合类型差异较大。临涣矿区太灰 L_1-L_3、L_4-L_5 分别属于 Ⅲ 型和 Ⅱ 型,下部为 Ⅰ 型,总体上不利于岩溶发育。宿县矿区和濉肖矿区桃园煤矿一带太灰上段岩层组合特征有利于岩溶的发育(宿县矿区 Ⅱ 型、濉肖矿区 Ⅲ 型),下段为 Ⅰ 型,岩溶发育差。涡阳矿区太灰除 L_3–L_4 为 Ⅱ 型外，其他均为 Ⅰ 型，不利于岩溶发育。

由图 3.4 和图 3.5 可知，灰岩厚度 L_3、L_4 较大，因此太灰地层岩溶主要发育于 L_3–L_4。太灰地层岩溶强弱与其组合类型具有相关性。发育较好的有桃园煤矿、祁东煤矿上段 L_1–L_4。杨庄、朱庄煤矿 L_1–L_4 相比于下部岩溶发育较好。涡阳矿区局部 L_3–L_4 较发育，其他层位均较差。临涣矿区总体较弱，仅上段局部范围较为发育。太灰厚度、CaO/MgO 比值以及岩性组成等均不利于太灰含水层发育岩溶，难以形成大型溶穴或溶洞。中奥陶统地层组合类型各矿区均为 Ⅳ 型，煤田范围内均有利于岩溶。奥灰具有陷落柱发育的溶洞空间。

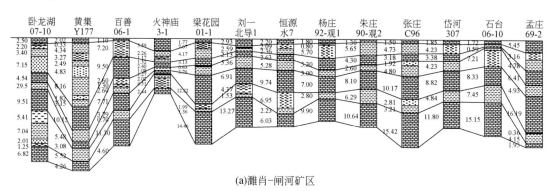

(a)濉肖-闸河矿区

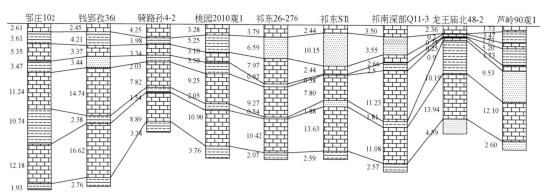

(b)宿县矿区

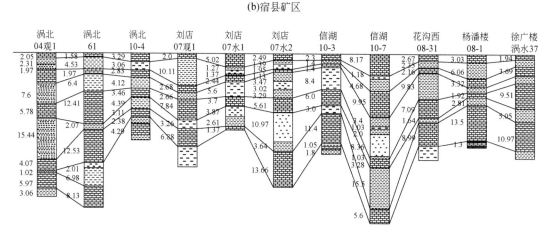

(c)涡阳矿区

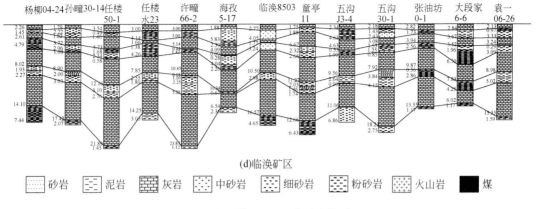

(d)临涣矿区

图 3.5 淮北煤田 L_1–L_4 灰岩岩性对比

3.2 淮北煤田中奥陶统灰岩地层岩溶期次

煤田构造沉积史决定古岩溶和现代岩溶过程 (Márton et al., 2020)。古岩溶为覆盖于年轻地层或松散层之下,地质过程中岩溶的产物 (Walkden, 1974; Wright, 1982),包括残留古岩溶 (Jennings, 1971) 和埋藏古岩溶 (Sweeting, 1973)。袁道先 (1998) 定义古岩溶为松散层沉积前的岩溶作用和岩溶产物。时国 (2010) 定义其为深埋地下的可溶岩岩层因构造作用,直接或间接受大气淡水的长期改造,发育而成的孔、洞、线性空隙等地质体的总称。

淮北煤田奥陶系灰岩孔隙—裂隙—溶洞系统是在漫长地质年代中形成的 (Li et al., 2015; Klimchouk et al., 2016)。淮北煤田中奥陶统灰岩地层古岩溶可分为 6 个期次 (图 3.6 ~图 3.8) (李定龙, 1998; 许光泉等, 2016): 沉积岩溶期→加里东运动构造抬升,风化淋溶岩溶期→海西运动地壳下沉,沉积煤系地层,灰岩埋藏期岩溶期→印支—燕山构造运动,半埋藏岩溶期→松散层沉积,二次埋藏岩溶期→现代岩溶期。

黄大兴和王永功 (2005)、侯恩科等 (1994) 研究得出: 中奥陶统形成后,华北煤田挤压抬升,地层表面为风化剥蚀和淋滤溶蚀环境,形成了岩溶古剥蚀面和准平原化岩溶地貌,此时表现为风化壳岩溶作用。至海西运动期,地壳下沉变化为石炭系—二叠系煤系地层沉积环境,该期变化为深埋岩溶期。中生代中晚期,印支—燕山运动作用下,先后遭受近 NS 向、SEE-NWW、NNE-SSW 向的挤压,发育了一系列的褶曲及断裂构造,地势落差增大,灰岩地层大面积露出表面,并遭受强烈的风化剥蚀,该期岩溶作用强烈。新生代以来沉积较厚松散层,奥灰地层再次进入二次埋藏岩溶期。以上 5 期奥灰地层岩溶发育特征介绍如下:

1) 古生代沉积期岩溶 (Є-O_2)

中寒武世—中奥陶世持续 47Ma,淮北煤田沉积了巨厚的碳酸盐岩或碳酸盐岩与硫酸盐岩混合建造。因为长期处于蒸发潮坪环境,接受淡水淋溶剥蚀,发育沉积或层间岩溶。

2）风化壳期岩溶（淋滤期 O_3–C_1）

加里东运动使得华北板块快速隆升，岩层进入淋滤水文地质作用期，持续约 140Ma。该期奥灰地层广泛出露，原同生沉积水与大气降水混合，对灰岩地层表层进行溶蚀。垂直淋滤与溶蚀，形成溶孔、洞、缝和角砾岩等。并且溶痕被风化残积物充填，为后期岩溶提供了基础。

3）中生代埋藏期岩溶作用（C_2–P_2）

自中石炭世海西构造期，淮北煤田接受海侵，风化壳期的溶孔、洞、缝等不断被充填，继而接受了 C_2–P_2 的煤层、砂岩、泥岩互层沉积，从而进入埋藏作用水文地质期。

C_2–P_2 沉积时不断排出压释水，与可溶性岩石发生混合岩溶作用。煤系地层中的有机质成烃热降解，脱羧基而释放出酸和 CO_2，下覆奥陶系灰岩获得 CO_2 的不断补充，促进岩溶发育（Li et al.，2015）。压释水在埋深 4000m 时，细菌活动产物 CO_2 和 H_2S。

$$有机质 \rightarrow 有机酸\ CH_3COOH + H^+ \tag{3.1}$$

$$C_{57}H_{56}O_{16} \rightarrow CH_4 + 2CO_2 + 3H_2O + C_{54}H_{42}O_5 \tag{3.2}$$

$$CaSO_4 \cdot 2H_2O \rightarrow Ca^{2+} + SO_4^{2-} + 2H_2O \tag{3.3}$$

$$2CH_3CHOHCOOH + SO_4^{2-} \rightarrow 2CH_3COOH + HCO_3^- + CO_2 + H_2S + H_2O \tag{3.4}$$

上述水岩作用过程中产生的 Ca^{2+} 和 CO_3^{2-} 的含量不断增加，从而促进灰岩岩溶、白云岩和石膏的次生灰化作用，同时 H_2S 与 Fe^{2+} 结合生成黄铁矿。

$$CaCO_3 + H_2O + CO_2 \rightarrow Ca^{2+} + 2HCO_3^- \tag{3.5}$$

$$CaSO_4 + CO_3^{2-} \rightarrow CaCO_3 + SO_4^{2-} \tag{3.6}$$

$$Ca \cdot Mg(CO_3)_2 + Ca^{2+} \rightarrow Mg^{2+} + 2CaCO_3 \tag{3.7}$$

图 3.6 为沉积期、风化壳期和埋藏期岩溶发育过程示意图（时国，2010）。

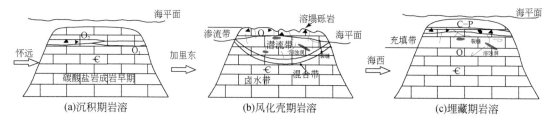

图 3.6　淮北煤田奥灰地层构造运动岩溶期演化图

4）半埋藏（构造）期岩溶作用（P_3–N）

万天丰和任之鹤（1999）、杨巍然（2006）等指出：早更新世后，淮北煤田总体抬升成为裸露岩溶区，形成了一些大型溶洞，成为重要的岩溶期。

该期持续约 243Ma，直至古近纪或中新世末。持续 120Ma 的印支—燕山期运动使区域褶皱变形，隆起处煤系地层被剥蚀，灰岩地层裸露，同时形成大型断层和"X"型张扭性节理，是地下水良好的下渗通道（Antonellini et al.，2019）。地表水经该下渗通道至地下灰岩地层后，巨大的地形差，加强径流动力场，是岩溶发育和大型溶洞形成的重要时期

（方向清等，2013）。喜马拉雅运动，不仅使早期断裂复活，同时形成了许多新的张扭性断裂。局部灰岩出露处附近的煤矿该期进入岩溶最发育的阶段。活化断层或新形成断层处，岩浆活动和地下水热液循环剧烈，形成大量溶洞（图3.7）。

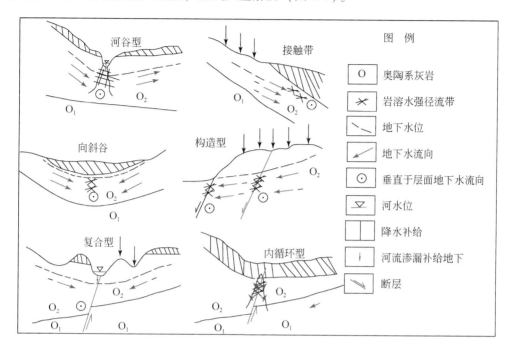

图 3.7　半埋藏期岩溶发育模式图

5）二次埋藏期岩溶作用

持续约4.2Ma。燕山期活动结束至第四纪，区域气候湿热，是华北煤田地质历史上较强烈的岩溶期次。

6）现代岩溶作用期

晚更新世末，华北新生代处于总体拉张环境，并呈条带状分布。区域形成西北部高（闸河矿区），东南部低（涡阳矿区）的地貌特征，奥灰露头再次接受淋滤岩溶作用。

从古气候特征分析，中生代和古近纪，气候湿热，雨量充足，地下径流最为丰沛，是我国华北煤田岩溶作用最强烈的阶段，形成很多垂直或近于水平的溶洞或大的溶隙。之后上更新世气候变冷、全新世变干燥。当缺乏水源条件，衰老或死亡后，形成古岩溶陷落柱（张敬凯，2009）。

前述岩溶期次，地壳多期稳定上升，潜水不断地向下渗透、潜蚀，形成洼地、落水洞、地下多层位管道暗河组合。表现为溶洞发育、地下河与伏流多顺岩层走向展布，岩溶洼地大多平行构造线呈串珠状展布等特征（段东升和杨德义，2005），从而控制后期陷落柱发育空间。

综述所述，淮北煤田岩溶环境演化过程为：海底碳酸盐岩成岩→出露表面蒸发，风化岩溶→浅埋→中埋→深埋→部分出露→二次埋藏→现代岩溶（图3.8）。

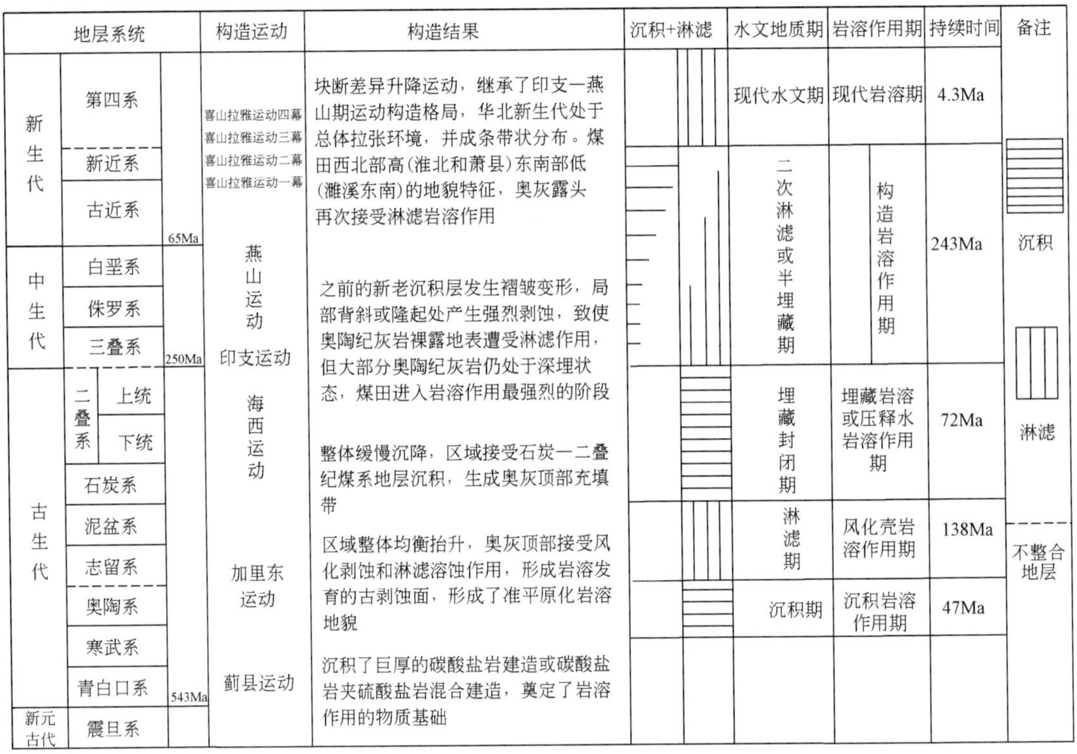

地层系统			构造运动	构造结果	沉积+淋滤	水文地质期	岩溶作用期	持续时间	备注
新生代	第四系		喜山拉雅运动四幕 喜山拉雅运动三幕 喜山拉雅运动二幕 喜山拉雅运动一幕	块断差异升降运动，继承了印支—燕山期运动构造格局，华北新生代处于总体拉张环境，并成条带状分布。煤田西北部高（淮北和萧县）东南部低（濉溪东南）的地貌特征，奥灰露头再次接受淋滤岩溶作用		现代水文期	现代岩溶期	4.3Ma	
	新近系					二次淋滤或半埋藏期	构造岩溶作用期	243Ma	沉积
	古近系	65Ma							
中生代	白垩系		燕山运动	之前的新老沉积层发生褶皱变形，局部背斜或隆起处产生强烈剥蚀，致使奥陶纪灰岩裸露地表遭受淋滤作用，但大部分奥陶纪灰岩仍处于深埋状态，煤田进入岩溶作用最强烈的阶段					
	侏罗系		印支运动						淋滤
	三叠系	250Ma	海西运动			埋藏封闭期	埋藏岩溶或压释水岩溶作用期	72Ma	
古生代	二叠系	上统		整体缓慢沉降，区域接受石炭—二叠纪煤系地层沉积，生成奥灰顶部充填带					
		下统							
	石炭系			区域整体均衡抬升，奥灰顶部接受风化剥蚀和淋滤溶蚀作用，形成岩溶发育的古剥蚀面，形成了准平原化岩溶地貌		淋滤期	风化壳岩溶作用期	138Ma	不整合地层
	泥盆系		加里东运动						
	志留系								
	奥陶系					沉积期	沉积岩溶作用期	47Ma	
	寒武系								
	青白口系	543Ma	蓟县运动	沉积了巨厚的碳酸盐岩建造或碳酸盐岩夹硫酸盐岩混合建造，奠定了岩溶作用的物质基础					
新元古代	震旦系								

图 3.8　淮北煤田奥灰地层岩溶期次

研究指出沉积期岩溶、淋溶期岩溶洞穴难以保留，但对后期的岩溶作用影响较大，是后期岩溶发育的基础和改造的有利地段（李定龙，1998）。半（局部）埋藏的地质条件更有利于岩溶作用的进行，表现为半埋藏期岩溶作用强于埋藏期。

3.3　淮北煤田灰岩地层岩溶特征与发育规律

淮北煤田太原组灰岩地层钻孔数据较多，资料获取较全，比较于奥灰含水地层，其岩溶发育特征和规律研究条件更有利，研究成果更为全面，精度更高。太灰和奥灰岩溶规律在平面和空间上具有一致性。

3.3.1　太原组灰岩地层岩溶特征与发育规律

依据 L_1-L_4 灰岩层段钻孔岩心特征，结合测井曲线、简易水文观测、钻孔 RQD（rock quality designation）值和漏失量、钻孔出水等，研究太灰上段地层岩溶发育特征和规律。

1. 太灰上段岩溶发育特征

太灰上段灰岩层段为块状结构，致密坚硬，以溶孔、溶蚀裂隙为主，偶见溶穴。从灰岩结构、构造、岩心、RQD 等方面研究各矿区的岩溶发育特征。

1）濉肖-闸河矿区

各煤矿灰岩均以高角度溶隙、结构以隐晶质为主，充填较好，濉肖矿区 RQD 值总体较高，桃园煤矿和刘桥一矿等较低，岩溶发育相对较好。

杨庄煤矿、桃园煤矿、刘桥一矿太灰层段裂隙发育，岩心破碎。裂隙大部分被方解石充填，少数泥质充填。局部煤矿发育小溶洞［图 3.9（a，b）］，见缝合线构造；其 L_1 和 L_2 灰岩，RQD 值小于 35%（表 3.5），岩溶发育较好。岩溶发育弱、RQD 值较高的有袁庄、刘桥矿区深部等。浅部的灰岩比深部的裂隙、溶隙、溶洞更为发育。

(a)濉肖矿区恒源煤矿L_1灰岩(竖向裂隙,岩心)

(b)濉肖矿区恒源煤矿L_1灰岩(竖向裂隙,岩心切片)

(c)宿县矿区桃园煤矿L_1灰岩

(d)宿县矿区桃园煤矿L_2灰岩

(e)宿县矿区桃园煤矿L_3灰岩

(f)宿县矿区桃园煤矿L_4灰岩

(g)宿县矿区芦岭煤矿L₁灰岩(缝合线)　　　　(h)宿县矿区芦岭煤矿L₂灰岩(岩心破碎)

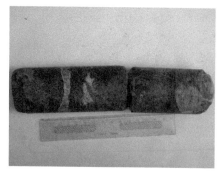

(i)宿县矿区芦岭煤矿L₃灰岩(方解石充填)　　　　(j)宿县矿区芦岭煤矿L₄灰岩(裂隙)

图 3.9　濉肖矿区、宿县矿区太灰岩心照片

表 3.5　濉肖矿区 L_1-L_4 灰岩溶特征统计

灰岩名称	裂隙形态、岩溶发育程度和充填物	溶洞发育情况和RQD	其他
L_1 灰岩	桃园煤矿、石台和袁庄矿裂隙发育；卧龙湖矿裂隙垂直发育。刘桥一矿裂隙高角度发育。刘桥矿区深部不发育。黄集煤矿裂隙斜向发育。裂隙基本多被方解石及泥质充填	朱庄（12%）、刘一（35%）、卧龙湖（65%）、袁庄（75%）、刘桥矿区深部（80%）	
L_2 灰岩	刘桥一矿裂隙高角度发育。刘桥矿区深部裂隙不发育。袁庄煤矿少见，其他各矿裂、溶隙发育。裂隙被方解石及泥质充填。杨庄90-5孔、Ⅱ617放3-3孔和91观11孔见小溶洞	刘一（20%）、朱庄（23%）、卧龙湖（53%）、刘桥矿区深部（75%）、袁庄（82%）	缝合线构造
L_3-L_4 灰岩	除刘桥矿区深部不发育外，其他各矿裂隙发育。被方解石脉充填。杨庄07观11（-147.6m）见破碎带，86注2（-305m）和90-6孔（-430m）见0.1~0.2m溶洞	朱庄煤矿局部小溶洞	

2）宿县矿区

宿县矿区岩溶特征：L_1 灰岩在宿南背斜以西以裂隙为主；以东桃园煤矿揭露径长 2~4cm 的小溶洞。宿东向斜内除了裂隙外，亦有溶穴和溶洞。L_2 灰岩以裂隙为主，祁东煤矿、宿东向斜内除还发育有溶洞。L_3 灰岩主要是裂隙和溶隙，祁南和祁东煤矿偶见有小溶洞。L_4 灰岩多以裂隙为主，在祁东、芦岭煤矿揭露溶洞（表3.6）。宿县矿区 RQD 值多大于80%，断层破碎带（桃园煤矿 2_4、补6和 4_3 钻孔处，祁南煤矿 17_{12}、23_6、13_{10} 和 14_{10} 钻孔处）RQD 值明显减小为45%~65%。L_5 及其以下，主要为裂隙和溶隙，很少有溶洞 [图3.9（c-j）]。

表 3.6　宿县矿区 L_1-L_{14} 灰岩溶发育特征统计

矿名	岩溶发育形态												
	L_1	L_2	L_3	L_4	L_5	L_6	L_7	L_8	L_9	L_{10}	L_{11}	L_{12}	L_{13}-L_{14}
邹庄	纵向裂隙	+	裂隙、溶隙	纵向裂隙	+	+	+	+					
钱营孜	+	垂直裂隙	斜向裂隙	垂直裂隙	+	+				+	+	+	
骑路孙	裂隙溶隙	+	斜向裂隙	+									
桃园	裂隙溶洞	+	+	+	+		+						
祁南		+	裂隙、溶洞	+									
祁南深部	+		+	纵向裂隙									
祁东	局部溶洞	裂隙、溶隙	+	局部溶洞				+			+		
龙南		+											
龙北	+	+	+	裂隙、溶隙	溶隙	+	+	+	+	溶隙、裂隙			+
芦岭	裂隙、溶洞			裂隙、溶洞	+	+	+	+	+				
朱仙庄	裂隙溶穴	裂隙、溶洞											

注："+"为裂隙发育。

3）临涣矿区

临涣矿区灰岩 RQD 值可达 90%，完整性好；L_3-L_4 灰岩 RQD 值较小，普遍在 50% 左右，仅局部完整性较好。溶蚀裂隙为主，多被黏土或方解石充填。太灰地层岩溶整体较差，偶见小溶洞及水溶蚀现象（表 3.7）。

表 3.7　临涣矿区太灰岩溶特征统计

煤矿名称	灰岩（段）	裂隙发育	充填物	RQD/%	其他
任楼煤矿	L_1	发育	偶见钙质黏土	77~87	缝合线发育
	L_2	发育	方解石	78~90	见缝合线
	L_3	微发育		39~44	局部水溶蚀明显
	L_4-L_7	微发育	方解石泥质	L_4 灰岩：30~34	
孙疃煤矿	L_1-L_2	发育	方解石		
	L_3-L_4	发育	方解石钙质		L_4 缝合线构造
许疃、杨柳、临涣、张油坊、童亭等煤矿	L_1	发育	方解石	其中张油坊（10）	仅临涣煤矿微发育
	L_2	发育		其中张油坊（40）	张油坊矿缝合线局部发育、童亭矿局部水溶蚀
	L_3	发育			许疃、童亭缝合线
	L_4	发育		仅童亭矿方解石泥质充填	童亭矿大量缝合线
袁一煤矿	L_1-L_4	发育		L_1 灰岩 10~90、L_2 灰岩 60、L_3 灰岩 20~70、L_4 灰岩 10	L_1 有缝合线构造，L_3-L_4 缝合线
袁二煤矿	L_1	发育		80~100	局部岩心破碎
	L_2	微发育		60~97	
	L_3-L_5	纵向发育		L_3 灰岩 85、L_4 灰岩 48	

4）涡阳矿区

主要为溶隙，溶孔、溶洞鲜见。除局部之外，涡阳矿区灰岩 RQD 值可达 85%，岩心较为完整，但局部可见小溶洞，总体岩溶发育整体较差。从裂隙宽度和密度来看，矿区 L_3–L_4 灰岩岩溶程度较更低。另外 L_3–L_4 灰岩岩心完整性整体较高，尤其 L_4 灰岩岩心最高可达 93%，L_3–L_4 灰岩岩溶发育较差，本区内太原组 L_1–L_4 灰岩整体岩溶发育差（图 3.10）。

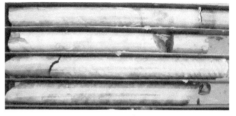

(a)L_1灰岩　　　　　　　　　　　　　　　　(b)L_3灰岩

图 3.10　刘店 07 观 1 孔岩心照片

综上，淮北煤田太灰表现为孔隙–裂隙型或孔洞–裂隙型，未揭露溶洞–裂隙型岩溶组合类型，从太灰钻孔岩心特征可知，揭露陷落柱的煤矿太灰岩溶发育程度均较高。

2. 井下探查钻孔出水情况

1）濉南矿区

濉肖矿区垂向上太富水性较强，平面空间上杨庄煤矿和桃园煤矿较为发育。恒源煤矿最大放水量 583m³/h，说明含水充足。开采太灰水位下降数百米，说明其补给弱。刘桥一矿 L_1–L_4 灰岩钻孔出水率分别为 23.6%、38.8%、58.0% 和 75.0%；恒源煤矿灰岩钻孔出水率分别为 20.0%、74.4% 和 100.0%，说明太灰垂向上有从 L_1 向 L_4 富水性增加的趋势（表 3.8）。

表 3.8　濉肖–闸河矿区太灰钻探出水统计

矿名	钻孔个数/个	出水层位	出水量/(m³/h)
杨庄煤矿	43	L_1	0～261
	97	L_2	0～234
	11	L_3	4.8～196.8
	22	L_4	0.96～282
朱庄煤矿		L_1–L_2	20～80
		L_3–L_4	100～600
百善煤矿		L_1	2～60
刘桥一矿		L_1	0～40
		L_2	0～74
卧龙湖煤矿		8-5、8-4 孔 L_1–L_4	漏水

2）宿县矿区

宿县矿区放水孔差异较大。桃园煤矿太 L_1-L_4 灰岩富水性好,补 3 孔放水量达 $207m^3/h$。祁南煤矿灰岩出水量均小于 $5.0m^3/h$,~L_4 灰岩稍大,仅 $5m^3/h$,富水性弱。

3）临涣矿区

临涣矿区钻孔出水量大的放水孔主要集中于 L_1-L_4。临涣矿区 L_1 灰岩出水量 0~$36m^3/h$,L_2 灰岩 0.4~$90m^3/h$,最大为 $100m^3/h$。在浅部溶隙发育,往深部而变弱。除童亭矿表现出较大的出水量外,海孜煤矿、杨柳煤矿、五沟煤矿等均表现出弱富水,探查孔涌水量均较小（表 3.9）。

表 3.9　临涣矿区太灰钻探出水统计

内容	孔号	出水层位	出水量/(m^3/h)
海孜矿	91-1	L_1-L_4	0
童亭矿	92 观 1/93 观 2/94 观 1	L_1	15/19.8/36
	94 观 4/95 观 5/01 观 1	L_2	90/69.6/0.4
孙疃矿	放 1 孔和放 2 孔组、探查孔组,共 11 个钻孔	$L_{2下}$-L_5	0.5~7
杨柳矿	放 1 孔组和放 2 孔组,共 4 个钻孔	$L_{4下}$	1.6~3.7
刘店矿	放孔组、探查孔组,共 16 个钻孔	L_3-L_4	0~6
五沟矿	Z_6-3	L_2	15
	Z_4-1/Z_4-2	L_1	0/2
	Z_5-1-Z_5-3	L_2	2~3
	J_8-1、J_7-1、J_5-1、30-11 四个钻孔	太灰上段	4.8~15

4）涡阳矿区

涡阳矿区刘店煤矿太灰探查,富水性具有显著差异,L_1 灰岩基本无水,L_2 灰岩水量差异较大 0~$73.5m^3/h$,L_3 灰岩基本无水,L_4 灰岩出水量 0~$47m^3/h$,L_5 灰岩 30~$33m^3/h$,L_5 以下灰岩基本不富水。

淮北煤田太灰岩岩溶发育极不均一、富水性差异较大。濉肖矿区恒源煤矿、杨庄煤矿、朱庄煤矿钻孔出水量较大,灰岩含水层富水性强。宿县矿区桃园煤矿灰岩富水性强,祁东煤矿、祁南矿弱。临涣-涡阳矿区太灰总体富水性极弱—较弱,局部如童亭煤矿较强。岩溶发育具有随埋深增加而减弱的变化,富水性也相应地变弱。

3. 太原组上段灰岩层段岩溶发育类型

根据钻孔出水量、冲洗液漏失量、测井值组合特征,将太灰岩溶地层段划分为裂隙-孔洞型、裂隙-网络型、溶孔-裂隙型、溶隙发育-弱富水型和岩溶不发育型 5 种主要岩溶类型。

（1）裂隙-孔洞型,如桃园煤矿 2010 观 1 孔（图 3.11）,太灰测井表现为视电阻率低,有少量的冲洗液漏失量,则该段岩溶较发育。溶洞段,常表现为低阻异常及自然电位负异常。钻孔 308.52 ~ 310.10m 处见 2 ~ 4cm 溶洞，冲洗液全漏；327.80 ~ 332.10m 处岩心破碎；裂隙发育，但多方解石充填。

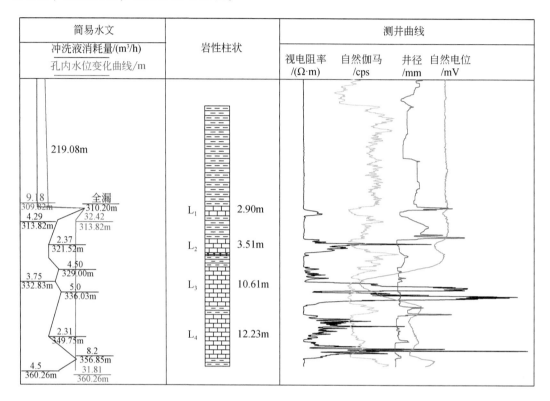

图 3.11   桃园煤矿 2010 观 1 孔太灰测井曲线

（2）裂隙–网络型，灰岩段钻孔冲洗液全漏，对应视电阻率低阻异常，则说明该段富水性强，如桃园煤矿 2011 观 2 孔（图 3.12 和图 3.13）和祁东 ST_4 孔。桃园煤矿 2011 观 2 孔冲洗液在 L_1–L_4 灰全漏，表明 L_1–L_4 灰岩溶好且富水性较强。祁东 ST_4 孔 L_2 灰发生全漏且视电阻率低阻异常，岩溶明显且富水性强。该类岩溶发育，沟通性好。

（3）溶孔–裂隙型，视电阻率高低分布，与冲洗液漏失量呈镜像错置关系，对应裂隙发育且富水。如青东 09 观 3 钻孔 L_3、L_4（图 3.14）灰岩层段有一定的岩溶发育。

（4）溶隙发育–弱富水型，刘桥矿区深部 17-2 孔，均视电阻率高阻、自然电位负异常，说明溶隙及溶洞发育。冲洗液漏失量小，则该段泥质含量较高，富水性较差（图 3.15）。

（5）岩溶不发育型，富水性差，冲洗液无消耗或消耗小，视电阻率为高阻。如祁南深部 Q_{11-3} 钻 L_4 灰岩局部有洗液漏失，L_1–L_4 灰岩视电阻率为高阻，表明岩溶差、富水性弱（图 3.16）。

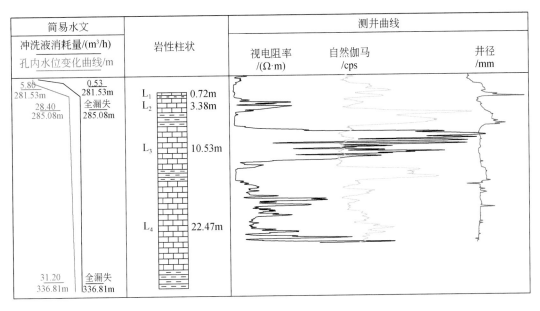

图 3.12　桃园煤矿 2011 观 2 孔测井曲线

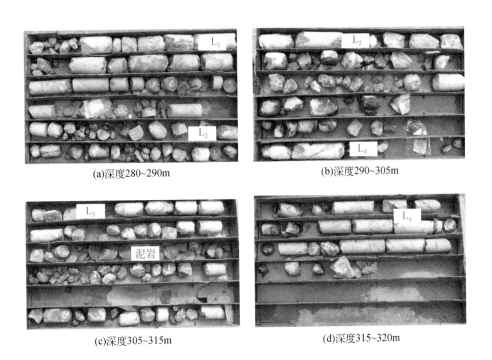

(a)深度280~290m　　　　　　　　(b)深度290~305m

(c)深度305~315m　　　　　　　　(d)深度315~320m

图 3.13　桃园煤矿 2011 观 2 孔 L_1-L_4 岩心

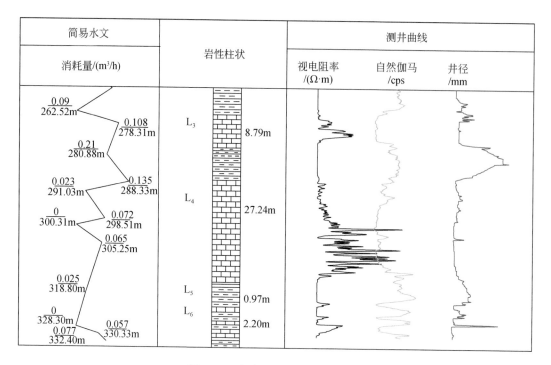

图 3.14　青东 09 观 3 孔测井曲线

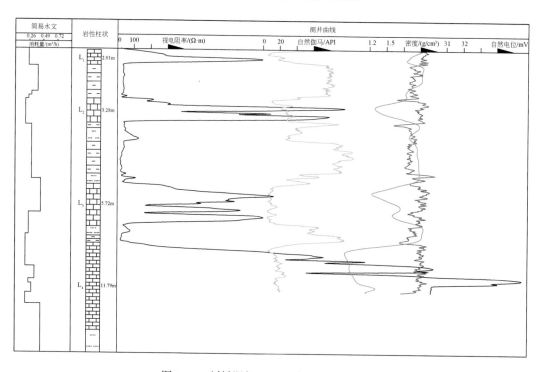

图 3.15　刘桥深部 17-2 孔灰岩段测井曲线

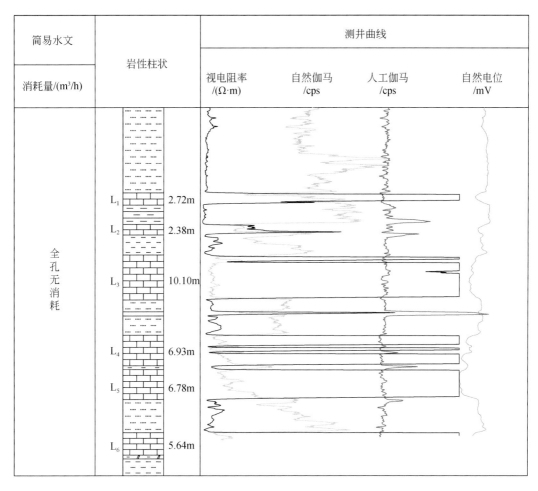

图 3.16 钱营孜 30-B4 孔灰岩段测井曲线

4. 太灰含水地层岩溶发育规律

1）平面发育特征

综合以上太灰岩溶、测井对比和探放孔数据，岩溶发育特征为：涡阳矿区总体较差，仅刘店煤矿一带局部较好。濉肖矿区差异较大，矿区中部朱庄、杨庄、恒源等矿较好，其他煤矿较差。临涣矿区总体较差，仅童亭背斜北、南倾伏端扭转处较好，背斜核部发育较好，翼部较差。宿县矿区自东向西，主要表现为位于宿东向斜内的芦岭、朱仙庄煤矿岩溶发育较差；桃园煤矿发育好，祁南、祁东煤矿较好；祁南深部、龙南及龙北矿较差；邹庄、钱营孜和骑路孙矿发育差。

2）垂向发育特征

岩溶主要作用于埋深 500m 以浅位置，随灰岩埋深而变弱（图 3.17）。涡阳矿区钻探揭示，仅在太灰上部 L_1–L_4 灰岩局部有水，L_5 灰岩以下钻孔基本不出水，岩心致密，岩溶不发育。临涣矿区等矿钻孔出水量较大钻孔均分布于灰岩层浅部。

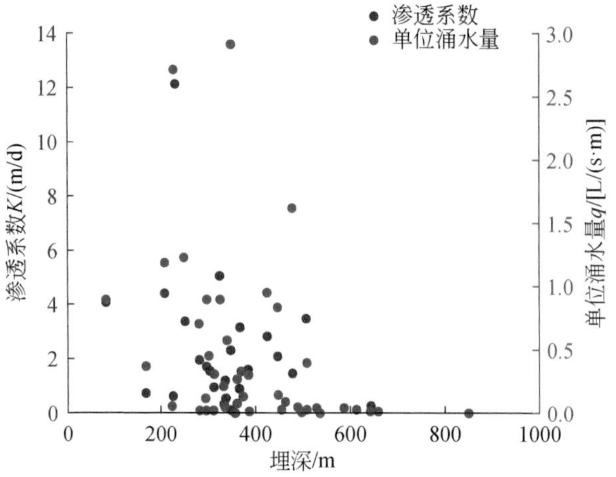

图 3.17　淮北煤田太灰 K、q 与埋深散点图

综上所述,从太灰含水层岩溶钻孔特征统计、测井曲线解译和太灰钻孔涌水量,均证明太灰地层主要岩溶发育为溶孔、溶隙,极少发育溶洞,溶洞规模 2~4cm,难以形成高数百米、截面积数公顷的陷落柱。太灰 L_5-L_{14} 距底煤层较远,溶隙发育更弱。综上,虽太灰无陷落柱形成的基底条件,但陷落柱揭露煤矿与太灰岩溶发育和富水性具有一致性。

5. 淮北煤田太灰含水层水化学特征

可溶性岩层段由方解石（$CaCO_3$）、白云石 $[Mg \cdot Ca (CO_3)_2]$ 等组成。选择常规离子（Ca^{2+}、Mg^{2+}、K^+、Na^+、SO_4^{2-}、Cl^-、HCO_3^-）及 TDS 等,对研究区岩溶水水化学特征进行分析。

1）含煤地层水岩作用

煤系地层含有 FeS_2 等,在浅部露头区被氧化后,生成的 SO_4^{2-} [式（3.8）],随地下水流入深部,降低深部水 pH,促进岩溶作用。在滞留环境下,灰岩含水层水发生脱硫酸作用 [式（3.9）] 与阳离子交替吸附过程 [式（3.10,3.11）],形成 HCO_3-Na 型水,如闸河矿区杨庄煤矿、石台煤矿（图 3.18）。

$$2FeS_2 + 7O_2 + 2H_2O = 2FeSO_4 + 2SO_4^{2-} + 4H^+ \tag{3.8}$$

$$SO_4^{2-} + 2C + 2H_2O \rightarrow H_2S \uparrow + 2HCO_3^- \tag{3.9}$$

$$2Na^+(岩石) + Ca^{2+}(水) \rightarrow 2Na^+(水) + Ca^{2+}(岩石) \tag{3.10}$$

$$2Na^+(岩石) + Mg^{2+}(水) \rightarrow 2Na^+(水) + Mg^{2+}(岩石) \tag{3.11}$$

部分杨庄煤矿太灰水样为 $SO_4 \cdot HCO_3$-Ca·Na 型（图 3.18）,岩溶作用强于 HCO_3-Na 型,说明杨庄煤矿太灰水岩溶强度具有差异性。

刘一煤矿和恒源煤矿太灰水质为 SO_4-Ca·Na·Mg 型或 $SO_4 \cdot HCO_3$-Ca·Mg 型,岩溶发育强,为酸性水条件下岩溶作用的结果 [式（3.12~3.15）和图 3.18]。

$$CaCO_3 + H^+ \rightarrow Ca^{2+} + HCO_3^- \tag{3.12}$$

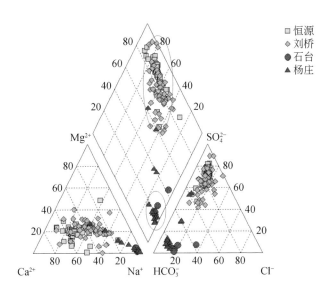

图 3.18　濉肖–闸河矿区太灰水质 Piper 图

$$CaMg(CO_3)_2 + 2H^+ \rightarrow Ca^{2+} + Mg^{2+} + 2HCO_3^- \qquad (3.13)$$

$$CaSO_4 \rightarrow Ca^{2+} + SO_4^{2-} \qquad (3.14)$$

$$MgSO_4 \rightarrow Mg^{2+} + SO_4^{2-} \qquad (3.15)$$

2）总溶解固体（TDS）

TDS 是常规离子（Ca^{2+}、Mg^{2+}、K^+、Na^+ 等）在地下水积累的综合反映。TDS 值小指征地下水交替和径流速度快；TDS 值大为滞留区或排泄区。地下水径流方向一般从 TDS 值小向大的区域运移。TDS 等值线紧密时，说明地下水滞流；稀疏时，地下水循环交替速度快，溶滤能力强。

太灰水总溶解固体（TDS）的特征如下：濉肖–闸河矿区 TDS 值较小，均值约 0.5g/L，等值线近 NS 向平行分布，径流方向为从东向西，至西部刘桥矿区处 TDS 高，且等值线密度较大。宿南 TDS 值次之，桃园煤矿北部 TDS 为高值圈闭中心，为宿县矿区灰岩水排泄位置。临涣矿区和涡阳矿区 TDS 值较大。童亭背斜核部、东南转折端较低，太灰岩溶发育较好。涡阳矿区矿化度整体较高，为 1.4 ~ 4.1g/L，从东向西 TDS 值变大，总体径流条件弱。

综上分析，宿县矿区和濉肖–闸河矿区太灰矿化度整体较小，在 0.35 ~ 3.31g/L，地下水径流条件好，利于岩溶发育。临涣矿区仅童亭背斜和其东南背斜倾伏扭转部位 TDS 值较小。淮北煤田太灰含水层浅部地下水径流条件较深部强烈，矿化度随深度增加而增加（图 3.19）。

3）钙镁比值

Ca/Mg 比值较高说明可溶岩 $CaCO_3$ 的比例高，在水动力作用下，易于发育成岩溶孔洞。其值较高的有刘一、恒源和杨庄、桃园、临涣、任楼和海孜等煤矿，比值大于 1.38。太灰水 pH 较小的有海孜、袁一、孙疃、任楼、童亭、刘一、恒源、桃园等煤矿，有利于

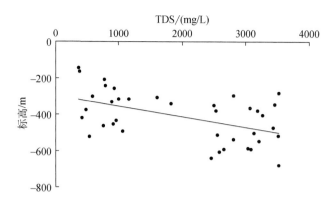

图 3.19　临涣矿区太灰水 TDS 与埋深关系图

岩溶作用。

4）离子组合特征

淮北煤田太灰含水层水化学特征多数为（$Ca^{2+}+Mg^{2+}$）/（$SO_4^{2-}+0.5HCO_3^-$）比值小于 1，Na^+/Cl^- 比值大于 1，且（$Ca^{2+}+Mg^{2+}$）/$0.5HCO_3^-$ 比值远大于 1。说明 Ca^{2+} 和 Mg^{2+} 离子除了碳酸盐和硫酸盐岩溶［式（3.12～3.15）］，在滞水环境与 Na^+ 离子阳离子交换［式（3.10）和式（3.11）］，同时发生脱硫酸作用［式（3.9）］，从而增加水中的 Na^+ 和 HCO_3^- 离子成分。太灰地下水总体为还原滞水环境，岩溶作用较弱（图 3.20）。

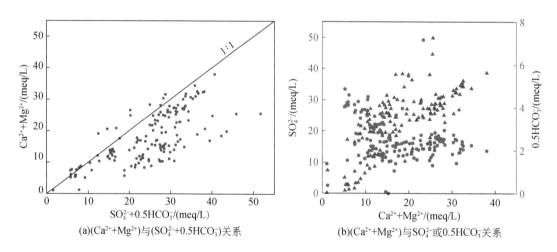

(a)($Ca^{2+}+Mg^{2+}$)与($SO_4^{2-}+0.5HCO_3^-$)关系　　　　(b)($Ca^{2+}+Mg^{2+}$)与SO_4^{2-}或$0.5HCO_3^-$关系

图 3.20　淮北煤田太灰水离子组合关系

5）太灰封闭性指数

淮北煤田太灰水质数据，阴阳离子平衡差小于 5%，计算封闭性指数 I_c：

$$I_c = \frac{\gamma(CO_3^{2-}+HCO_3^-)}{\gamma SO_4^{2-}} \times \frac{\gamma(Na^++K^+)}{\gamma(Ca^{2+}+Mg^{2+})} \tag{3-16}$$

式中，$\dfrac{\gamma(Na^+ + K^+)}{\gamma(Ca^{2+} + Mg^{2+})}$，$\dfrac{\gamma(CO_3^{2-} + HCO_3^-)}{\gamma SO_4^{2-}}$ 分别代表滞留条件下阳离子交换和脱硫酸作用。

由式（3.16），将各煤矿按照太灰封闭性指数均值由低至高排序：卧龙湖 0.04、海孜 0.05、临涣 0.09、恒源 0.1、火神庙 0.28、刘一 0.34、五沟 0.7、龙南 0.8、任楼 9.3、桃园 19.1、祁东 21.4、孙疃 21.5、童亭 29.6、许疃 61.3、杨庄 263.7、石台 428.5、刘店 808.2、祁南 1415.9、芦岭 1751.8、钱营孜 4683.5、杨柳 13006.6。封闭性指数值越高，地下水径流条件越差。

据 TDS、Ca/Mg 比值、pH、离子组合特征、封闭性指数等指标，地下水径流好、岩溶发育强的有刘一、桃园、临涣煤矿。地下水对灰岩地层溶解性较强的有海孜、孙疃、龙北、袁一、桃园和任楼煤矿。杨庄、石台矿太灰水以 Na^+ 和 HCO_3^- 离子成分为主，说明其地下水处于滞留状态。刘一、恒源、桃园、任楼煤矿太灰水化学 $Ca^{2+} + Mg^{2+}$ 比例高，说明岩溶作用较强。总体上闸河矿区、宿县矿区径流条件好，岩溶发育较好，临涣较强较弱，涡阳较强最弱。

3.3.2　中奥陶统灰岩地层岩溶特征与发育规律

中奥陶统灰岩地层沉积稳定以后，经历了风化壳→埋藏→构造改造→半埋藏→现代岩溶期的过程。风化壳期灰岩地层风化结果成为后期岩溶改造的基础。

1. 奥灰地层风化壳岩溶期古岩溶恢复与含水层渗透系数

1）"印模法"重现淮北煤田加里东风化壳岩溶期古地形

低洼地带，为加里东期古水系发育位置，或地下溶洞排泄位置，有利于岩溶发育（田景春等，2009；张茜凤，2016）。淮北煤田奥陶系上覆本溪组地层，在煤田分布稳定，不整合接触。不考虑本溪组地层形成过程中的沉积压实等微观差异，"印模法"还原本溪组地层沉积前，其基底中奥陶统灰岩地层风化壳岩溶期的古地形。本溪组厚度自南向北逐渐增厚，沉积中心位于刘桥矿区深部和杨庄煤矿东南部区域［图 3.21（a）］。在加里东古岩溶时期，闸河矿区南部、和宿南矿区桃园煤矿北部，本溪组沉积厚度较大，为风化壳期溶蚀洼地沉积环境，古岩溶作用较强。临涣矿区沉积厚度较小，地表水流总体从临涣矿区流向闸河矿区、刘桥矿区和宿县矿区。

2）中奥陶统灰岩地层渗透系数

奥灰含水层抽水试验钻孔渗透系数较大处与古岩溶汇流位置杨庄、朱庄、桃园煤矿北部较为一致，揭示风化壳岩溶期作用影响奥灰含水层的破碎程度和空隙度［图 3.21（b）］。童亭背斜南东和北西轴部转折端，该处本溪组沉积厚度较小，为古岩溶高地，利于垂直渗透带的扩大，而水平方向的溶洞形成较差，总体古岩溶作用弱。童亭背斜南北倾伏断渗透系数较大，主要原因是宿北断裂和板桥断裂左行走滑，靠近断裂的背斜南北倾伏端发生扭转，应力增强后岩层破碎度增加，从而导致渗透系数增大。

2. 奥灰含水层的沟通性

任$_{29}$陷落柱突水 4 天后，16.2km 外的奥灰水文孔水位降低 7.02m。桃$_{22}$陷落柱突水时，奥灰水位下降 40~60m（张丽红，2012；徐德金等，2013），数十千米外的祁南煤矿奥灰孔（2007 观 1）和太灰孔 2006-水 1 水位下降幅度大（图 3.22），说明奥灰含水层间沟通性好。

3. 奥灰含水层水化学特征

奥灰地层距 10（6）煤 100~290m，为深埋型含水层。地层富水性差异明显，同一矿区的不同亚区亦表现出不同特征。如临涣矿区以杨柳断裂为界，北部富水性弱，q=0.012~1.52L/（s·m），渗透系数 K=0.0058~1.639m/d，矿化度较高 3.52~3.64g/L，水质 Cl·HCO$_3$-Na型；断裂以南富水性强，q=0.021~27.47L/（s·m），K=0.0068~128.26m/d，矿化度为 1.06~1.32g/L，水质类型 Cl·HCO$_3$·SO$_4$-K·Na·Ca 型。

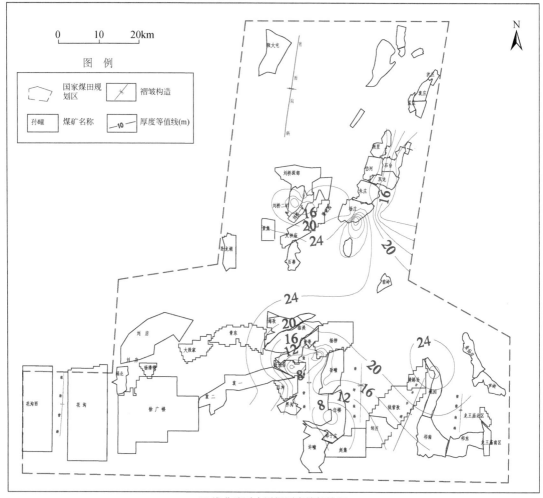

(a) 淮北矿区本溪组厚度等值线图

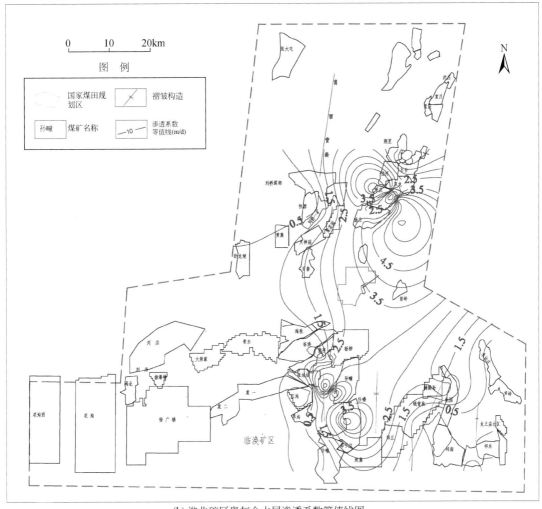

(b) 淮北矿区奥灰含水层渗透系数等值线图

图 3.21　本溪组地层厚度与奥灰含水地层渗透系数等值线图

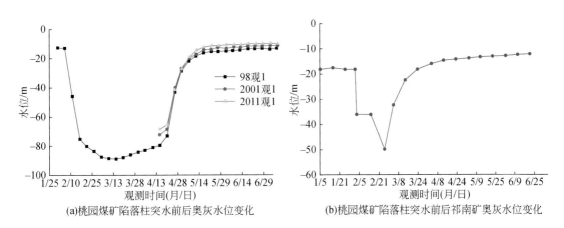

(a) 桃园煤矿陷落柱突水前后奥灰水位变化　　　(b) 桃园煤矿陷落柱突水前后祁南矿奥灰水位变化

图 3.22　桃园煤矿"2013.2.3"陷落柱突水前后本矿和祁南矿奥灰水位趋势图

　　pH 较小有利于岩溶作用，钙镁比值高说明地下水岩溶程度高，如五沟煤矿 J7-1 奥灰孔 HCO₃·Cl-Na·Ca 型水，TDS 为 0.337g/L，径流条件较好，岩溶程度一般；pH 为 8.79，溶解能力较弱。Mg^{2+} 离子占比高，说明奥灰地层含白云质灰岩成分多。

　　朱庄、杨庄、孟庄、五沟、童亭、许疃和朱仙庄煤矿奥灰水矿化度小，为 0.23 ~ 0.97g/L，该类型地下水补给条件较好。灰岩（$CaCO_3$）溶解性大于白云石 $[Mg·Ca(CO_3)_2]$，桃园、任楼、杨庄、刘一、童亭矿钙镁比较大，指示奥灰水岩溶较强（图 3.23）。

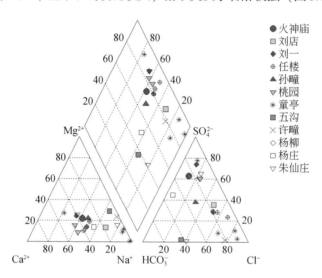

图 3.23　淮北煤田奥灰地层水质 Piper 图

3.3.3　淮北煤田灰岩含水层富水性

　　奥灰和太灰岩层沉积后，在多期构造和地下水径流作用下，岩溶发育平面上具有较好的同步性和一致性。

1. 奥灰含水层富水性

　　奥灰抽水试验极强与强富水钻孔共有 21 个，位于孟庄、任楼、桃园、朱庄和杨庄等煤矿，弱富水钻孔位于五沟、祁南、祁东等煤矿（表 3.10）。

表 3.10　淮北煤田灰岩含水层抽水试验钻孔富水性统计表

含水层	抽水试验钻孔数	矿区名称	弱富水 [$q \leqslant 0.1L/(s·m)$] 钻孔数	中等富水 [$0.1 < q \leqslant 1.0L/(s·m)$] 钻孔数	强富水 [$1.0 < q \leqslant 5.0L/(s·m)$] 钻孔数	极强富水 [$q > 5.0L/(s·m)$] 钻孔数
太灰含水层	16	濉肖矿区	11	3	2	—
	48	闸河矿区	18	16	11	3
	43	宿县矿区	28	12	3	—

续表

含水层	抽水试验钻孔数	矿区名称	弱富水 [$q \leqslant 0.1$L/(s·m)] 钻孔数	中等富水 [$0.1 < q \leqslant 1.0$L/(s·m)] 钻孔数	强富水 [$1.0 < q \leqslant 5.0$L/(s·m)] 钻孔数	极强富水 [$q > 5.0$L/(s·m)] 钻孔数
太灰含水层	62	临涣矿区	40	14	7	1
	15	涡阳矿区	9	5	1	—
	184	合计	105	51	24	4
奥灰含水层	3	濉肖矿区	1	2	—	—
	22	闸河矿区	6	6	8	2
	19	宿县矿区	9	7	3	—
	22	临涣矿区	8	6	6	2
	1	涡阳矿区	1	—	—	—
	67	合计	25	21	17	4

2. 太灰上段地层富水性

抽水试验富水性极强与强的钻孔共 27 个，集中分布于杨庄、石台、孙疃、桃园、任楼煤矿和刘桥一矿（表 3.10）。抽水钻孔渗透系数 $K > 10$m/d 的钻孔共计 16 个。分矿区特征如下：

（1）濉肖-闸河矿区：相西断层以西濉肖矿区太灰富水性弱—强；以东的朱庄、杨庄、石台等煤矿较强。

（2）宿县矿区：太灰地层抽水试验钻孔数据 43 个，q 为 0.0001~2.396L/（s·m），其中仅 3 个钻孔富水性强，均在桃园煤矿北。宿南背斜各煤矿总体弱；宿南向斜除桃园煤矿中等—强，祁东和祁南矿弱—中等，宿东向斜煤矿弱—中等。

（3）临涣矿区 q 为 0.00004~11.29L/（s·m），62 个钻孔中其中有 8 个钻孔富水强与极强。低洼处，如任楼煤矿和青疃勘探区富水性较强。同时，统计了临涣矿区渗透系数 K 为 0.00001~92.84m/d，62 个抽水钻孔中，渗透系数 $K \leqslant 1$m/d 的有 50 个钻孔。

（4）涡阳矿区岩溶发育总体弱。涡阳矿区古地形东北高西南低，表现为向西南低洼地带岩溶发育程度递增趋势。

淮北煤田灰岩富水性强与极强的抽水钻孔分布比较集中，主要集中在四个位置：朱庄和杨庄煤矿位置、桃园煤矿北、童亭背斜东南和东北倾伏扭转部位（图 3.24）。

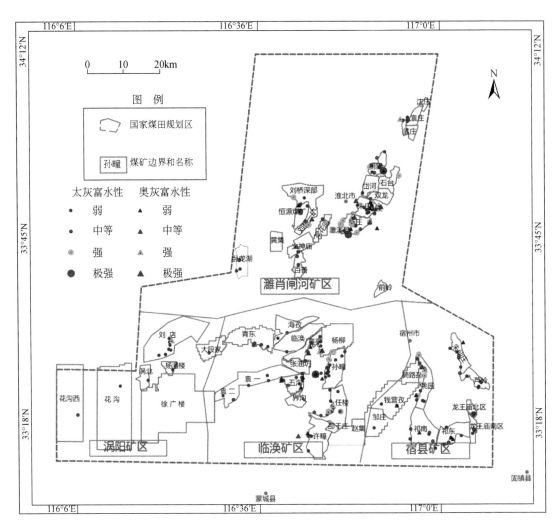

图 3.24　淮北煤田煤矿位置图和灰岩含水层富水性分级图

3.4　本章小结

（1）淮北煤田灰岩地层包括太灰和奥灰地层。从灰岩地层沉积组合特征，及太灰地层灰岩层段岩性组成、灰岩厚度占比、灰岩层段化学成分，得出太灰地层不具备发育岩溶陷落柱的条件，奥灰地层是陷落柱发育的基底层段。

（2）通过对太灰岩溶特征、测井解译、钻孔涌水量、灰岩含水层抽水试验与富水性等研究，明确了岩溶发育程度高、富水性强的煤矿与揭露陷落柱煤矿位置保持一致。淮北煤田范围太灰和奥灰岩溶发育平面上具有一致性，垂深浅部较为发育。

（3）加里东风化壳岩溶期，桃园煤矿北部、刘桥矿区中部和杨庄地垒以北为该期的低洼地带，本溪组地层沉积厚度较大，为主要的岩溶水排泄地带，作为该期淮北煤田的局部侵蚀基准面，其附近具有形成岩溶洞穴、堆积岩溶产物的条件，为该期岩溶发育较好的地段，表现为太灰和奥灰含水层渗透系数较大。而任楼煤矿、杨柳煤矿和童亭煤矿与童亭背斜扭转应力集中地段渗透系数亦较高，为后期多期构造应力挤压破碎带位置。

（4）各分矿区岩溶发育强度方面，宿县矿区和闸河矿区岩溶较强，濉肖矿区次之，临涣矿区童亭背斜倾伏端岩溶较发育外，其他煤矿位置较弱；涡阳矿区总体弱，奥灰岩溶较强，太灰较弱。

（5）不同水文地质单元，表现出不同的岩溶强度和径流场环境。闸河矿区南部表现为岩溶强度高，地下水补给强，宿县矿区次之，临涣矿区较弱。对于同一个水文地质单元，煤矿岩溶特征表现也存在差异。从离子组合特征分析，煤田地下水总体为滞水还原环境，岩溶作用较弱。TDS、Ca/Mg 比值、pH、封闭性指数等指标显示，刘一、恒源、桃园、任楼等煤矿岩溶发育较好；祁南、杨庄等煤矿较弱。

第4章 淮北煤田岩溶陷落柱发育特征

基于淮北煤田不同揭露方式的陷落柱，从其几何学特征、空间分布规律、充填特征、充水性等方面，结合物探探查和放水试验等成果，系统地研究了淮北煤田陷落柱的发育特征、发育规律及其充水性，建立淮北煤田陷落柱分类体系，厘定淮北煤田陷落柱发育期次，并分析构造动力背景下岩溶发育和陷落柱形成的过程和对应特征，为后续章节陷落柱发育模式、充水性控制机理及空间预测研究提供依据。

4.1 淮北煤田现有陷落柱揭露方式

淮北煤田总面积9600km²，其中含煤面积4100km²，目前有皖北煤电集团和淮北矿业（集团）有限责任公司，两大集团主体矿井位于淮北煤田，拥有生产矿井、已闭坑煤矿和勘探区近60对，煤炭资源保有量67亿t。淮北煤田划分为五个矿区，宿北断裂以北的濉肖矿区和闸河矿区包括卧龙湖、百善、刘一、恒源、前岭、杨庄、朱庄、沈庄、袁庄、孟庄、石台、岱河、朔里、双龙煤矿，以及黄集、梁花园、火神庙、关帝庙、朱楼勘探区。宿北断裂以南，东部宿县矿区有芦岭、朱仙庄、桃园、祁南、祁东、龙王庙南、钱营孜、邹庄煤矿，以及龙王庙、骑路孙、芦岭深部、祁南深部勘探区；中部临涣矿区有杨柳、孙疃、任楼、许疃、童亭、海孜、临涣、五沟、界沟、青东、袁一、袁二煤矿，以及邵于庄、张油坊、大段家、许疃深部、赵集勘探区；西部涡阳矿区有刘店、涡北煤矿，以及杨潘楼、花沟、花沟西、单集、张楼、徐广楼勘探区。

淮北煤田于4个矿区，10个生产煤矿共揭露陷落柱32个，探查疑似陷落柱28个。揭露方式和特征见表4.1，陷落柱空间位置和编号见图4.1。

揭露的陷落柱按照煤矿（刘桥一矿、恒源、袁庄、杨庄、朱庄、桃园、祁南、祁东、任楼和许疃）和在各煤矿揭露时间顺序排序，编号为刘A_1—刘A_{10}、恒$_{11}$—恒$_{13}$、袁$_{14}$—袁$_{15}$、杨$_{16}$—杨$_{17}$、朱$_{18}$—朱$_{20}$、桃$_{21}$—桃$_{23}$、祁南$_{24}$—祁南$_{25}$、祁东$_{26}$—祁东$_{28}$、任$_{29}$—任$_{31}$、许$_{32}$。闸河矿区东侧蔡里和夹沟出露陷落柱各1个。

淮北煤田陷落柱揭露方式主要包括采掘直接揭露型、突水显现型和综合判定型三种类型。不充水陷落柱主要为采掘直接揭露型；强充水陷落柱主要为突水显现型和综合判定型。

4.1.1 直接揭露型

前期探查未发现，回采时直接揭露，分为两种类型：其一，直接揭露，水文地质条件简单，直接通过或绕采；其二，生产揭露出水，水文地质条件中等—复杂，综合物探和钻探确定其空间范围及充水性。

表 4.1　淮北煤田陷落柱一览表

(a) 濉肖矿区刘桥一矿

编号	发现日期 揭露位置	揭露层位 标高	长轴/短轴 长轴走向 面积	柱内岩性 岩块大小	分选/磨圆度 充填物 胶结程度	距向斜轴 陷落角	水文情况 采掘情况与揭露方式
刘 A_1	1978.8 416机巷、轨道巷	4煤底 30m −330.0m	140m/75m 340° 7400m²	砂、泥岩、煤碎块 0.1~0.6m，最大2m以上	较差/较差 胶结程度较好	155m 75°	约 0.5m³/h 的淋水。建井揭露，416轨道巷进入10m，机巷穿过54m
刘 A_2^1	1984.8 433轨道巷	4煤 −269.0m	48m/20m 200° 760m²	砂岩、粉砂岩、泥岩、铁锈 0.1~0.6m	较差/较差 破碎、杂乱，大量铁氧化物	36m 79°	潮湿。433轨道巷进入26m，4煤第1次揭露
刘 A_2^2	1999.11 一水平南大巷	6煤 −330.0m	70m/45m — 2700m²			10m 79°	无水。一水平南大巷钻探6煤第2次揭露
刘 A_3^1	1987 4煤	4煤 −246.0m	350m/105m 17° 29600m²	砂、泥岩、煤屑、铝质泥岩、铁锈等 0.02~0.5m	较差 破碎、胶结度差、方解石脉	54m 80°	外滴内淋，1m³/h。635轨道巷进入25m后，铝质泥岩经水淋滤以较稳定的硅、铁及铝质等物质所构成的高岭土化矿物，封堵
刘 A_3^2	1989.10 6煤	6煤 −320.0m	80m/40m 0° 2400m²	泥岩较多，砂岩 >0.1m	较差/较差 岩性杂乱破碎，滑动镜面	5m 75°	轻微渗水。435轨道巷穿过21m
刘 A_4	1988.4 435轨道巷	4煤 −323.0m					
刘 A_5	1989.07 635轨道巷	6煤 −330.0m	110m/55m 5° 4750m²	大块坚硬砂岩、煤屑 0.1~1m	较差/较差 岩性杂乱破碎，层理破坏	23m 77°	柱体内稍潮湿。635工作面揭露后改造，6煤设30m煤柱
刘 A_6	1989.11 631联络巷	6煤 −198.0m	35m/15m 80° 500m²	砂、泥岩、煤块、铝质、铁锈 0.02~0.2m	较差/较差 破碎、裂隙发育，方解石充填	34m 75°	无水。巷道穿过16m，砂裂隙水质。工作面留30m煤柱回采

续表

编号	发现日期 揭露位置	揭露层位 标高	长轴/短轴 长轴走向 面积	柱内岩性 岩块大小	分选/磨圆度、充填物、胶结程度	距向斜轴 陷落角	水文情况 采揭情况与揭露方式
刘A₇	2001.5 Ⅱ635机巷	6煤 -483.0m	150m/100m 90° 11770m²	泥岩、砂质泥岩、铁锈 0.01~0.2m	左好右差 有滑动面 擦痕明显	25m 65°	淋水0.5m³/h 揭露1m，退后10m，黄泥袋充填，外砌墙
刘A₈	2004.2 -540集中机巷	6煤底10m -516.0m	95m/40m 300° 2825m²	砂岩、铝质泥岩、煤块 0.1~0.5m	较差/较差 胶结差，岩石破碎，方解石	151m 75°	淋水5m³/h 太灰水 揭露1m，倾向180°，退后20m，黄泥袋充填，砌墙，注浆
刘A₉	2007.7.28 Ⅱ465	4煤 -524.7m	40m/26m 310° 817m²	破碎泥岩、煤屑、角砾岩 长石风化严重 0.2~1.2m	较差/较差 岩块裂隙发育且充填有方解石脉	35m 65°	无水，局部潮湿 未冒落至五含。工作面揭露，后物探和巷探
刘A₁₀	2014.1 Ⅱ468工作面	4煤 -630.0m	60m/35m 90° 1400m²	砂(粉砂)泥岩破碎 0.1~1.0m	较差/较差 裂隙发育，方解石充填	43m 70°~85°	无淋水现象 6煤下17.7m出水，柱体西部与太灰弱沟通，东部不充水。涌水量0.5~40m³

(b) 濉肖矿区恒源煤矿

编号	揭露日期 揭露位置	长轴/短轴 长轴方位	层位 面积	柱内岩性特征 （岩性、岩块大小、分选性、磨圆度等）	物探情况	水文情况
恒₁₁	2006.5 Ⅱ617风巷	140m/70m NW	6煤 8306m²	6煤揭露长度15m，磨圆状细砂岩碎块、紫斑泥岩块体（含菱铁质）、黏土等。6煤-600m标高	三维地震未发现，瞬变电磁无明显异常	水质无异常，6个钻探探查钻孔无水文异常；充填致密，揭露时未出水，探查孔出水为砂岩水，无太灰岩水，揭露后注浆封堵
恒₁₂	2009.11 Ⅱ6115风联巷	218m/150m 近NNE	6煤 60725m²	-543.8m 6煤揭露长度8m，岩层较为杂乱，无层理。煤层无氧化，未见小断层	部分低阻异常，不明显；6煤下阻值低，上阻值高	充填致密，揭露无水，9个探查孔，柱内不出水。出水不出水，柱体随埋深增加而速增。6煤底17.7m探查T₈孔，西边界出水为砂灰混合水，填实注浆封堵

续表

编号	揭露日期 揭露位置	长轴/短轴 长轴方位	层位 面积	柱内岩性特征（岩性、岩块大小、分选性、磨圆度等）	物探情况	水文情况
恒13	2018.4 II633工作面	48m/25m NNW	6煤顶	-700m工作面推进至71m，无明显层理。杂乱，充填有泥岩、粉砂岩、细砂岩及铝质泥岩，泥质胶结致密		揭露、钻探均无出水现象，异常体边缘覆黄铁矿颗粒。层位标高-710m。塌陷角46°~63°
恒Y₁	—	178m/105m	12541m²	—	—	需钻探验证
恒Y₂	—	60m/60m	3768m²	—	—	需井下钻探进一步验证
恒Y₃	2001.9 II61下采区边缘	60m/60m	3675m²	—	三维地震	需地面钻探或井下钻探进一步验证
恒Y₄	2013.12 II61下采区边缘	145m/76m NS	8046m²	—		采区西北角，DF62断层南端，发育至6煤
恒Y₅		84m/60m NE	3868m²	—		采区西南部，DF164断层南端，发育至6煤
恒Y₆	— II61下	68m/52m NE	2597m²	—		采区的西南部，DF164断层中段，发育至6煤
恒Y₇	采区深部	134m/72m EW	7450m²	—		西南，DF164和165断层北端，发育至6煤

(c) 闸河矿区

编号	揭露或探查位置	控制方法	揭露时间	探测结果	充填胶结情况	充水情况	陷落柱发育情况	
							层位标高	长轴、短轴长/m
表14	牛眠向斜西翼轴部 IV3,1212工作面	巷道揭露	2006.10	探查无太灰，不导（含）水	数至数十厘米不等，大小不一，杂乱，为3,煤上覆过渡相和陆相碎屑岩，胶结相较好	不含水	揭露于3,煤	45，15
表15								

续表

编号	揭露或探查位置	控制方法	揭露时间	探测结果	充填胶结情况	充水情况	陷落柱发育情况	
							层位标高	长轴、短轴长/m
杨16	Ⅱ651	巷道揭露	—	不导(含)水	—	不含水	—	225, 150
杨17	511							70, 50
朱18	Ⅱ6采区	生产揭露、潮湿、无瓦斯	2004.3、2009	Ⅱ5611工作面控制陷落柱范围，Ⅱ4613风巷揭露，79-1、79-3钻控制	岩屑、黄铁矿、岩层破碎、混乱(砂质泥岩)	无水	4煤-240m	125, 75
朱19	Ⅲ628工作面	出水后井下钻探验证，三维地震未探查出	2009.3.3	回采至风巷巷口40m处，突水最大水量600m³/h，冲出物判断，后钻孔取心验证	灰岩内有顶板泥岩，岩石破碎	导致Ⅲ628工作面突水600m³/h，大灰水	发育至L2灰岩-435m	—
朱20	Ⅲ631外工作面	强充水、地面定向注浆钻孔验证并治理	2012.11.19	强充水，地面定向注浆钻孔验证并治理	黄铁矿、方解石	井下探查孔最大涌水量300m³/h	发育至L1灰岩顶板-457m	49, 25
朱Y8	Ⅲ631工作面及Ⅲ63采区上山边缘	三维地震钻孔64-12，揭露6煤厚2.0m，煤层内顶部裂隙发育特别发育	—	异常区位于Ⅲ63采区中北部S2向斜轴部。6煤、太灰、奥灰均有异常，6煤显示异常面积较小，大灰、奥灰显示异常面积变大	—	—	6煤—奥灰	—

(d) 宿县矿区

编号	揭露或探查时间及揭露位置	长轴/短轴 长轴方位	柱顶层位标高	水文特征	特征
桃21	2000.10 1041工作面	57m/57m —	7~8煤间	少量出水，深部水沿异常体两侧有上升趋势，1m³/h	陷落角60°~90°，面积2088m²，巷道揭露15m，大块砂、泥岩堆积，含有大量黄铁矿、铝质泥岩。工作面采掘揭露后地面采掘揭露泥岩多。陷落角棱角明显，井下钻探和井下电法探测

续表

编号	揭露或探查时间 揭露位置	长轴/短轴 长轴方位	柱顶层位 标高	水文特征	特征
桃$_{22}$	2013.02 1035工作面	70m/30m 近NS	10煤下20m 高度240m	突水淹井，最大突水量29000m³/h	陷落角70°~90°，圆锥体，面积2100m²，岩块杂乱无章，排列紊乱。地面施工了12个注浆钻孔，累计向注浆孔内注浆220843t
桃$_{23}$	2015.07 Ⅱ1026工作面	291.8m/198m 近EW	L$_2$灰岩底 高度180m	未揭露，直接治理，无水及瓦斯，局部水位异常，水位介于太灰、奥灰之间	2014年探查高水压、高水位，低阻明显，富水性强、强充水，判断有垂向构造通道。三灰内顺层钻孔治理时多次漏失，注浆量异常，异常区累计注入水泥及粉煤灰51530t。综合判定
桃Y$_9$	2011.11 三维精细 解译Ⅱ$_6$采区	314/194 NE	—	中等富水性的含水陷落柱。	影响层位：5$_2$煤至奥灰。10煤控制异常面积0.044km²
桃Y$_{10}$	2015.10 三维地震 三水平补勘北区	190/77 NS	10煤顶	—	影响层位：10煤，太灰和奥灰面积分别为0.02km²、0.04km²、0.07km²
桃Y$_{11}$	2015.10 三维地震 三水平补勘北区	299/218 NS	10煤顶	—	影响层位：10煤至奥灰。奥灰受影响面积为0.04km²
桃Y$_{12}$	2015.10 三维地震 Ⅱ$_2$采区上山下端	365/97 NS	奥灰	—	影响层位：5$_2$煤至奥灰。奥灰受影响面积为0.02km²
桃Y$_{13}$	2015.10 三维地震 Ⅱ$_1$采区北部边界	820/120 NS	奥灰	—	影响层位：奥灰。奥灰受影响面积为0.02km²
桃Y$_{14}$	2015.10 三维地震 三水平（水06孔）	820/120 NS	奥灰	—	影响层位：奥灰。奥灰受影响面积为0.03km²
桃Y$_{15}$	2015.10 三维地震 三水平（04-1孔）	369/147 EW	太灰	—	影响层位：3$_2$煤至奥灰。太灰、奥灰受影响面积分别为0.04km²、0.038km²
祁南$_{24}$	2000.05 1022工作面	27m/13m 近NS	10煤	无水	倒漏斗状，破碎，多呈角砾状
祁南$_{25}$	2010.10.23 1015工作面	73m/44m 近NS	10煤	弱充水型，柱内充填紧密，回采滴水 局部滴水	面积2338m²
祁南Y$_{16}$	101扩大采区 煤层露头附近	—	10煤下至奥灰，2013年二次解释（安徽物测队）		钻孔补22-2的东部，形状近似圆形，直径约65m，面积3320m²，异常体影响10煤下至太灰

续表

编号	揭露或探查时间/揭露位置	长轴/短轴 长轴方位	柱顶层位 标高	水文特征	特征
祁南 Y_{17}	103采区	—	—	—	18-19-4孔的南侧，面积为0.023km²，形状为椭圆形，长轴190m，短轴130m
祁南 Y_{18}	103采区	—	—	—	勘探区中部，补22-2孔南侧，形状近似圆形，直径任约50m，面积2260m²
祁南 Y_{19}	103采区	—	—	—	采区中部偏南，18-19-4孔的西北侧，18-19-2孔北侧，形状近似椭圆形，长轴140m，短轴60m，面积7000m²
祁南 Y_{20}	103采区	—	—	—	采区南部，补25-1孔北侧，形状近似椭圆形，长轴140m，短轴45m，面积5800m²
祁东 Y_{26}	2004.08/2007.03 二采区8_2煤南部	130m/36m 近EW	7_2煤下 -430m	无淋、滴水及顶底板出水。8个探查钻孔均无出水，8,21风巷联巷瞬变电磁超前探查边缘无富水异常	正椭圆剖面，陷落角30~70°，泥岩块0.05~0.2m，有一定的磨圆度
祁东 Y_{27}	2006.09 二采区9煤底板回风上山	24m/17m 近EW	9煤底板 -527m	无淋、无滴水	陷落角50~70°，直径0.1~1.0m，以泥岩为主混杂多种岩性，探查状、磨圆度差。2#陷落柱有瓦斯异常
祁东 Y_{28}	2009.07 二采区8_2煤运输上山	15m/6.5m 近NS	8_2煤下	—	—
祁东 Y_{21}	33采区（开拓）南部	—	—	—	—
邹东 Y_{22}	84采区	200m/110m 近EW	10煤至奥灰	异常区呈圆锥形，奥灰长轴直径200m，短轴直径110m，面积约19800m²，发育高度约为300m，顶部位置基本位于10煤层附近；为疑似陷落柱。柱体中心轴近似直立，剖面形态近似椭圆，平面形态为10煤层及奥灰顶界面。在10煤层上的分布范围东西长约100m，南北长约60m，高精度的三维地震重新解释，需钻孔验证	—

(e) 临涣矿区

编号	揭露或探查时间 揭露位置	长轴/短轴 方位、面积	发育顶界 发育高度	特征
任$_{29}$	1996.3.4 7_{22}建井试采工作面	25~30m/20~25m NNW向 500m²	新生界四含 标高-280m 400m	发育特征：顶空松散型陷落柱，西斜3°~4°。柱内岩性破碎，充填物自动全部垮落，柱缘有充水裂隙带，奥灰异常高。层位无异常，有套管，突水量大，水温异常高。柱边缘地层：柱内岩性破碎，充填物大小不等。水文特征：奥灰突水，量大，水温异常高。奥灰水压6.63MPa。陷落角80°~90°。水文特征：
任$_{30}$	1999.10.12 中一采区$7_2$18机巷	57m/43m NNW向 7700m²	7~8煤 标高-550m 277m	地面三维地震，井下电法超前探测。井上下联合钻探注浆迅速封堵，成功地超前治理。水文特征：强充水陷落柱，导通奥灰水，水压5.25MPa，水温43°C。探查时最大突水量可达6m³/min。钻探等相结合查明参数。
任$_{31}$	2010.6.8 Ⅱ5_1轨道大巷	55m/44m N30°E 7600m²	5_1煤底板下20m 标高-740m 约350m	发育特征：钻孔柱内岩心较完整、致密，裂隙充水能力较差。但在局部也存在钻孔空段及冲洗液全部漏失现象。水文特征：突出水硬度变化明显，水温41°C，水量约8m³/h。表明陷落柱未经过采矿扰动和压力释放，陷落柱未经采矿扰动。
任Y_{23}	任楼煤矿 F_2	6268m²	—	
任Y_{24}	断层北、六采区	5949m²	—	
许$_{32}$	$7_2$29陷落柱	—	—	综合物探，判断其赋水性弱，不充水
许Y_{25}	2011.7	511m/201m	新生界上80m	三维地震
许Y_{26}	102采区10煤露头	123m/92m	—	
许Y_{27}	2003.2 西风井工广煤柱内	60m/33m	7_2煤上	在8_2煤规模60m×33m
许Y_{28}	2018.1 85采区77-7孔 西南部约100m处、 $83_下$采区深部	—	至7_2煤层上 部约25m处	7_2煤层中长轴44m，短轴41m，面积约1400m²；8_2煤层中长轴64m，短轴56m，面积2820m²；在太灰中长轴98m，短轴84m，面积6590m²；奥灰中长轴120m，短轴95m，面积9210m²

注：实际揭露陷落柱按照煤矿（刘桥一矿、恒源、袁庄、杨庄、未庄、桃园、祁南、祁东、任楼和芦瞳煤矿）顺序，再按任各煤矿时间揭露排序。如刘A_{10}为煤矿排序第1，该煤矿内揭露的第10个陷落柱，恒$_{11}$，煤矿排序第2，疑似陷落柱，编号1~32。该煤矿内揭露的第1个陷落柱；奥灰矿田揭露时间排序方式相同。

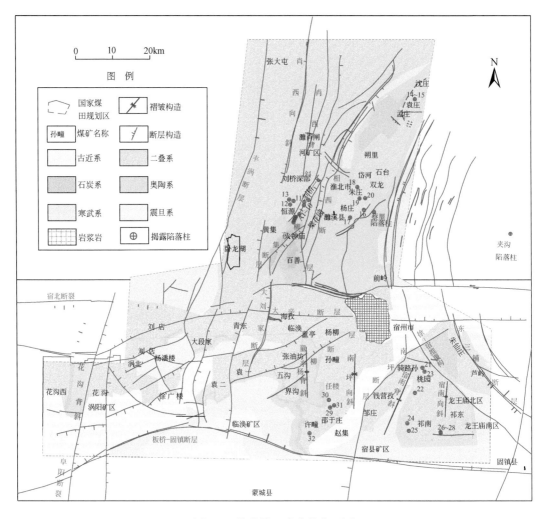

图 4.1　淮北煤田陷落柱位置图

（1）不充水陷落柱，巷道挖掘或工作面回采时直接揭露，综合判定为无水柱。如刘桥矿区的多数陷落柱揭露于 4 煤和 6 煤，柱体干燥（图 4.2），个别淋、滴水。

图 4.2　刘桥矿区恒$_{13}$陷落柱井下揭露照片

（2）弱充水陷落柱，揭露后结合探查与钻孔、注浆验证，确定参数。生产揭露后，采用钻孔验证、巷探、瞬变电磁等方式确定陷落柱发育特征和充水性。如恒$_{12}$揭露时无出水，瞬变电磁低阻异常区在 6 煤层以下，以上位置阻值较高。恒$_{12}$在深部及柱缘有一定的充水性，且随着埋深的增加而加强。9 个探查钻孔柱体内未出水，仅在柱缘带具有一定的弱充水现象，出水主要为砂岩水。东侧不充水，西侧边缘弱充水。二水平南总回风巷网络并行电法探查得出同样结论。

恒$_{13}$陷落柱三维地震、底板并行电法物探、顶板瞬变电磁法探查和槽波物探，均无异常。其不导（含）水性确定方法为：①现场揭露无水。②太灰注浆治理时证实。③柱体附近的钻孔，均出水较小（1m³/h，砂岩水）。以上综合证明恒$_{13}$陷落柱未与其他含水层沟通，不具充水性。④太灰、奥灰目前水压压差在 3MPa 以上，证明了太灰与奥灰无水力联系，说明柱体的阻水性。⑤综合物探和钻探验证，确定了该陷落柱不充水性。

4.1.2　突水显现型

采掘中未直接揭露，而由滞后突水显现。突水后，钻孔封堵注浆治理验证，确定参数。该类均为强充水型陷落柱。如桃$_{22}$隐伏陷落柱，前期未解译出。上覆 7$_1$煤已开采完毕，无异常。补 10-3 孔，与突水点相距 18m，层位正常。新开切眼瞬时最大突水量 2.9 万 m³/h（图 4.3）。突水后截水钻孔封堵巷道，堵水钻孔分段式注浆，确定柱体形状和柱内充填结构和特征。该类仍有朱$_{19}$和任$_{29}$，前期未探查出，回采过程中涌水，并出现滞后突水现象，治理过程中确定其发育特征和强充水性。

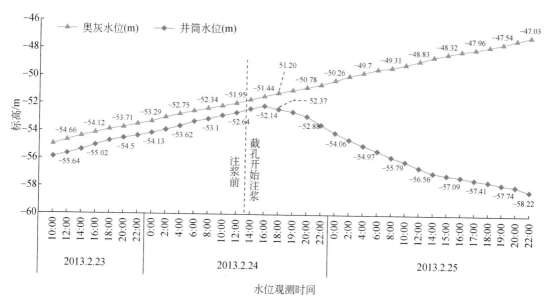

图 4.3　桃$_{22}$突水注浆治理前后井筒和奥灰水位变化趋势图

4.1.3　综合判定型

该类陷落柱共计 4 个，均为强充水型，分为水质异常综合判定型和水位异常综合判定型两种揭露方式。

第一种揭露方式为水质异常综合判定型。任$_{30}$和任$_{31}$陷落柱，所在煤矿发生过任$_{29}$陷落柱特大突水事故。因此水质出现异常时，物探与钻探，注浆工程等确定陷落柱参数和其强充水性。第二种揭露方式为水位异常综合判定型。桃$_{23}$陷落柱，放水试验发现高水压、高水位，低阻明显，富水性强，与奥灰沟通性好，判断其位置存在垂向地质通道。后期太原组地层三灰内顺层钻孔注浆工程，结合三维地震精细解译、巷道底鼓观测、岩心分段特征等最终控制该垂向地质通道为强充水型陷落柱。

1. 水质异常综合判定型

任$_{31}$陷落柱，通过同位素水源判别，水质为太灰与奥灰混合水。

1）水质预判

任$_{31}$陷落柱位置出水后，两天后水质从无永久硬度变为有永久硬度，直至永久硬度达 48.81 德国度[图 4.4（a）]；水温变化为 41℃ [图 4.4（b）]；最大涌水量约 25m³/h [图 4.4（c）]；涌水总出水量达 12000m³ [图 4.4（d）]。

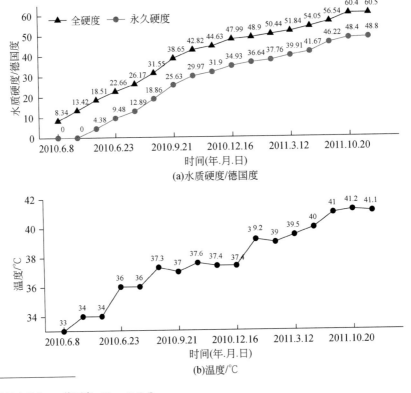

(a)水质硬度/德国度

(b)温度/℃

----

① 水的硬度单位。1 德国度 = 10mg CaO/L。

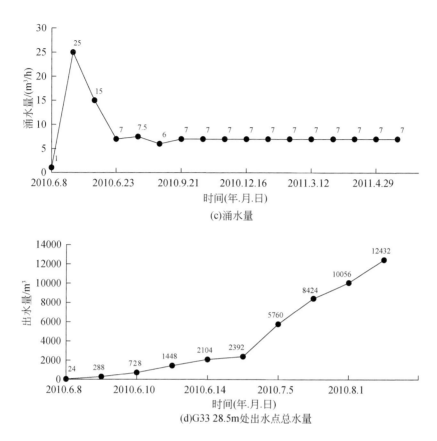

图 4.4　任$_{31}$突水点水质、水温、涌水量和总出水量变化曲线图

2）物探定位

任$_{31}$出水后，采用地面瞬变电磁探查异常区 4 处。采用 5 种物探方法，确定 II 5$_1$轨道大巷赋水异常情况［表4.2（a）］。

3）钻探验证

施工 2 个平距190m 基岩面—太原组灰岩第 5 层段水$_{23}$、水$_{24}$探查孔，地层层位均正常（图4.5），但岩溶发育差异，相互间连通性差，水$_{23}$孔 L$_1$–L$_9$灰岩底岩溶裂隙发育。压孔试验两孔 7$_2$煤以上的地层裂隙不发育，裂隙连通效果差，岩体的渗透特性差［表4.2（b）］。水$_{23}$探查孔、6 个验证和 4 个探注孔，顶钻、喷水现象，水压较大。两个探注孔，落空1.5～2m，落空段相互连通；4 个探注孔存在不同深度串浆，具有顶空现象。探注$_3$孔水位与奥灰水位持平，说明与奥灰水沟通。以上钻孔信息，综合说明柱体内压实程度不同，充水性存在差异。

4）同位素测定

同层位、同标高、不同特征水样同位素质谱仪测定分析：水样符合太灰水特征，但不显著。判定水样中只混入了少量太灰水，间接证实其为奥灰水补给［表4.2（c）］。

表 4.2 任$_{31}$陷落柱综合探查成果表

(a) 任$_{31}$陷落柱综合物探成果表

探查方式	探查结果
地面三维地震和地面瞬变电磁	解译出>5m 断层 7 条，≤5m 断层 16 条；圈定 5$_2$煤、7$_2$煤、8$_2$煤、太灰和奥灰富水区，叠置区制图表达；确定井下物探和井下钻孔的靶区
井下物探	轨道大巷出水点附近未发现物性陷落柱。II5$_1$轨道大巷富水性分析：迎头前方 20~75m（G33→51.5~106.5m）低阻异常；迎头向后 65~115m，水平距巷道上帮 38~65m 存在明显异常
钻探验证	水$_{23}$孔和水$_{24}$孔层位正常，7$_2$煤以上的地层裂隙不发育，连通差。水$_{23}$孔太灰处异常
三组掩护钻孔	II5$_1$轨道上山 G14→14m、G14→62m 和 G15→108m 分别施工钻孔 6 个、6 个和 7 个，II5$_1$轨道下山层位正常，钻孔和瞬变电磁均无明显水文异常

(b) 任$_{31}$陷落柱探查钻孔压水试验验证成果表

钻孔	钻孔太灰泥浆消耗量	7$_2$煤顶压水试验渗透系数 K(m/d)	L$_1$-L$_5$ 灰岩抽水试验	总硬度/德国度	永久硬度/德国度
水$_{23}$	L$_1$底-L$_3$灰岩段岩心裂隙发育，全漏，无掉钻现象	0.00364~0.00615	$q=0.897$L/(s·m) $K=1.695$m/d	76.48	65.63
水$_{24}$	未见泥浆明显消耗	0.0012~0.00055		3.2	0

(c) 任$_{31}$陷落柱轨道大巷水样同位素测定成果表

检测编号	取样地点	δD(SMOW)/‰	$\delta^{18}O$(SMOW)/‰	^{3}H /(Bq/L)	/(TU)
II5$_1$G$_{36}$	瓦斯钻孔出水	-60.9	-9.00	0.15	(1.25)
II5$_1$G$_{138}$	顶板淋水	-66.7	-9.80	0.41	(3.48)
-720 II$_1$	变电所放水孔	-66.0	-8.83	0.18	(1.51)
-720 北大巷	钻孔水	-67.3	-9.79	0.12	(1.04)
II5$_1$轨道大巷	软管出水	-65.4	-8.85	0.23	(1.97)

任$_{31}$综合判定为裂隙带导通隐伏局部充水陷落柱（图 4.5），水源为奥灰岩溶水。

2. 水位异常综合判定型

桃$_{23}$陷落柱，放水试验时预判出垂向强充水通道，注浆治理控制参数。

桃$_{23}$位置放水试验时出现高水位（图 4.6），L$_3$-L$_4$灰岩富水性较强，局部水位接近奥灰水位，放水后奥灰水位明显下降，存在导通 L$_3$灰岩—奥灰的垂向通道（导水裂隙带或隐伏充水陷落柱）。水质异常变化，随着时间延长，放水孔水质逐渐趋同于奥灰水（图 4.7）。

采用地面顺层定向孔注浆加固治理，改造三灰含水层时，揭露桃$_{23}$陷落柱。通过注浆钻孔时漏失率高、漏失量大、串浆、塌孔事故等，结合风巷底鼓和跑浆、三维地震精细解译、岩心、水位等，确定陷落柱的边界、基本形态和强充水性。

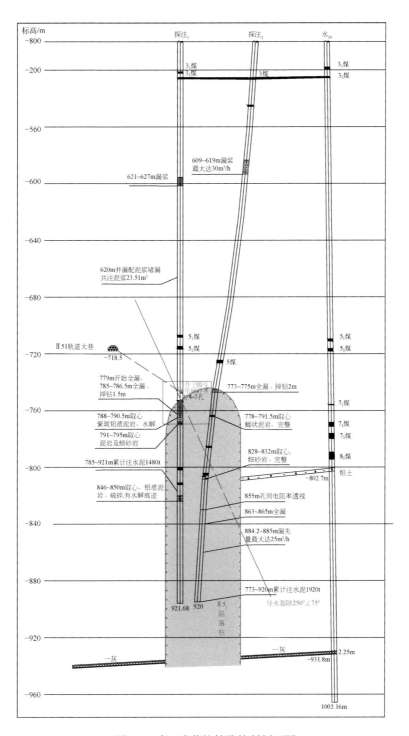

图 4.5　任$_{31}$陷落柱钻孔控制剖面图

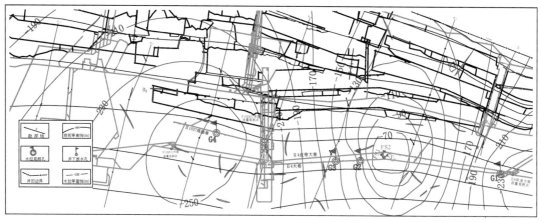

图 4.6　桃园煤矿 II₂ 采区水位恢复流场等值线示意图

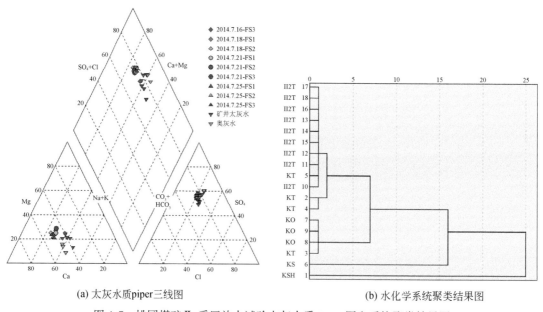

(a) 太灰水质 piper 三线图　　　　　　　　　(b) 水化学系统聚类结果图

图 4.7　桃园煤矿 II₂ 采区放水试验太灰水质 Piper 图和系统聚类结果图

4.2　淮北煤田陷落柱发育特征

4.2.1　几何学特征

1. 平面形态特征

除朱₁₉未探明平面形态直接治理，未确定形状，袁₁₄和袁₁₅为近圆形，桃₂₁为不规则平面形态外，其他陷落柱平面形态均为椭圆形（图 4.8 和图 4.9），共计 28 个。揭露的 32 个陷落柱长轴 15~350m，短轴 6.5~200m，长轴短轴比 1.0~3.61，均值为 1.85，面积 176~60725m² （图 4.10）。淮北煤田揭露的陷落柱长轴方向主要分别为 NNE 向、NE 或近 NS 向、NNW 或 NNE 向、EW 或近 NS 向，与各矿区或煤矿褶皱轴、断层线或地层方向一致。

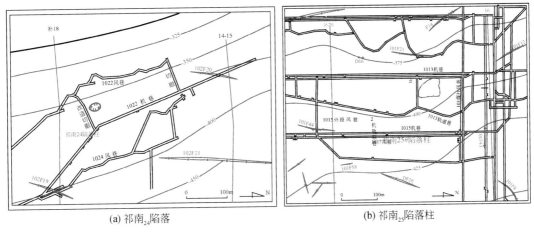

(a) 祁南24陷落 　　　　　(b) 祁南25陷落柱

图 4.8　祁南24和祁南25陷落柱 10 煤层水平截面图

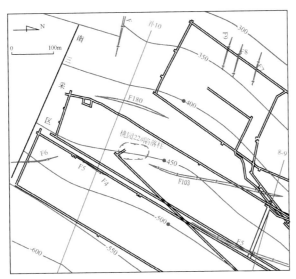

图 4.9　桃22陷落柱 10 煤层水平截面图

长轴方向多 NNE、NE、近 NS、NNW 和 EW 向，和煤田地层、断层或褶皱走向线多具一致性。如宿县矿区的 8 个陷落柱，长轴与多地层走向一致，除桃21为不规则圆形，桃23和祁东28与走向垂直外，其他的均与地层走向一致（图 4.10）。

2. 剖面形态特征

除桃21和祁南24陷落柱分别为不规则状和漏斗状外，其他陷落柱均为圆锥状，上小下大，呈“倒漏斗”状（图 4.11）。刘桥矿区、祁东煤矿和祁南煤矿陷落柱塌陷角一般为 65°~80°，平均 75°（图 4.12 和图 4.13），任楼煤矿和桃园煤矿陷落柱柱体多直立状。

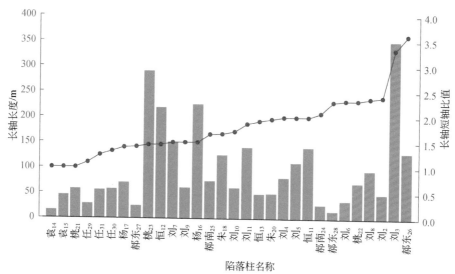

图 4.10　淮北煤田陷落柱长轴长度和长短轴比值对比图

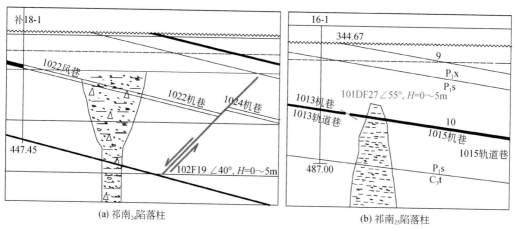

图 4.11　祁南$_{24}$和祁南$_{25}$陷落柱剖面图

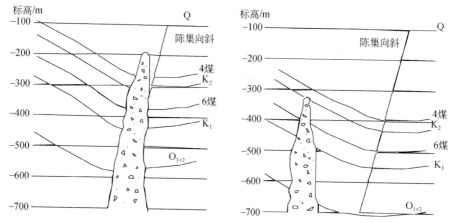

图 4.12　刘桥一矿陷落柱 A_5 和 A_8 剖面图

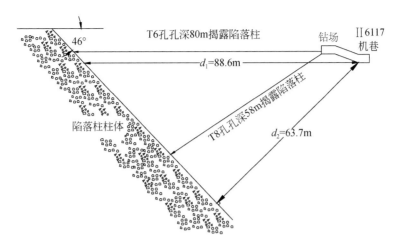

图 4.13　恒$_{12}$陷落柱钻孔确定陷落柱边界及塌陷角示意图

　　随着埋深的增加陷落柱平面截面范围逐渐增大，形状保持一致，投影中心点位置一致。如桃$_{23}$陷落柱为直立状，各地层截面的投影面均为椭圆形，随着深度增加，投影面积增大，其多层投影面中心较为一致［图 4.14（a）］，柱体呈直立状［图 4.14（b）］。

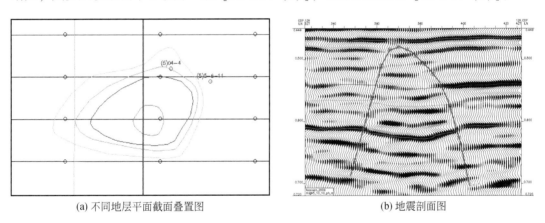

(a) 不同地层平面截面叠置图　　　　　　　(b) 地震剖面图

图 4.14　桃$_{23}$陷落柱地层平面截面叠置图和地震剖面图

3. 发育层位特征

　　淮北煤田陷落柱柱顶层位发育于 L$_2$—四含，陷落柱发育高度几十到 400m 不等，根据陷落柱顶发育层位与煤层关系，分为穿云柱、通天柱、穿煤层柱和下伏柱四类。

　　（1）穿云柱：柱顶发育至基岩面以上的松散层内，如任$_{29}$陷落柱，地表塌陷 20m 左右（图 4.15）。

　　（2）通天柱：柱顶发育至基岩面，柱体出露地表（图 4.16）。淮北煤田范围内，未发现该类型，煤田范围外，徐-宿推覆体后缘原地系统揭露该类陷落柱（解国爱等，2014）。

　　（3）穿煤层柱：发育至下组煤以上层位，穿煤层，而未发育至基岩面。柱体切穿煤系

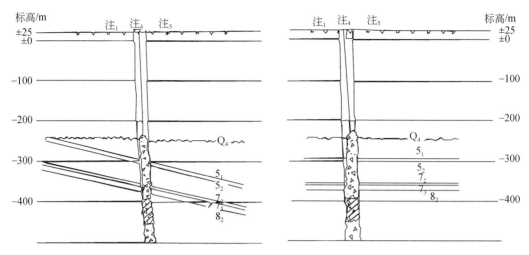

图 4.15　任$_{29}$钻孔探查图

图 4.16　宿县夹沟镇龙骨山陷落柱

地层，其柱体发育高度大，发育时间长，具有煤系相对软弱地层中的砂岩、泥岩、煤粉等塌落、冲击及填充物压实过程，不充水陷落柱较多。如任$_{31}$陷落柱，发育至主采 5$_1$ 煤层下 20m，错断裂隙至 7 煤。该类型根据柱顶层位与主采煤层工作面垂向位置关系，分为穿煤层型和隐伏型。

（4）下伏柱：未发育至煤系地层，无上覆软弱岩体塌陷充填。仍处于岩溶状态，强充水，突水概率大。如朱$_{19}$和朱$_{20}$、桃$_{22}$和桃$_{23}$，均发育至太 L$_1$-L$_3$灰岩或 10 煤下。

4.2.2　平面分布特征

陷落柱长轴多与向斜轴、阻水断层走向一致，多位于灰岩露头附近的浅部斜坡地带。

（1）约 9600km^2 的煤田范围，已揭露陷落柱 32 个。4 个矿区 10 个煤矿，数量差异较大。陷落柱数量从北向南减少。宿北断裂以北 < 50km^2 的刘桥矿区，发现 13 个；而约

$1500km^2$ 的临涣矿区揭露 4 个。

（2）陷落柱位置附近均有一定面积的太灰和奥灰露头区域，即陷落柱多揭露于灰岩浅部位置。如宿南矿区揭露的 21~28 号陷落柱，其煤矿外围均为太灰（C_2）和奥灰（O_{1+2}）大面积露头区域。

（3）受徐-宿弧形构造影响明显。闸河矿区和濉肖矿区分别位于弧形构造中段的前缘和外缘带，陷落柱数据相对较多，揭露 20 个，探查疑似 8 个。宿东矿区和宿南矿区分别为弧形构造南段的上覆系统和下伏系统，揭露陷落柱主要是位于下伏系统的宿南矿区，揭露 8 个，探查疑似 10 个。临涣矿区受弧形推覆构造影响较小，揭露于童亭背斜东南倾伏转折端处，数量亦较少，为零星分布。

（4）濉肖矿区多数陷落柱具有长轴方向与向斜轴向一致的特征。如刘桥一矿揭露的 10 个陷落柱，除刘 A_8 陷落柱长轴与陈集向斜轴夹角为 85°外，刘 A_1—刘 A_7 陷落柱长轴基本与陈集向斜轴方向一致，NNE 向或近 SN 向，且靠近向斜轴部，2.1~54.4m，其发育受向斜控制明显（图 4.17）。具有该特征的还有恒$_{11}$—恒$_{13}$等。

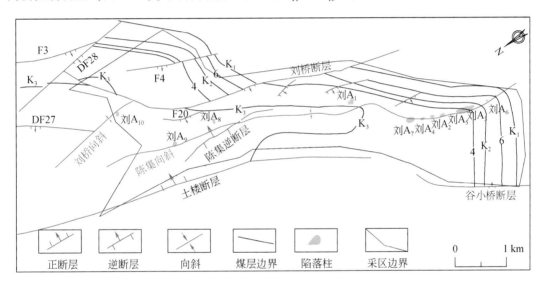

图 4.17　刘桥一矿揭露陷落柱位置图

（5）长轴与阻水断层方向一致。如任$_{29}$和任$_{30}$陷落柱，长轴与 F16 阻水断层方向一致，均为 NNW 向。祁南煤矿陷落柱受其井田 F9 断裂构造控制而发育形成。

（6）平面空间分布上，同一煤矿分散发育的陷落柱充水性差异性大，集中分布的陷落柱充水性相似程度高。桃园煤矿揭露的 3 个相距较远，充水特征差异大，桃$_{21}$为边缘裂隙弱充水柱，桃$_{22}$和桃$_{23}$均为强充水柱。而祁东煤矿集中发育在 II_2 采区的 3 个陷落柱，均不充水柱。再如刘桥一矿刘 A_1—刘 A_7，集中分布于陈集向斜南部仰起端，均为不充水柱。

4.2.3　柱体充填特征

陷落柱柱内充填物质多数为砂岩岩块、煤屑、挤压碎泥岩和方解石，杂乱无章。

1. 陷落柱充填物特征及充填特征

（1）柱内由上覆地层塌陷破碎岩块和松散物组成，岩块杂乱，大小不一［图 4.18（a）］。

（2）柱顶保留岩层沉陷特征。中间部位为岩块和细粒物质组成，往下是大块岩体。柱体自上而下具有分段性。

（3）陷落柱充填、压实程度差异。

（4）少数具有空顶现象，如任$_{29}$。

（5）突水和被治理的强充水陷落柱，涌出物含少量氧化铁和泥质，无煤粉等成分；采取岩心中，大量空隙被注浆水泥充填。

（6）压实性好的陷落柱，围岩亦充填胶结良好。松散的柱体，其柱缘断层裂隙亦较发育，柱内未胶结或半胶结，甚至顶部塌陷后未被充填，呈现空顶。

（7）仍在发育中的陷落柱，柱顶发育至太 L_1–L_2 灰岩，无上覆软弱地层松散物充填，岩块堆积，强充水，注浆时量大，串浆严重，复测孔中充填大量水泥物质。

柱体内岩块大小不等、压实胶结差异，干燥无水居多［图 4.18（a）］。压实胶结较紧密时无水，或局部滴水、淋水；压实胶结较差时柱体充水、导水甚至突水。当柱体内松散，甚至存在顶部空洞储水空间，则多为强充水。若长期水岩作用，柱内岩块磨圆度增加［图 4.18（b）］。

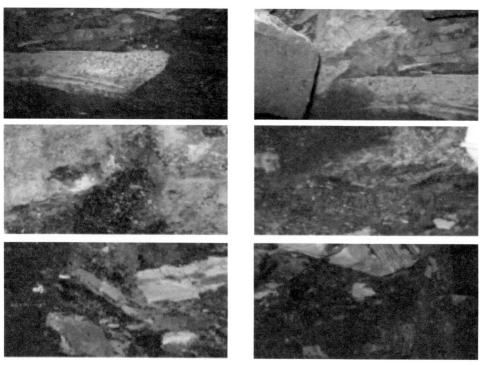

(a) 刘A$_9$陷落柱内部充填特征照片

(b) 恒$_{12}$陷落柱边缘T$_3$孔返水携带岩块照片　　　　　(c) 恒$_{12}$陷落柱柱内T$_8$孔揭露岩块照片

图 4.18　陷落柱柱体充填物照片

陷落柱柱体发育时间长，其奥灰地层之上的中石炭统灰岩地层和煤系地层，往下冒落物为砂泥、煤岩成分，遇水具有"泥砾石"浆液充填效果。柱体由下至上多发育下部致密堆石混杂段、中部饱水泥石浆反渗阻水段、上部层状松散沉陷压盖段和未压实时顶部松散空洞段四段。按淮北煤田柱体结构特征，充填物组成、压实程度、柱缘裂隙、顶部有无空洞，划分为两类 5 型（表 4.3）。

表 4.3　淮北煤田陷落柱充填特征与结构类型

压实情况	柱体结构类型	陷落柱	柱体结构	胶结程度
A 柱体压实型	A-1 稳定型	杨庄、袁庄、祁东和祁南、刘桥矿区（除刘 A$_8$）和朱$_{18}$	松散碎裂岩层、泥石浆、堆石三段完整压实很好	胶结
	A-2 三段式压实柱缘裂隙型	桃$_{21}$、刘 A$_8$、恒$_{12}$、任$_{30}$	松散碎裂岩层、泥石浆、堆石三段完整压实很好+柱缘裂隙	胶结
B 柱体未压实型	B-1 三段式顶空柱缘裂隙型	任$_{29}$	三段完整，柱顶空洞，发育至四含	未胶结
	B-2 堆石顶空型	朱$_{19}$、朱$_{20}$、桃$_{22}$和桃$_{23}$	堆石+塌陷岩块、碎屑物+顶部空洞	
	B-3 三段式柱体松散裂隙沟通型	任$_{31}$	三段完整松散有溶隙+柱顶裂隙	半胶结

2. 陷落柱柱体结构

按照柱内充填物及压实程度分为柱体压实型（A 型）和柱体未压实型（B 型），可以进一步划分为 5 个亚型。

1）稳定型（A-1 型）

该类型陷落柱探查时无异常特征，多生产直接揭露［图 4.19（a）］，均不充水。柱内由上覆煤系地层中各类混杂物组成。充填物岩块较破碎，分选性、磨圆度较差，大小不等（直径 0.05～1.0m），棱角分明。裂隙间被方解石脉充填［图 4.19（b）］。

(a) 恒$_{11}$陷落柱剖面照片

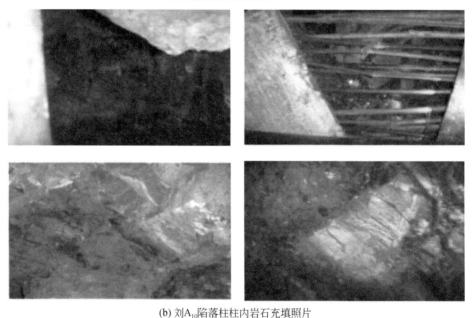

(b) 刘A$_{10}$陷落柱柱内岩石充填照片

图4.19　稳定型陷落柱揭露剖面和岩石充填照片

　　该型具三段充填结构，根据柱体垂向充填物组成、压实状况和充水性能将其分为下部致密堆石混杂段、中部饱水泥石浆反渗阻水段、上部层状松散沉陷压盖段三段。柱体三段和柱缘岩块间空隙被破碎泥岩、砂质泥岩、方解石等充填，压实和胶结程度高。

　　2）三段式压实柱缘裂隙型（A-2型）

　　柱内压实，柱缘裂隙较发育（图4.20）。该类柱内三段完整，压实胶结好，柱缘裂隙充水。

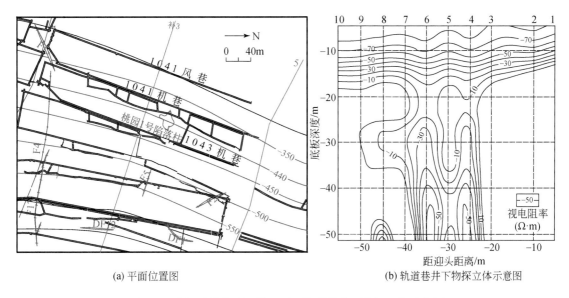

(a) 平面位置图　　　　　　　　　　(b) 轨道巷井下物探立体示意图

图 4.20　桃$_{21}$陷落柱平面位置图和轨道巷井下物探立体示意图

如桃$_{21}$发育至 7 ~ 8 煤间，分别通过井下物探和钻孔出水，证实其柱缘裂隙充水特性。任$_{30}$，4 个探查孔和 3 个检查孔，出水位置均位于柱体柱缘部位，进入陷落柱 3 个钻孔，柱缘出水量 1.5 ~ 10m^3/h，柱内不出水。

3）三段式顶空柱缘裂隙型（B-1 型）

任$_{29}$陷落柱，其上至下四段为：近 10m 的柱顶空洞、近 180m 的中砂岩陷落松散层段、约 76m 的 11 煤—山西组铝质泥岩泥石浆阻水段、太灰与奥灰间有水力联系的块状石块堆积段（图 4.21）。柱缘查 1 孔钻入地层正常，冲洗液时漏时不漏，套管甚至自动整体掉落，查 4、查 5 孔累计掉钻 11.42m 和 3.5m。以上说明柱缘裂隙发育而充水，柱体顶部有溶洞。

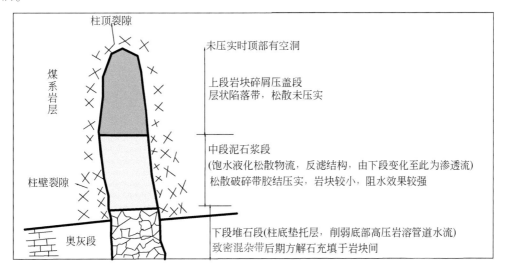

图 4.21　B-1 型陷落柱内部结构概化模型

4）堆石顶空型（B-2 型）

该类陷落柱多为现代径流岩溶活动的产物，柱顶多数未发育至煤系地层，为下伏柱，无松散泥砂岩陷落充填物，柱体无胶结，压实程度差。朱$_{19}$、朱$_{20}$、桃$_{22}$、桃$_{23}$均属于该类型。柱体由下段大岩块阻水段、中部松散陷落岩层段和顶部空洞三段组成。

如桃$_{23}$陷落柱，三灰注浆改造治理过程中揭露，岩心特征：Z1 钻孔 L_2–L_3 灰岩 735 ~ 737.12m 处岩心破碎，其上下岩层均较为正常。L_2 底板下泥岩出现离层，泥化明显，岩心破碎，泥化物中含有角砾，且夹有黄铁矿。另外 Z2 孔二灰底板下出现有水泥注层（图 4.22）。

(a) Z1孔735~737.12m深度岩心照片

(b) Z1孔二灰底部(左)和底板下1m(右)岩心含黄铁矿照片

(c) Z2孔二灰底板796.3m深度岩心照片

(d) Z2孔二灰下部岩心含黄铁矿(左)和二灰底板796.7m深度(右)照片

图 4.22　桃$_{23}$注浆治理钻孔岩心照片

5）三段式柱体松散裂隙沟通型（B-3 型）

任$_{31}$陷落柱，探注$_2$和探注$_1$孔分别在柱顶掉钻 2m 和 1.5m，8 煤以上地层较完整。通过注浆、压水试验、钻孔岩心、漏失量等分析，柱体内岩石松散。

探注$_1$和探注$_2$孔注浆量大（图 4.23），探注$_4$孔岩心较完整，注浆量较小。探注$_2$岩层完整性较高，钻孔注浆后，探注$_1$孔 842～862m 孔内压力由 1.8MPa 变化为 3.5MPa。

(a)探注$_1$孔深度731～734m段岩心照片

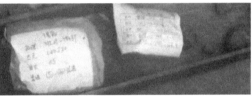

(b)探注$_1$孔深度788～791m段(左)和791～795m段(右)岩心照片

(c)探注$_1$孔深度847.13～848.93m段岩心照片

图 4.23　任$_{31}$陷落柱探注$_1$孔不同岩层段岩心照片

以上说明柱体不同位置松散程度差异，且溶隙间沟通性好。探注$_1$泥岩段均被水化，说明柱内含水。探注$_3$于 984～986.5m 处取心，未取出岩心，水位 5.2m 左右，与奥灰水位基本一致，探注$_2$注浆后探注$_3$堵死。以上均说明各钻孔内的水水力联系较强，柱体与奥灰水是沟通的（图 4.24）。

4.2.4　充水性特征

根据陷落柱揭露特征、充水性、工作面开采或巷道掘进出水部位、涌水阶段、涌水水质等，划分淮北煤田陷落柱为不充水型、柱缘裂隙弱充水型和强充水型。

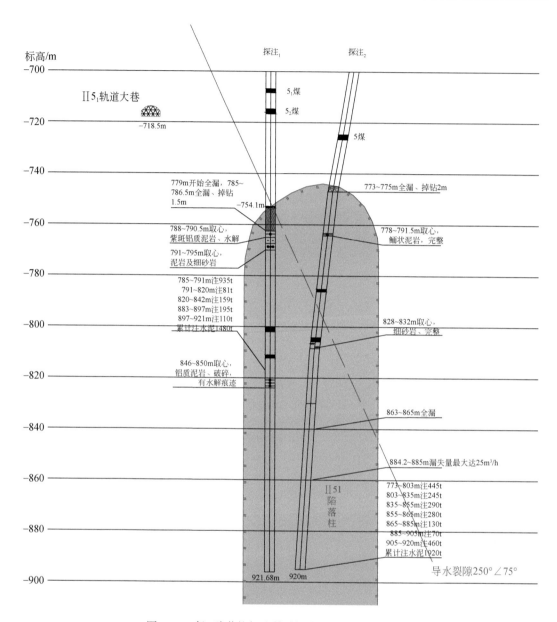

图 4.24　任₃₁陷落柱探注钻孔漏失量与注浆量对应图

1. 不充水型

该类陷落柱又称无水柱, 柱顶发育至煤系地层或以上, 柱内岩块大小不一, 磨圆度多较差, 岩块间裂隙多被方解石或泥质风化物充填胶结压实, 阻水性能强; 揭露时多为不滴 (淋) 水。该类共计 22 个, 濉肖矿区最多为 13 个; 闸河矿区共 7 个, 其中 5 个不充水柱。宿县矿区 8 个, 其中祁东煤矿和祁南煤矿的 5 个不充水。临涣矿区共计揭露 4 个陷落柱, 其中许₃₂不充水, 其他 3 个强充水。该类陷落柱发育较早, 后期受到构造挤压等作用, 均为古陷落柱。

2. 柱缘裂隙弱充水型

发育至煤系地层，柱体不充水，均为柱缘裂隙充水型，该类有刘 A_8、恒$_{12}$和桃$_{21}$等。

3. 强充水型

该类陷落柱共 7 个，其中突水 3 个。强充水型陷落柱分为两种类型：

（1）隐伏强充水型。顶底板破坏后发生突水，如隐伏柱桃$_{22}$、下伏柱朱$_{19}$、朱$_{20}$和桃$_{23}$。

（2）贯穿陷落柱充水型。小断层或裂隙沟通充水柱体或柱体下部奥灰含水层，如柱体压实，柱缘裂隙和柱顶空洞强充水的任$_{30}$；柱体半胶结，发育至第四纪松散层，顶部有空洞，各含水层相互沟通，强充水的任$_{29}$；柱内半胶结，裂隙发育在柱内，直至柱底部，将底部奥灰水沟通至上部工作面，强充水的任$_{31}$等。陷落柱发生强充水的煤矿有任楼、桃园煤矿和桃园煤矿（图 4.25），均与奥灰水沟通。淮北煤田揭露陷落柱的 4 个矿区，其中濉肖矿区未揭露强充水型陷落柱。

图 4.25　淮北煤田陷落柱位置与充水性分类图

淮北煤田揭露的陷落柱多为不充水型,柱缘裂隙弱充水型陷落柱主要为柱缘裂隙或断层沟通含水层,如刘 A_8 和恒 $_{12}$ 等。根据充水部位,强充水型陷落柱可分为:柱缘裂隙或断层沟通和全柱强充水型。根据出水水源分:太灰水、奥灰水、混合补给型,强充水型均沟通了奥灰含水层水,弱充水型为局部裂隙沟通太灰含水层水。具体充水特征见表4.4。

表 4.4　淮北煤田陷落柱充水性分类表

充水性	特征
不充水	柱体与柱缘均无水,包括刘 A_1—刘 A_7、刘 A_9 和刘 A_{10}、恒 $_{11}$ 和恒 $_{13}$、袁 $_{14}$—袁 $_{15}$、杨 $_{16}$—杨 $_{17}$、朱 $_{18}$ 和祁南 $_{24}$—祁南 $_{25}$、祁东 $_{26}$—祁东 $_{28}$、许 $_{32}$,共计22个
柱缘裂隙弱充水	涌水量$<0.5\text{m}^3/\text{min}$,柱体内部无水,均为柱缘裂隙充水,为砂岩水或太灰水,该类型的有刘 A_8、恒 $_{12}$、桃 $_{21}$,共计3个
强充水	涌水量$\geq2\text{m}^3/\text{min}$,隐伏型全柱强充水或断层、裂隙沟通型强充水,充水水源为太灰奥灰混合水,具强导水性质甚至突水。包括朱 $_{19}$ 和朱 $_{20}$、桃 $_{22}$ 和桃 $_{23}$、任 $_{29}$—任 $_{31}$,共计7个,其中朱 $_{19}$、桃 $_{22}$ 和任 $_{29}$ 突水3个

根据陷落柱的几何形态、剖面特征及充填特征、空间分布规律、充水性特征,进行了特征分类(表4.5),系统地分析了淮北煤田陷落柱的发育特征。

表 4.5　淮北煤田陷落柱汇总表

发育特征	特征		濉肖矿区	闸河矿区	临涣矿区	宿县矿区
揭露陷落柱发育特征	长轴/m		35~350	15~225	25~57	15~290
	长轴方向		NNE 或近 EW	NE 或近 NS	NNW 或 NNE	EW 或近 NS
	短轴/m			15~150	20~44	15~200
	面积/m²		500~29600	176~30000	2350~7700	180~45000
	长轴短轴比		1.50~3.33	1.40~2.0	1.20~1.32	1.0~3.61
	柱顶层位		4煤—6煤	L_2灰岩—3煤	7_2煤间—四含	L_2灰岩—7_2煤
揭露数量/个	强充水型	7	0	2	3	2
	不充水型	22	11	5	1	5
	弱充水型	3	2	0	0	1
	合计		13	7	4	8
疑似数量/个			7	1	4	16

4.3　淮北煤田岩溶陷落柱发育期次

淮北煤田陷落柱与中奥陶统灰岩岩溶发育过程关系密切,其形成受控于奥灰地层各岩溶期作用。由3.2节内容可知,中奥陶统灰岩在沉积期、风化壳期和埋藏期,均不具备发育大型溶洞的条件。淮北煤田煤系地层结束沉积前,各期岩溶产物如溶孔、溶隙等均被填充。煤系地层沉积结束后，淮北煤田先后经历印支期、早燕山期和晚燕山期构造运动，淮北煤田灰岩地层局部裸露，进入半埋藏期岩溶作用，灰岩地层产生差异性岩溶作用，从而控制岩溶陷落柱的发育位置和规模。

4.3.1　淮北煤田半埋藏期岩溶期次与陷落柱形成

1. 印支期（257～205Ma）

印支期近 SN 向的挤压应力场，两淮煤田（淮北煤田和淮南煤田）EW 向的构造线形成。

（1）EW 向褶皱：淮南向斜等。

（2）EW 向断裂：丰沛断层、宿北断层、板桥-固镇断层、太和-五河断层等。

（3）EW 向隆拗相间断块：丰沛隆起、淮北拗陷、蚌埠隆起等。隆起区处厚近万米的古元古界浅变质岩系和古生界沉积盖层被剥蚀，太古宇变质岩系直接出露。相对拗陷区构造抬升幅度小，仅二叠系顶部部分地层被剥蚀，三叠系局部发育且厚度较小。

印支期两淮煤田形成明显的 EW 向构造单元和分区。淮北煤田板内形成次一级的 EW 向构造单元，如宿北断裂、板桥-固镇断裂、刘桥矿区南火神庙背斜、宿南向斜、张学屋-马湾向斜和王楼-圩东背斜等（图 4.26）。

2. 早燕山期（205～135Ma）

从侏罗纪早期开始，古亚洲板块受到库拉—太平洋板块 NNW 向俯冲和挤压，中国大陆东部大地构造格局发生重大变化，即从 EW 向构造域转变为 NNE 向构造域。郯庐断裂大幅度左行平移，产生来自 SEE 方向巨大的挤压力，形成了徐-宿弧形推覆构造（彭凌日等，2017；Shu et al.，2017），以及推覆体原地系统 NNE 方向的构造线［图 4.27（b，c）］。

（1）淮北煤田板块内部大量 NE-NNE 向构造线，闸河向斜、大吴集向斜、肖西背斜、童亭背斜、南坪向斜等。该构造过程发生板内变形，南北受力处和东部力源区变形强，板内较弱（图 4.27）。

（2）郯庐断裂带大幅度左行平移，受到 SEE 方向的巨大挤压力，形成徐-宿弧形逆冲推覆构造，由于南北两侧存在东西走向古隆起的阻挡，使得本区形成弧形推覆构造。扬子板块沿郯庐断裂带向华北板块由南东向北西碰撞，同时左旋扭动，受 SEE 向挤压主应力塑造形成徐-淮褶皱冲断系统。

徐-宿弧形逆冲推覆构造，在淮北煤田主要受其中段和南段影响。弧形构造中段锋带和南段推覆体外来系统形成大规模倾向为 NEE 和 SEE 的逆冲断层，深部流体上涌，热液岩溶程度高（Yang et al.，2017）。该期灰岩地层大面积裸露于地表，主要分布在闸河向斜东西位置和宿东向斜位置。推覆构造前缘带在肖西背斜以西形成后展式叠瓦状逆冲构造系，倾向为 W。该期 NNE 向背斜轴部和逆断层上盘处，大面积灰岩地层裸露位置，接受地表水和大气降水补给，径流补给至地层深部，为岩溶作用和陷落柱发育的提供良好的地下水补给和动力条件［图 4.27（d）］。

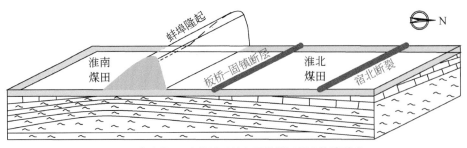

(a)印支期EW向构造系统与两淮煤田板内构造形成

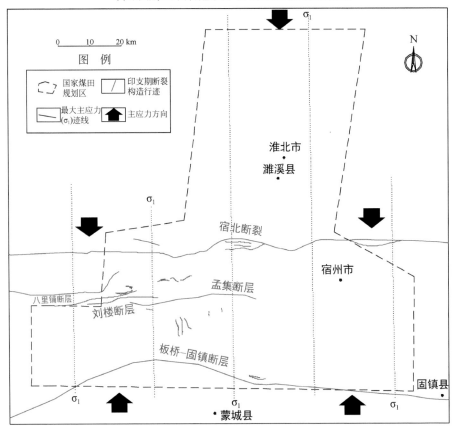

(b)淮北煤田印支期主应力方向和EW向构造系统形成

图4.26 印支期淮北煤田主应力场和构造系统形成示意图

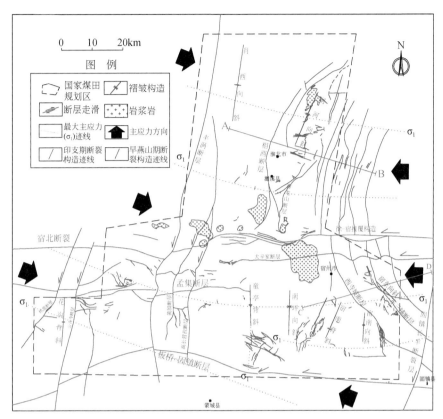

(a) 淮北煤田早燕山期主应力方向和NNE向构造系统形成

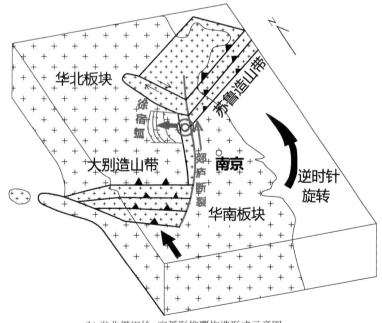

(b) 淮北煤田徐-宿弧形推覆构造形成示意图

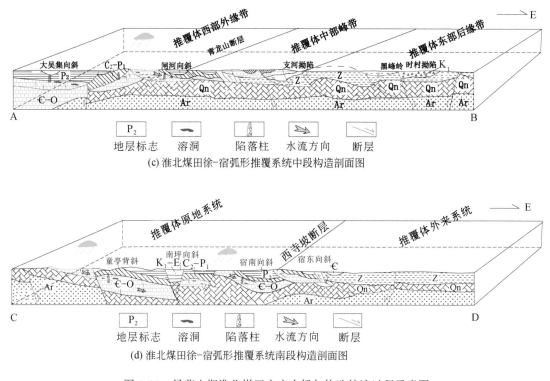

(c) 淮北煤田徐-宿弧形推覆系统中段构造剖面图

(d) 淮北煤田徐-宿弧形推覆系统南段构造剖面图

图 4.27　早燕山期淮北煤田主应力场与构造控溶过程示意图

3. 晚燕山期（135 ~ 52Ma）

该期板块近 SN 向碰撞，淮北煤田范围断裂构造近 EW 向伸展模式。板块间走滑运动，主压应力方向 SSW，形成 NNW 向褶皱、NNW 向逆冲断层和 NE 向压剪性断层（图 4.28）。先期的 NNE 向断层表现为 NWW-SEE 向拉张，近 NS 向走滑，形成产状陡立、落差大、切割地层深的正断层。NNE 向拉张正断层发育，形成大量的伸展断陷和伸展盆地构造，塑造了新生界地层的沉积环境。该期 NNE 伸展正断层和 NE 向压剪性正断层，为重要的地下水补给通道之一，特别在出露的灰岩地层处附近的断层，加强了岩溶作用和陷落柱发育的规模。

淮北煤田发育的陷落柱主要沿 NNE 方向展布，推测与晚燕山期张性断裂有关。晚燕山期 NNE-SSW 方向挤压，形成 NNE 方向张性断裂，尤其是该方向构造破碎带是陷落柱发育的主要场所，如褶皱核部、断裂交汇部位等。以淮北煤田宿北断裂北构造演化与岩溶发育、陷落柱形成为例，图示陷落柱发育过程，图 4.29（a）为印支期—早燕山期，SEE 压应力条件下褶皱构造形成，背斜 "V" 字形高角度裂隙为地表水或大气降水良好的入渗通道，补给至灰岩地层后，沿地层倾向流至向斜轴部，沿轴部 "A" 字形裂隙带为地下水汇流与径流的主要通道。图示中，向斜枢纽南部仰起，水流沿 "A" 字形径流带沿向斜轴向北流动，因此该部位形成串珠状数个陷落柱。图 4.29（b）为早燕山 SEE 压应力持续作用下，推覆构造形成过程及岩溶示意图。大面积灰岩地层出露地表，增强了岩溶补给和径流

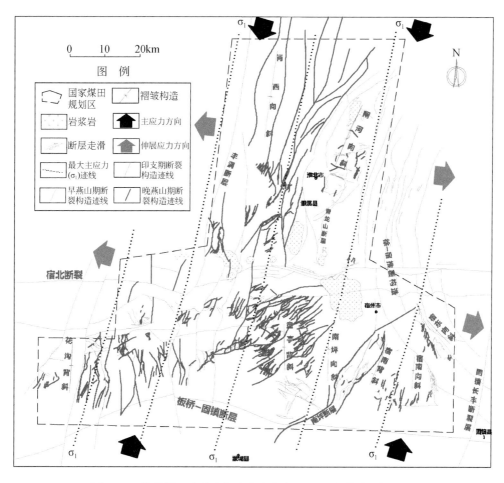

图 4.28　淮北煤田晚燕山期主应力方向和 NNE 向构造系统形成

条件，陷落柱进一步发育。图 4.29（c）为晚燕山期，压应力变化为 NNE 向，SEE 向表现为拉张作用，前期近 NS 向断裂系统进一步扩大，进一步增加了地表水源补给和径流条件，岩溶和陷落柱发育达到高峰期。图 4.29 为淮北煤田 NNE 向褶皱构造系统形成、推覆构造系统形成、灰岩露头处裂隙扩展及地表水补给地下水过程图示。NNE 向背斜剥蚀后，灰岩地层裸露处，垂向裂隙发育，晚燕山期近 EW 向拉伸，对近 SN 向裂隙构造的扩展作用，增加了地表水在该处的补给条件，岩溶发育进入强烈发展期。因此，淮北煤田揭露的陷落柱均分布于近 NS 向背斜灰岩露头线附近位置。

　　半埋藏期结束后进入喜马拉雅期，板块应力变形较小，淮北煤田进入沉积环境，晚燕山期裸露或浅埋灰岩地层进入二次埋藏环境，地下水补给变弱，局部仍较强，前期形成的陷落柱由于缺少地下水补给条件，停止岩溶发育，充填胶结压实，渗透性逐渐变小，直至死亡，最终柱体成为阻水效果较好的地质构造体。

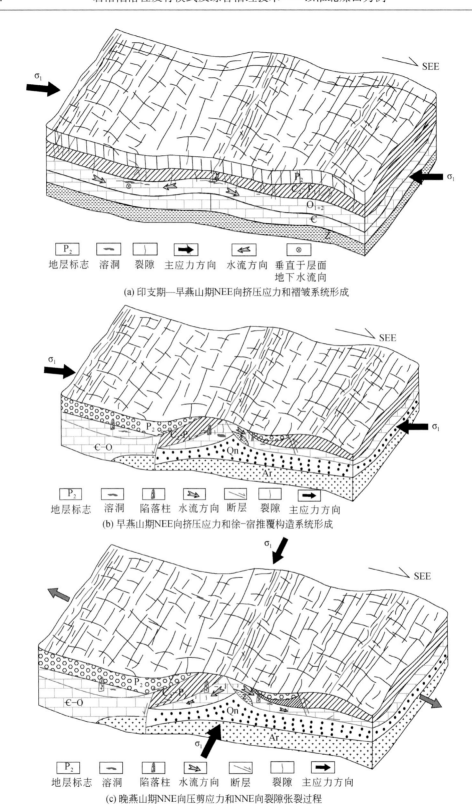

(a) 印支期—早燕山期NEE向挤压应力和褶皱系统形成

(b) 早燕山期NEE向挤压应力和徐-宿推覆构造系统形成

(c) 晚燕山期NNE向压剪应力和NNE向裂隙张裂过程

图 4.29　淮北煤田构造演化与岩溶发育示意图

4.3.2　淮北煤田岩溶陷落柱发育期次

陷落柱主要揭露于奥灰地层露头附近,为灰岩地层浅部埋深位置,如宿南向斜、任楼煤矿西部童亭背斜灰岩露头区附近和朱庄煤矿、杨庄煤矿外围等。

综合以上陷落柱发育特征,根据揭露陷落柱与淮北煤田构造体系间的关系,厘定陷落柱发育的 4 个发育期次(印支期—早燕山期、早燕山期、晚燕山期、现代岩溶期),各井田陷落柱发育特征与期次对应表见表 4.6。

表 4.6　淮北煤田陷落柱形成期次表

陷落柱	形成期次	备注
蔡里和夹沟陷落柱	印支期–早燕山期	推覆构造推挤前形成
刘 A_1—刘 A_8	早燕山期	陈集向斜形成后
袁$_{14}$和袁$_{15}$	早燕山期	牛眠山向斜形成后
刘 A_9 和刘 A_{10}	晚燕山期	刘桥向斜形成后
祁南$_{24}$和祁南$_{25}$	早燕山期	断裂构造控制
恒$_{11}$—恒$_{13}$	晚燕山期	温庄和丁河向斜形成后
杨$_{16}$、杨$_{17}$、朱$_{18}$、桃$_{21}$	早燕山期	NNE 向向斜构造外围灰岩露头线附近
祁东$_{26}$—祁东$_{28}$、许$_{32}$	晚燕山期	圩东背斜尖灭端与 NNE 向 FI 正断层交汇处
朱$_{19}$、朱$_{20}$、桃$_{22}$和桃$_{23}$	现代岩溶期	强充水,岩溶发育强
任$_{29}$—任$_{31}$	现代岩溶期复活	现今岩溶发育作用强

1. 印支期—早燕山期

淮北煤田范围外东侧,揭露于蔡里灰岩露头山体部位的陷落柱,青龙山逆断层上盘位置,位于推覆体构造中段上覆系统(解国爱等,2014)。陷落柱及其所在灰岩地层裸露于山体位置,不充水,胶结状态。该陷落柱形成后,被推覆至徐–宿弧形构造体上盘,岩块较大,磨圆度和分选性差。因其推覆至地下水水位以上,无水可充。

青龙山逆断层东侧及其所在的推覆构造上覆系统,由于更靠近其东部力源区,构造影响岩溶发育期次较早,形成岩溶产物或陷落柱后,其力源持续作用过程中,陷落柱随着岩溶地层被推覆逆断层上盘,为逆断层形成前岩溶作用发育的产物(图 4.30)。

2. 早燕山期

该期发育 NNE 轴向向斜构造,陷落柱沿轴发育。青龙山逆断层西侧较大型 NNE 向断层或褶皱构造系统,由于距离东部力源区相对较远,构造系统形成和岩溶作用滞后于该出露陷落柱,与徐–宿弧形推覆构造同期或略晚一些形成。如刘桥矿区陷落柱,早燕山期 SEE–NWW 向压应力,形成的 NNE 向陈集向斜,向斜轴部灰岩地层裂隙较发育,岩溶作用强,发育陷落柱,距离向斜轴距离均小于 300m。该类形成较早,基本胶结填实,均不(弱)充水。

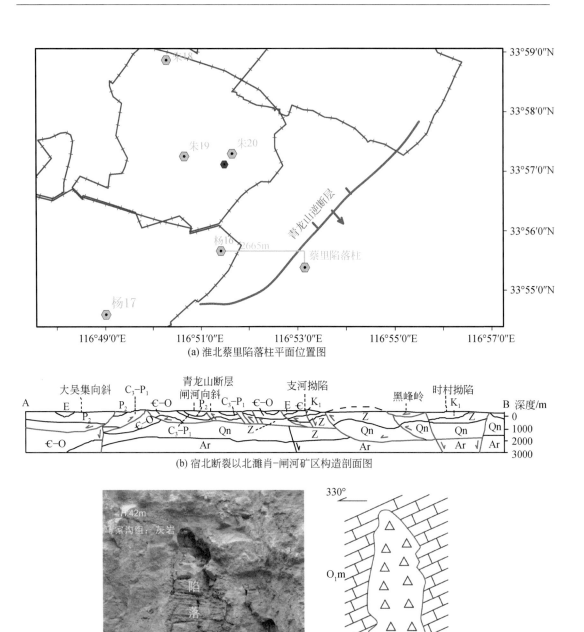

(a) 淮北蔡里陷落柱平面位置图

(b) 宿北断裂以北濉肖-闸河矿区构造剖面图

(c) 淮北蔡里发育于奥灰马家沟组陷落柱

图 4.30　推覆构造控制型陷落柱综合示意图

3. 晚燕山期

该期发育 NWW 向向斜构造，陷落柱沿轴发育。恒源陷落柱，形成时间晚于刘一矿和宿南矿区。恒源陷落柱位于 NW 向丁河向斜、小城背斜和孟口逆断层附近，与 NW 向构造关系密切，NW 走向的褶皱和逆断层构造为晚燕山期压应力的产物。

同期发育的仍有任楼煤矿陷落柱，揭露为强充水，但钻孔控制柱内充填物半胶结状态，非完全现代岩溶产物。任$_{29}$陷落柱发育至第四纪松散层，柱顶空洞达数米，说明现代仍处于岩溶作用中，具有现代岩溶特点。其发育于童亭背斜推挤形成后，F16 断层发育为阻水断层后。NW 向 F16 断层阻水性，为晚燕山期 NNE 向挤压应力作用产生。

4. 现代岩溶期

现代岩溶期岩溶作用强，发育形成的陷落柱充水性强。淮北煤田有古陷落柱，亦有现代陷落柱，柱顶发育至第四纪松散层底—L$_2$灰岩，柱内压实胶结好或松散不等。柱体如任$_{29}$陷落柱，发育层位为第四系底砾，说明松散层沉积后陷落柱仍在陷落，桃$_{22}$隐伏陷落柱、朱$_{19}$和朱$_{20}$分别发育至 L$_2$灰岩和 L$_1$灰岩陷落柱，均为现代正在溶蚀中的陷落柱。任$_{29}$为强充水陷落柱，其柱体内部均胶结压实较好，说明其为古陷落柱，现代岩溶作用下具有一定的充水性。

4.4　淮北煤田陷落柱特征分类

淮北煤田陷落柱已揭露数量 32 个，其揭露方式、充填特征、顶部发育层位、充水性、形成期次差异较大。依据以上章节内容，构建淮北煤田陷落柱分类体系。淮北煤田及外围揭露的陷落柱可分类为 10 个类型（表 4.7）。不充水类型和弱充水类型陷落柱包括稳定型结构（A-1 型）和三段式压实柱缘裂隙型结构（A-2 型），以上两种类型陷落柱均为穿煤层柱，直接揭露型；依据其形成期次和主要构造位置各自分类为 4 型和 3 型。强充水型陷落柱包括两种类型，其一主要分布于桃园煤矿和朱庄煤矿，其柱顶未发育至煤系地层，柱顶发育至太灰顶部，为下伏柱；其二典型发育于任楼煤矿，揭露的 3 个陷落柱均已发育至煤系地层，甚至达松散层，高度大，主要为断裂构造沟通灰岩含水层和柱体岩溶空隙（图 4.31）。

表 4.7　淮北煤田陷落柱特征分类表

类型	充水性	柱体充填结构	柱顶层位与煤层关系	揭露方式	形成期次	空间位置	陷落柱
I-1 型	不	A-1	穿煤层柱	直接揭露	早燕山期	向斜轴部	刘 A$_1$—刘 A$_7$、袁$_{14}$、袁$_{15}$、许$_{32}$
I-2 型	不	A-1	穿煤层柱	直接揭露	晚燕山期	向斜轴部	刘 A$_9$—刘 A$_{10}$、恒$_{11}$、恒$_{13}$
I-3 型	不	A-1	穿煤层柱	直接揭露	早燕山期	灰岩地层露头	杨$_{16}$、杨$_{17}$、朱$_{18}$、祁南$_{24}$、祁南$_{25}$
I-4 型	不	A-1	穿煤层柱	直接揭露	晚燕山期	褶皱构造尖灭端、断层	祁东$_{26}$—祁东$_{28}$

续表

类型	充水性	柱体充填结构	柱顶层位与煤层关系	揭露方式	形成期次	空间位置	陷落柱
Ⅱ-5 型	弱	A-2	穿煤层柱	直接揭露	早燕山期	向斜轴部	刘 A_8
Ⅱ-6 型	弱	A-2	穿煤层柱	直接揭露	晚燕山期	向斜轴部	恒$_{12}$
Ⅱ-7 型	弱	A-2	穿煤层柱	直接揭露	早燕山期	灰岩地层露头	桃$_{21}$
Ⅲ-8 型	强	B-2	下伏柱	突水显现或水位异常综合判定	现代岩溶期	灰岩地层露头断裂构造发育	朱$_{19}$、朱$_{20}$、桃$_{22}$和桃$_{23}$
Ⅲ-9 型	强	B-1 A-2 B-3	穿云柱 穿煤层柱	突水显现或水质异常综合判定	现代岩溶期	断裂构造	任$_{29}$ 任$_{30}$ 任$_{31}$
Ⅳ-10 型	不	灰岩块胶结致密	通天柱	直接揭露	印支期—早燕山期	推覆体外来系统逆断层上盘	蔡里和夹沟陷落柱

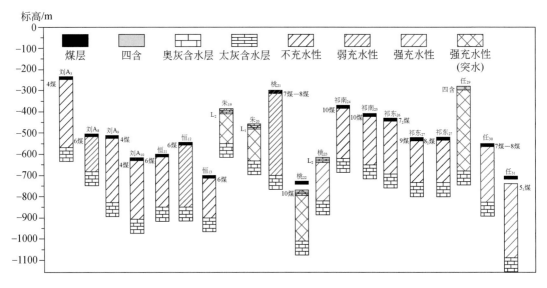

图 4.31　淮北煤田岩溶陷落柱发育特征柱状综合示意图

淮北煤田外围闸河矿区东侧,推覆构造外来系统西缘断层上盘,出露灰岩岩块胶结致密的陷落柱柱体,形成期次较早于淮北煤田范围内陷落柱时间。

4.5　本　章　小　结

（1）淮北煤田陷落柱揭露的方式主要有直接揭露、突水显现和综合判定三种类型。

（2）陷落柱空间位置具有分区、分片、成带性，受构造控制，揭露的陷落柱多分布在灰岩露头附近。推覆构造原地系统位置揭露的陷落柱数量多于推覆外来系统。

（3）陷落柱长轴方向多与褶皱轴向、阻水断层走向、地层走向一致。濉肖矿区、闸河矿区、临涣矿区和宿县矿区揭露的陷落柱长轴方向主要以 NNE 向、NE 或近 NS 向、NNW 或 NNE 向、EW 或近 NS 向为主，与所在位置褶皱或断裂构造走向一致性较强，说明陷落柱的形成发育受构造影响较大。

（4）陷落柱发育形态、规模和发育高度差异明显。揭露的陷落柱柱顶发育至太灰—松散层地层，具有穿云柱、通天柱、穿煤层柱和下伏柱四种类型。多数陷落柱平面截面为椭圆形，剖面形态为上小下大的圆锥体，规模差异较大。陷落柱平面形态多为椭圆形，共计 28 个，长轴 15～350m，短轴 6.5～200m，长轴短轴比 1.0～3.61，均值为 1.85，面积 176～45000m^2。

（5）根据陷落柱柱体充填特征，可分为压实和未压实两大类型 5 小型。柱体压实型，为不或弱充水陷落柱；柱体未压实型，根据其三段结构、围岩裂隙发育情况，分为三段式顶空柱缘型、堆石顶空型和三段式柱体松散裂隙沟通型。

（6）柱体垂向中心轴线倾斜的多不充水。如刘桥矿区和祁东煤矿揭露的陷落柱，陷落角 30°～80°间，均不充水。柱体轴线直立状，发育高度大，平面截面面积较小时，为强充水型陷落柱，如任$_{29}$—任$_{31}$，发育高度高达 277～400m，面积 2350～7700m^2。

（7）淮北煤田强充水陷落柱，以突水显现和综合判定方式揭露。综合判定时，主要是结合煤矿水文地质条件，依据水质异常和水位异常，采用综合探查手段，结合钻孔和注浆工程数据等，最终确定陷落柱参数和特征。

（8）淮北煤田揭露的陷落柱，其中穿煤层柱数量较多，共 27 个，其中不充水型、柱缘裂隙弱充水型和强充水型陷落柱分别有 22 个、3 个和 2 个；隐伏柱和下伏柱 4 个，均为强充水型陷落柱。淮北煤田揭露的陷落柱，除濉肖矿区无强充水型外，其他三个矿区均揭露强充水型陷落柱。柱顶发育于煤系地层的穿煤层柱，多数是不充水型、柱缘裂隙弱充水型陷落柱，为古陷落柱。柱体内无煤系松散物充填时充水，有煤系地层充填时，其充水性取决于柱体胶结与压实程度。

（9）研究陷落柱发育特征，厘定陷落柱发育的四个期次。淮北煤田岩溶发育和陷落柱的形成主要受控于煤田印支—晚燕山构造控溶作用，现代岩溶发育仅在桃园煤矿、朱庄煤矿和任楼煤矿较强。

（10）构建了淮北煤田陷落柱分类体系，并对典型样式进行了划分。

第 5 章　淮北煤田岩溶陷落柱发育模式与充水性控制机理

本章在分析淮北煤田岩溶陷落柱形成条件基础上，针对不同煤矿或矿区陷落柱的发育特征和充水性特征，研究陷落柱与向斜轴、断裂构造、推覆构造、地表水系、地下水径流场和现今地温场等之间的关系，确定淮北煤田岩溶陷落柱的多种发育模式。在此研究基础上，论证各类型充水性陷落柱的控制机理。

5.1　岩溶陷落柱的发育条件

岩溶陷落柱发育的有利条件包括：可溶岩层、地质构造通道、良好的地下水补给、径流与排泄、地温高异常时地下水垂向对流加强等。

地下水活动是陷落柱发育的必要条件。当地质构造和地下水径流条件改变时，正在发育的可以快速停止发育；死亡的陷落柱位置现代灰岩水径流条件好，亦可以重新复活，呈现"未老先衰"或"返老还童"的现象。区域一级构造控制地下水径流场，二级构造如向斜轴部、断层交汇或阻水断层控制陷落柱发育的具体范围，易于冒落的局部岩体结构位置为陷落柱发育的三级构造控制条件（张茂林和尹尚先，2007）。

1. 陷落柱发育的水动力条件

陷落柱形成时水动力条件表现为两个方面：可溶岩的溶蚀作用和地下水对冒落物的机械搬运作用。

1）溶蚀作用，表现为三种方式

（1）两种及以上的不同浓度的 CO_3^{2-}、Ca^{2+} 的水混合，发生混合溶蚀作用。

（2）不同温度的水混合，使奥灰岩层发生冷却溶蚀。随着温度降低，水对 CO_2 的吸收系数增加；饱和溶液中 $CaCO_3$ 所需的平衡的 CO_2 减少，多余的 CO_2 转变为游离 CO_2，水溶解能力增强。

（3）异离子效应。含煤地层中常含有黄铁矿，携带 FeS_2 的砂岩裂隙水与奥灰水混合后，可发生异离子效应，促进岩溶作用。

2）地下水对冒落物的机械搬运作用

地下水的动能较小，仅对冒落带中较小的碎屑，尤其是泥岩粉屑携带搬运能力较强，使得冒落大岩块保留在岩溶空间底部。

2. 陷落柱发育的岩体结构条件

陷落柱形成需要的岩体结构条件包括：陷落前底部较大的溶蚀空间、高角度构造切割面或滑动面、岩层间易于剥离的黏结条件。陷落柱形成是在岩层间黏结力有限时，垂直或高角度节理发育的岩块克服抗滑力，上覆岩块整体下落到底部较大的溶蚀空间的过程。上覆岩层被视为"板"状结构（胡宝林和宋晓梅，1997）。

杨为民等（2001；2005b）提出陷落柱多发育在具备易于冒落和不断向上发展的岩体结构，如向斜轴部和区域性垂向构造节理。

淮北煤田所见的陷落柱，高度达 300m，面积大小不等。任$_{29}$陷落柱，发育高度约 300m，长轴 25～30m，短轴 20～25m。仅直径为数十米的规模，能发育如此高度，需多次冒落而成。

区域地层受挤压应力时，大型褶皱、断层形成期，伴生的"X"型剪节理延伸远，切割深，贯穿多地层跨度大。这些区域性节理是陷落柱发育的切割面或滑落面，亦是地表水补给至地下的对应地带，是陷落柱发育的较好部位。

3. 陷落柱停止发育条件

①奥灰水径流变弱或停滞，陷落柱将停止发展，无水条件下柱体胶结压实。②陷落柱向上发展时，当发育到厚度较大，抗破坏性能强岩层，陷落柱停止冒落，下部松散冒落物继续沉陷。③陷落柱多次陷落至基岩面甚至松散层或地表。

5.2　淮北煤田岩溶陷落柱发育模式

淮北煤田岩溶的发育和陷落柱发育主要发生在半埋藏岩溶期。该期灰岩地层裸露范围有限，地表水流或大气降水主要从灰岩地层露头位置、河谷裂隙处、断裂构造发育处等位置，补给至灰岩地层深部，在灰岩地层裂隙发育带产生地下水流优先通道，这些通道是陷落柱发育的主要地段。

二次埋藏岩溶期，淮北煤田基岩大面积被新生界松散层覆盖，陷落柱进入衰退甚至死亡期。除闸河矿区等局地范围由于松散层覆盖厚度较小或松散层底含富水性较强，可以有效地补给地下水外，煤田大范围被厚度较大的松散层覆盖，阻断了地表水和灰岩地层间的水力联系，岩溶作用逐渐变弱或消失，前期形成的陷落柱进入衰退甚至死亡期。

依据淮北煤田陷落柱的发育位置、构造特征、灰岩地层地下水补径排条件、地温场规律等，淮北煤田陷落柱发育模式主要有岩溶接触带型、向斜构造控制型、断裂构造控制型、外循环控制型和内循环控制型。以上模式，无论古今，其形成机理均为流动性水流，通过有利补给通道，补给至灰岩地层裂隙发育位置发生岩溶作用，继而发育形成陷落柱。淮北煤田揭露的陷落柱多不充水，为古陷落柱，强充水陷落柱揭露于朱庄煤矿、桃园煤矿和任楼煤矿，具有现代岩溶发育的特点。

5.2.1　岩溶接触带型陷落柱发育模式

淮北煤田新生界松散层覆盖前，灰岩地层露头处是地下水主要补给位置，陷落柱为岩溶接触带型发育模式。揭露陷落柱多分布在灰岩地层露头线附近，为灰岩地层浅埋位置（图 5.1）。

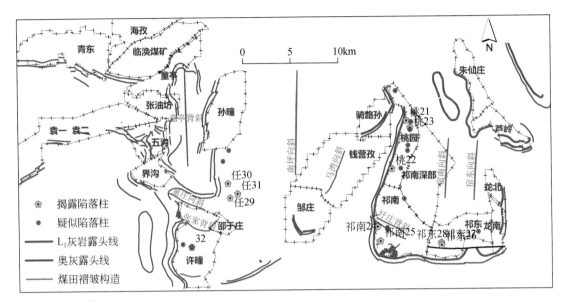

图 5.1　宿县-临涣矿区陷落柱与灰岩地层露头线位置关系图

在未沉积较厚松散层前，灰岩露头线位置地表水源补给后，垂向一定埋深范围内，露头带是地下水下渗补给的重要位置，露头处灰岩垂向裂隙是地下水下渗补给的良好通道，往深部地下水水源和动力均变弱，岩溶作用和岩溶发育程度逐渐变弱。

宿县-临涣矿区桃$_{21}$、桃$_{22}$、祁南$_{24}$、任$_{30}$等陷落柱，距离灰岩地层露头线位置较近，灰岩地层埋深较浅。在半埋藏岩溶期，地下水通过灰岩露头处补给后，以上位置为强径流带，岩溶作用强，岩溶发育程度高，遇垂向裂隙发育密度较大位置时是陷落柱发育的较佳位置（图 5.2）。

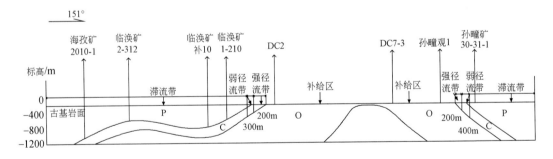

图 5.2　岩溶接触带型陷落柱发育模式图

半构造岩溶期并非有灰岩露头的位置，就一定发生接触型岩溶。如朱仙庄和芦岭煤矿，灰岩地层露头较好，但古地势相对较高，地表水流难以汇流，水源在该处下渗补给条件受限，岩溶作用和岩溶发育程度相对较弱（图 5.3）。

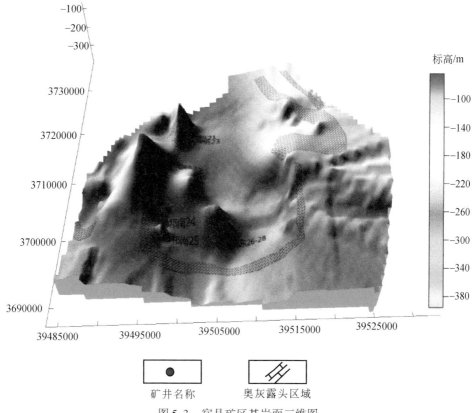

图 5.3　宿县矿区基岩面三维图

5.2.2　向斜构造控制型陷落柱发育模式

向斜轴部常见陷落柱,并沿其呈带状集中分布。陷落柱长轴展布多平行于或小角度相交于向斜轴。向斜轴部灰岩地层具有张性裂隙和"倒楔形"破碎结构体,平面上呈"A"字形,是地下水入渗后运移的良好通道;轴部岩层压力大,压力与重力方向相同,有利于岩块垂直方向冒落。

淮北煤田刘桥一矿陷落柱为典型的向斜构造控制型发育模式,其东南部古潜水补给至灰岩含水层,且向斜西翼缓,东翼陡,致使陷落柱集中分布于向斜轴部附近东翼位置。

刘桥一矿多数呈串珠条带状揭露于陈集向斜浅部扬起端;深部刘 A_8—刘 A_{10} 亦分布于陈集向斜或刘桥向斜附近。刘桥一矿陈集向斜轴枢纽向北倾斜 $7°\sim13°$,北部比南部下降500m 以上。这种相对的南升北降,有利于含水层水从南部灰岩露头处接受地表水源或大气降水后向北部深部流动,浅部形成塌陷长度大于 7.2km 的塌陷陷落柱带 (图4.17)。往北奥灰地层埋深增大,两翼开阔,张裂隙空间变小,同时侵蚀基准面以下水流变缓,溶蚀作用减弱甚至消失。因此,刘桥一矿陷落柱集中分布在浅部,且长轴方向及陷落群走向,均与陈集向斜走向 (水流方向) 一致,为南北方向 (郁光奎,1998)。

向斜轴部易形成陷落柱机理为:向斜枢纽面垂向分为上部岩层应力挤压带、中部中和带及下部地层拉伸张裂带三带。自上部到下部的应变 E 分别小于、等于和大于 0；应力大小与应变大小变化趋势相同。垂向上离中和带越近，挤压应力和张应力较小，随着远离而增大。靠近向斜轴位置地层倾角较大，下部拉伸应力和层滑张力均使灰岩地层形成纵张裂隙和"脱滑"现象，形成良好的裂隙蓄水空间。陈集向斜为轴面向 WN 翼倾斜，东翼陡西翼缓，南窄北宽，故向斜轴下部灰岩层在向斜轴的东侧和南部拉伸力更强。

在拉伸带中，形成纵张裂隙形体似锲状上窄下宽，附加一组扭性裂隙，互相交叉成"X"型，如刘桥一矿浅部陷落柱具有等间距发育的特征。

向斜轴部下部灰岩硬岩层处形成张裂带枢纽面附近的灰岩地层，急倾斜，为蓄水带、导水带和强径流带。除向斜轴底部拉张应力及层滑张力形成的张裂隙外，附加淮北煤田先存区域性垂直节理，组合形成大头向下的楔形结构或块体，底部轴向破碎带，为良好的蓄水空间和导水通道。张裂隙进一步扩展，如此循环从而形成陷落柱。

5.2.3　断裂构造控制型陷落柱发育模式

断裂构造带或裂隙发育密集带，是地下水运移的主要通道。淮北煤田多期构造作用过程中，有垂直于挤压应力场的压性断裂构造，该类断裂构造含水、导水性能较弱，往往阻断地下水运动，改变地下水径流特征与方向。与挤压应力场垂直的剪切性质的断裂构造，虽然规模不大，但张裂性较好，是地下水主要的含水和导水空间，改变了地下水的动力与径流条件，在裂隙发育密集位置增强岩溶作用，易发育形成陷落柱。

断裂构造控制型陷落柱，如祁南$_{24}$和祁南$_{25}$陷落柱，其长轴方向与地层走向一直，近 NS 向，其受控于 F9 断裂构造和其发育位置密度较大的裂隙发育带（图 5.4）。

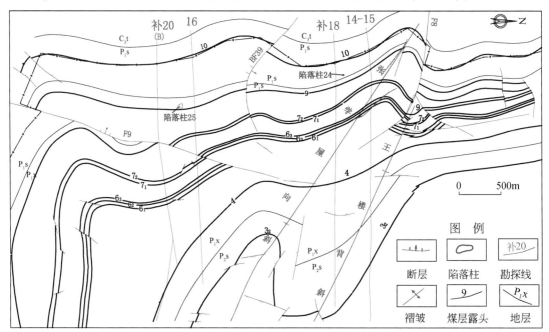

图 5.4　祁南陷落柱平面位置图

祁南矿区断裂构造经历印支期—喜马拉雅期多期构造应力作用，形成较为复杂的构造格局。F9 正断层，为压性逆断层拉伸作用下伸展后发育的正断层。F9 断层走向 NNE，倾向 NWW，倾角 50°～75°，三维地震控制长 3250m，落差 0～35m，错断层位 7 煤层至中奥陶统地层。

印支期 SN 向挤压应力形成张学屋向斜和王楼背斜及 EW 向逆断裂 F8 和 BF39 等，具有挤压性质，断层处地下水径流条件弱。

早燕山期，祁南煤矿受 SEE-NWW 向压应力形成 NNE 向宿南向斜，其西侧该期被挤压抬升，形成灰岩地层露头，为地下水补给的重要位置。同时 NE、NNE 向逆断层，如 F9 等该期发育。煤矿西部灰岩露头处地下水补给和 F9 逆断层阻水，陷落柱仅发育于 F9 逆断层西部上盘位置，同时祁南$_{24}$和祁南$_{25}$陷落柱位置，小型裂隙较发育，为大型阻水断裂构造和小型裂隙集中发育带共同控制岩溶发育模式。

晚燕山—喜马拉雅期，井田表现为 NW-SE 向拉伸应力，淮北煤田表现为差异性升降，先期形成的近 NS 向、NNE 向和 NE 向断层由压挤性质转换为正断层。新生界宿县矿区接受较厚的第四系地层沉积，岩溶发育条件变弱，先期形成的陷落柱进入死亡期。

淮北煤田半埋藏期岩溶接触带型、向斜构造控制型和断裂构造控制型陷落柱，均为古陷落柱，表现为不充水性。淮北煤田揭露的强充水陷落柱，为现今地下水径流条件好，现代岩溶发育的结果。对于发育强充水陷落柱的任楼、朱庄和桃园煤矿，各井田地下水强径流的表现不同，可以划分为内循环控制型陷落柱发育模式、灰岩地层半裸露外循环控制型陷落柱发育模式和灰岩地层隐伏外循环控制型陷落柱发育模式。以下对现代岩溶发育强烈，强充水陷落柱的三种发育模式进行详细的研究与分析。

5.2.4　内循环控制型陷落柱发育模式

对于陷落柱所在位置灰岩埋深近千米，地表水和大气降水外循环补给条件有限时，井田具有地温高异常特征，陷落柱强充水性为内循环热液岩溶发育模式。

任楼煤矿揭露的陷落柱为典型的内循环强充水发育模式。如任$_{31}$陷落柱，其柱体半胶结—胶结，具有古陷落柱特征；但是具有强充水性，具有现代岩溶强发育特征。基于任楼煤矿水文地质条件、弱径流特征、断层阻水性、地温特征及变化规律，结合陷落柱特征，论证任楼煤矿陷落柱，是现代地温高异常条件下内循环岩溶作用强充水型陷落柱。

1. 临涣矿区补径排条件

临涣矿区童亭背斜处裸露奥灰地层 100km^2，其两翼及转折端均为低洼夷平地带。由于背斜附近杨柳、界沟等不导水大断层，阻滞了地下水间的交换，各井田间地下水径流条件弱（於波，2018）。

任楼煤矿位于临涣矿区东南位置，水文地质条件受童亭背斜和大型断裂构造影响较大。任楼煤矿地下水相对封闭，水的矿化度和温度均较高，和外界水交换弱。从太灰初始水位等值线和奥灰水位分析，矿区水位等值线稀疏，水位差小，现代岩溶水动力条件差（图 5.5）。任$_{29}$—任$_{31}$均为古陷落柱，所在奥灰埋深较大，标高-1070～-680m，陷落柱所在位置现代径流条件弱，揭露的 3 个强充水陷落柱外循环径流补给条件有限。

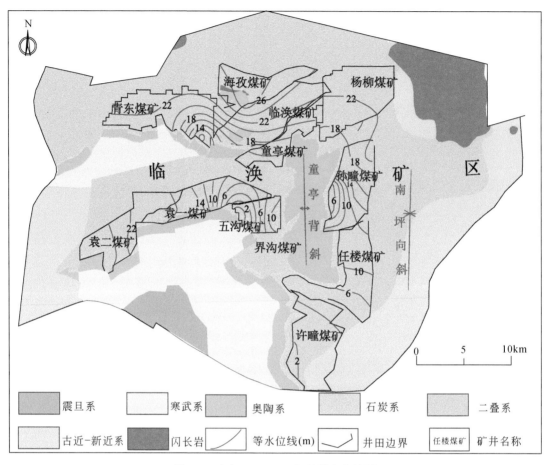

图 5.5　太灰（L_1-L_4）初始等水位线图

任$_{29}$和任$_{30}$位于 F2、F3、F16 断层所夹持的浅部三角区段。对 F2、F3、F7、F16 断层破碎带抽水试验（表 5.1），$q = 0.009 \sim 0.023 \mathrm{L/(s \cdot m)}$，$K = 0.006 \sim 0.012 \mathrm{m/d}$，矿化度为 $1.452 \sim 1.682 \mathrm{g/L}$，水质类型为 HCO_3-Na 型或 $Cl \cdot HCO_3$-Na 型，井田大断层富水性弱。

表 5.1　任楼煤矿断层带含水区段抽水试验成果表

孔号	抽水层位	段高/m	静水位标高/m	单位涌水量 q / [L/(s·m)]	渗透系数 K/(m/d)	备注（水质类型）
39$_{14}$	F2	49.44	高于地面 0.8	0.0088	0.0059	HCO_3-Na
38-39$_4$	F2-1	37.24	-48.033	0.00259	0.004915	HCO_3-Na
46-47$_4$	F3	45.71	0.61	—	0.0121	HCO_3-Na
54$_6$	F7	80.84	1.321	0.0226	0.011	$Cl \cdot HCO_3$-Na
42-43$_3$	F16	464.70~475.60	—	—	—	无水

2. 任楼煤矿水文地质条件

临涣矿区基岩面总体较平坦，仅在任楼煤矿、许疃往南赵集勘探区处，松散层厚度急剧增大，古基岩面埋藏较深。任楼煤矿自西部灰岩露头的补给处水源补给至灰岩含水层后，被阻水的 F2、F3 和 F16 断层阻挡，增强地下水自西向东，自浅部往深部径流排泄，是深部任$_{31}$陷落柱灰岩水的主要来源之一（图5.6）。

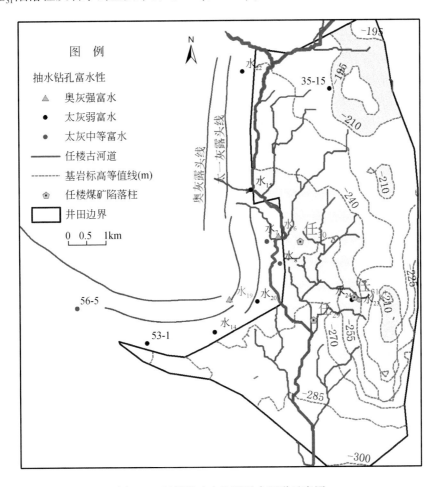

图 5.6　任楼煤矿古地形及古河道示意图

1）任楼煤矿局部灰岩地层岩溶发育较强

任楼煤矿 L_1–L_4 灰岩，溶洞较发育，表现为强烈溶蚀或存在大量方解石充填现象。如 39_{18} 孔岩心中明显有岩溶现象，水$_{23}$孔在 1009.55～1017.40m 处揭露的岩心裂隙中充填了大量的方解石脉（图5.7）。太灰抽水试验资料：$q=0.00306～1.357$L/（s·m），$K=0.00153～4.445$m/d，富水性弱—强，水化学类型为 Cl·SO_4-Na·Ca 或 Cl-Na·Ca 型水，pH＝7.6～7.72，矿化度 1.263～1.99g/L，全硬度为 29.86～39.31 德国度。

任楼煤矿奥灰地层在露头附近溶洞发育，少数钻孔有漏水现象，水$_6$孔抽水资料，$q=$

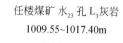

任楼煤矿 水$_{23}$ 孔 L$_3$ 灰岩
1009.55~1017.40m
RQD=39%

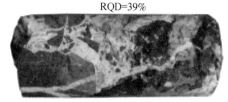

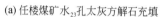

(a) 任楼煤矿水$_{23}$孔太灰方解石充填　　　(b) 任楼煤矿3918孔太灰岩溶

图 5.7　任楼煤矿太灰孔岩心照片

2.578L/（s·m），$K=1.8379$m/d，矿化度为 2.362g/L，水质为 Cl·SO$_4$-Na·Ca 型水，显示为强富水性。

2）任楼煤矿高水位异常

任楼煤矿四含水$_{13}$孔和太$_{23}$孔水位高异常。2013 年底奥灰长观孔水$_6$、水$_{19}$、水$_{27}$孔奥灰水位为 5.11~6.593m，至 2017 年水位 1.453~3.148m，总体变化不大。2017 年任楼煤矿太灰水位−61.935~2.307m，总体较高。水$_{13}$四含长观孔水位一直较高，与奥灰水位持平。其他各含水层水位长观孔（图 5.8），除水$_{14}$水位下降约 20m 外，其他水位均持平或上涨，说明各含水层富水性强，水源补给充分（图 3.21）。

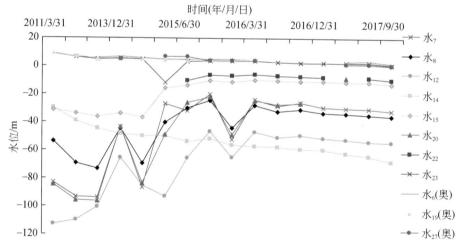

图 5.8　任楼煤矿灰岩含水层水位变化趋势图

3. 任楼煤矿高地温发育特征

淮北煤田地温与埋深呈正相关关系（图 5.9）。淮北煤田地温梯度多分布在 1.8~2.8℃/hm，平均 2.42℃/hm。地温梯度等值线较密集位置在刘桥-黄集矿、许疃-任楼煤矿、祁南-祁东煤矿、徐广楼煤矿等位置。淮北煤田地温梯度变化趋势为热传导型（图 5.10）。平面空间上，地温总体呈南高北低，西高东低的趋势。

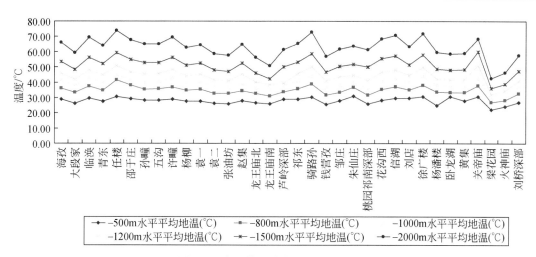

图 5.9　淮北煤田分水平地温对比图

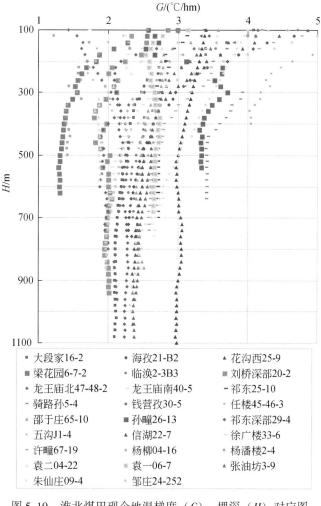

图 5.10　淮北煤田现今地温梯度（G）–埋深（H）对应图

地温较高的有临涣矿区的许疃、任楼、临涣煤矿和邵于庄勘查区，宿县矿区的骑路孙、祁南煤矿，涡阳的徐广楼、花沟西，濉溪西部的关帝庙、卧龙湖和黄集。宿北断裂以北的濉肖-闸河矿区是淮北煤田低温负异常区，集中位于梁花园、火神庙、杨庄、朱庄、石台、岱河等煤矿。宿北断裂以南低地温区域集中在宿县矿区的钱营孜和龙王庙南煤矿等（图5.9）。

任楼煤矿地温梯度平均为2.92℃/hm，单孔最高、最低分别为4.41℃/hm和2℃/hm。任楼煤矿55个测温钻孔，单孔平均梯度值≥3℃/hm的为30个，占总数量的54.55%。异常地温孔主要集中在童亭背斜东南部转折端及其深部次一级隆起部位与较大张性断裂附

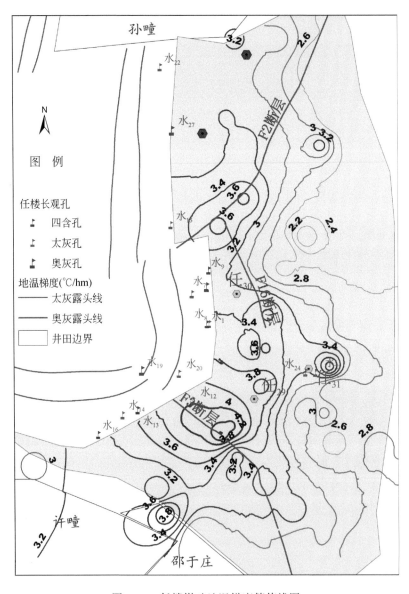

图5.11　任楼煤矿地温梯度等值线图

近，44 线—47 线之间及 F2 和 F3 断层两侧地层埋深浅部区域，出现地温异常高圈闭中心，地温梯度等值线对称于 F2 和 F3 断层分布。随着埋深的增加，地温梯度值有逐渐减小的趋势。地温梯度≥3℃/hm，埋深大多分布在 800m 以浅，当埋深超过 1000m 时，其值普遍＜3℃/hm（图 5.9 和图 5.10）。任楼煤矿西南部地温梯度高于西北部，≥3℃/hm 的面积为 21.78km²，占煤矿总面积的 51.76%。

任$_{30}$ 和任$_{31}$ 陷落柱，奥灰地层标高分别为 −820m 和 −1070m，埋深较大，灰岩露头补给至该深部条件差，强充水性与现今地温高异常位置一致，具有内循环陷落柱发育特征。任楼煤矿揭露陷落柱位置地温梯度较高，达 3.252 ~ 3.732℃/hm。任$_{31}$ 处，三维地震探查落差 0 ~ 20m 小断层两条，同时该位置为地温梯度高异常圈闭中心附近，地温梯度达 3.9℃/hm，圈闭中心以 DF22 小断层对称分布，具有内循环水径流条件（图 5.11）。因此，该陷落柱为外循环弱径流、强补给条件下，为构造体沟通深部地下水内循环控制型发育模式。

5.2.5　灰岩地层半裸露外循环控制型陷落柱发育模式

闸河矿区朱$_{19}$ 和朱$_{20}$ 为下伏型强充水陷落柱，为强补给外循环岩溶发育模式。朱庄煤矿开采排水过程中，灰岩地层地下水富水性强，水位一直居高，具有太灰和奥灰水位同步升降的特点。90 观 1 太灰常规孔和 90 观 3 奥灰长观孔，水位差始终保持 20m 左右，同步升降于 0m 标高上下，说明地下水补给强，水量充足（图 5.12）。

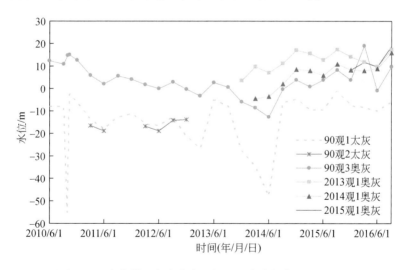

图 5.12　朱庄煤矿灰岩含水层长观孔水位标高变化趋势图

朱庄煤矿东北隅和杨庄煤矿外围，第四系松散层沉积厚度较小，45.02 ~ 83.76m 左右，灰岩基岩出露面积大，灰岩露头处海拔较高，地表水和大气降水在露头处补给，地下水径流条件好，现代岩溶发育强（图 5.13）。

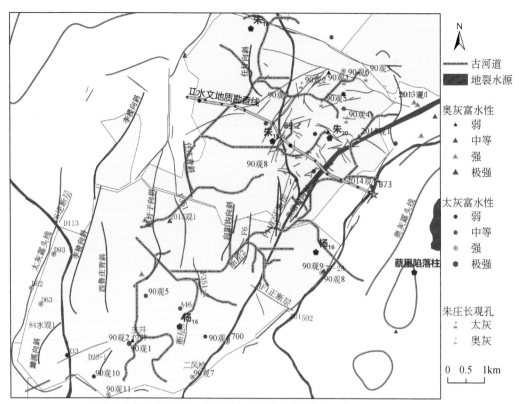

(a) 朱庄和杨庄煤矿构造、陷落柱、古河道和地表水系分布图

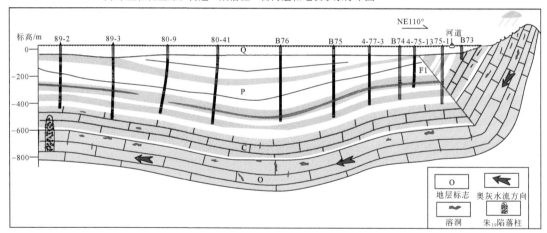

(b) 朱庄煤矿Ⅱ勘查线水文地质剖面图

图 5.13　朱庄煤矿地下水补给条件综合示意图

5.2.6　灰岩地层隐伏外循环控制型陷落柱发育模式

桃21—桃23分别为边缘裂隙弱充水、隐伏陷落柱底板破坏突水和下伏强充水型陷落柱。桃园煤矿及周边煤矿松散层覆盖厚度大，多大于 200m，地表水和大气降水直接补给至灰

岩地层条件差。通过对桃园煤矿及所在矿区水文地质特征分析，联合放水试验、水质和水位异常研究，结合前述章节内容，研究得出桃园煤矿为外循环控制埋藏型岩溶发育模式。

1. 宿南矿区构造与地下水径流场

印支期 NS 向挤压形成宿县矿区南段 EW 向张学屋–马湾向斜和王楼–圩东背斜构造，早燕山期来自 SEE 向挤压应力，形成 NNE 向褶皱构造和挤压断层时，南段压缩距离远小于北部（桃园煤矿位置）。北部挤压靠拢处岩体破碎，形成南部开阔、北部紧闭的宿南向斜构造。

宿南向斜西部、南侧外围大面积奥灰（O_2）、太灰（C_2）地层出露（图 4.16 和图 5.14），向东进入井田深部，即向斜轴部，地下水从灰岩地层浅部位置补给，向矿区深部径流。

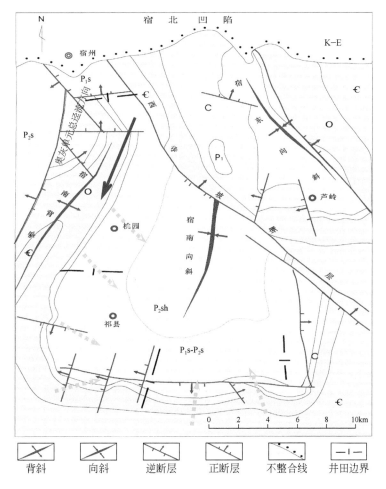

图 5.14　宿南矿区灰岩地层地下水补给示意图

2. 宿南矿区补径排特征分析

分析宿南矿区太灰地层水质数据 67 个，常规离子（Ca^{2+}、Mg^{2+}、K^+、Na^+、SO_4^{2-}、

Cl⁻、HCO₃⁻)、总溶解固体（TDS）和 pH 值，指示地下水径流条件（表 5.2）。变异系数 C_v 表达水质变化，其值大，说明水中该离子空间内差异大。离子指标间相关系数值，显著性 P 值代表其可靠程度，P 值越小，统计意义较强。结果表明：宿南矿区 Ca^{2+}、Mg^{2+}、SO_4^{2-} 离子变异系数较大，均大于 0.5，说明岩溶作用差异较大。TDS 与 SO_4^{2-} 离子相关系数高达 0.93，其次是 Ca^{2+} 与 Mg^{2+}。pH 值与 Na^+、HCO_3^- 离子为正相关，其他均为负相关，说明 pH 值越大，Na^+、HCO_3^- 离子含量增高，岩溶作用弱，为滞留还原环境下脱硫酸和阳离子交换作用的结果。

表 5.2 宿南水质成分相关系数与特征统计

成分	Na⁺	Ca²⁺	Mg²⁺	Cl⁻	SO₄²⁻	HCO₃⁻	TDS	pH	最小	最大	平均	C_v
Na⁺	1								70.0	951.6	412.4	0.4
Ca²⁺	−0.47*	1							5.7	575.8	150.0	0.8
Mg²⁺	−0.46*	0.82*	1						3.4	418.3	71.5	0.8
Cl⁻	0.30△	0.22	0.10	1					1.3	371.4	268.8	0.2
SO₄²⁻	0.12	0.72*	0.74*	0.30△	1				8.2	2035.6	713.6	0.6
HCO₃⁻	0.53*	−0.40*	−0.46*	0.04	−0.36*	1			33.9	1063.4	478.4	0.3
TDS	0.39*	0.60*	0.55*	0.44*	0.93*	−0.04	1		317	3437	1.9	0.3
pH	0.48*	−0.66*	−0.53*	−0.23△	−0.36*	0.35*	−0.23△	1	6.8	9.18	7.7	0.1

注：* 代表显著性 $P < 0.01$，△ 代表显著性 $P < 0.05$；其他为显著性 $P \geq 0.05$，统计学意义差。

采用舒卡列夫水质聚类法编制了水质空间分布饼状图，如图 5.15 所示，主要特征有：①宿县矿区太灰水质总体上阳离子 $Na^+>Ca^{2+}>Mg^{2+}$，阴离子 $SO_4^{2-}>HCO_3^->Cl^-$；②宿南背斜邹庄、钱营孜矿太灰为 HCO₃-Na 型或 HCO₃·SO₄-Na 型，pH 值较大，灰岩水径流条件差，岩溶作用弱；③朱仙庄、芦岭、龙南和龙北矿阳离子占比较为一致，为 Na·Ca·Mg 或

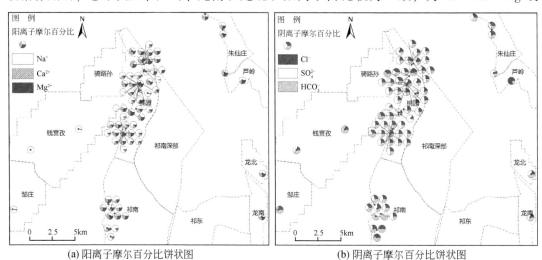

(a) 阳离子摩尔百分比饼状图　　　　　　(b) 阴离子摩尔百分比饼状图

图 5.15 宿南矿区太灰水阳离子和阴离子摩尔百分比空间分布饼状示意图

Na·Mg·Ca 型，阴离子占比差异大；④祁南矿太灰水质 HCO_3·Cl-Na、SO_4·HCO_3·Cl-Na·Ca·Mg 或 HCO_3·SO_4-Na·Ca·Mg 型；⑤桃园煤矿南、北区域阴离子组合 SO_4·Cl·HCO_3 型，较为一致；中部 SO_4^{2-} 或 HCO_3^- 占比增加；阳离子空间差异较大，说明水径流和岩溶发育不一致；⑥宿南向斜 TDS 值和 Ca/Mg 比值，自南向北均逐渐增大，说明灰岩含水层水自南流向桃园煤矿北部，北部为地下水排泄区域，岩溶发育条件较好。祁东和祁南煤矿 TDS 值和 Ca/Mg 比值较小，为地下水补给位置，岩溶发育条件较差（图 5.16）。

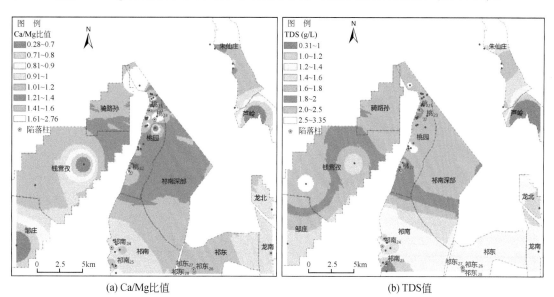

(a) Ca/Mg比值　　　　　　　　　　　　　(b) TDS值

图 5.16　宿南矿区太灰 Ca/Mg 比值和 TDS

　　分析前两个主分量 F_1 和 F_2 方差贡献率百分比分别为 50.53% 和 26.55%［计算式见式（5.1）和式（5.2）］，累积贡献率为 77.08%（图 5.17）。F_1 分量中 Ca^{2+}、Mg^{2+} 与 SO_4^{2-}

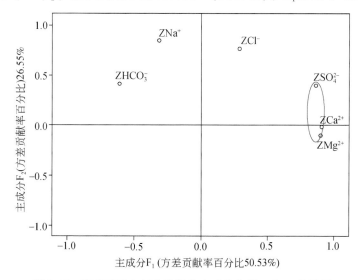

图 5.17　宿南矿区太灰水质组分主成分分析 F_1 和 F_2 关系图

较为一致，代表煤系黄铁矿氧化生成的 SO_4^{2-} 和 H^+ 增多，溶解性加强的结果 [式 (3.8)、式 (3.12) 和式 (3.13)]，岩溶较为发育；F_2 分量与 Na^+、Cl^-、HCO_3^- 正载荷值较高。Ca^{2+}、Mg^{2+} 与 HCO_3^- 分布位于 F_1 和 F_2 轴两侧，说明灰岩溶解后，在封闭或滞留状态下发生了阳离子交换和脱硫酸作用 [式 (3.9) ~式 (3.11)]。

$$F_1 = -0.097 \times Na^+ + 0.308 \times Ca^{2+} + 0.305 \times Mg^{2+} + 0.104 \times Cl^- + 0.296 \times SO_4^{2-} - 0.198 \times HCO_3^-$$
$$(5.1)$$

$$F_2 = 0.516 \times Na^+ - 0.003 \times Ca^{2+} - 0.055 \times Mg^{2+} + 0.469 \times Cl^- + 0.248 \times SO_4^{2-} + 0.25 \times HCO_3^- (5.2)$$

由图 5.18 分析，太灰含水层水 Na^+ 和 HCO_3^- 离子占比大的区域，F_1 值为负。祁南煤矿、祁东煤矿，钱营孜、芦岭和龙北煤矿区域 F_1 值为负，说明这些区域太灰含水层水位封闭滞留状态。F_1 值为正时，其值越大，岩溶作用越强。岩溶较强部位为桃园煤矿零采区和北八采区。

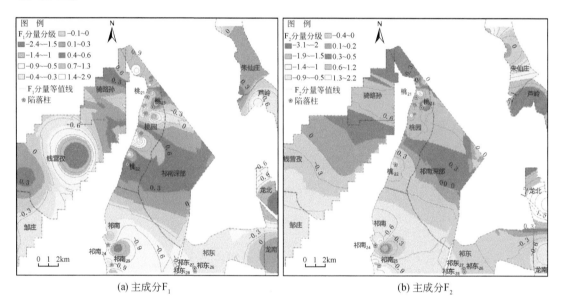

(a) 主成分 F_1　　　　　　　　　　　　(b) 主成分 F_2

图 5.18　宿南矿区太灰水质组分主成分 F_1 和 F_2 载荷等值线图

综合宿县矿区 pH 值、水化学特征、Ca/Mg 比值和 TDS 分析，祁东和祁南岩溶较弱，桃园煤矿岩溶较强。地下水从祁东流向祁南、祁南流向桃园煤矿，桃园煤矿北为矿区地下水主要排泄位置。

3. 桃园煤矿水文地质特征

桃园煤矿北部宿北断裂左行拖拽，发育走向 NWW、倾向 NNE，落差>400m 的 F1 和 F2 正断层。F1 断层为井田北部边界。F2 断层切割井田为南、北两个独立的水文地质单元，其北为北八采区。

（1）F2 断层的导水性具有侧向强、垂向弱特点。北八采区在 F2 断层上盘，与其下盘奥灰存在 "对口" 补给现象（图 5.19），奥灰水直接补给至上盘太灰，采动条件下，断层及以北北八采区处形成较好的人工排泄点。①未干扰条件下，F2 断层两盘太灰长观孔水位差大于 200m，说明两盘太灰含水层无沟通 [图 5.19，图 5.20（b）]。②北八采区太灰放水试验（2011 年）和桃园煤矿南区陷落柱突水时（2013 年），F2 断层下盘太灰 98 观 3 孔水位不变（甚至升高）[图 5.20（b）]，说明 F2 断层垂向不导水性。采区大巷直接推过 F2 断层，亦可证明该断层性质。

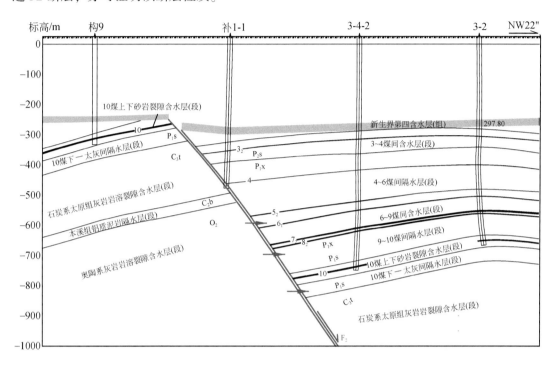

图 5.19 桃园煤矿 F2 断层两盘含水层对口示意图

（2）桃园煤矿太灰水位标高下降幅度差异较大，奥灰水位下降小（图 5.20）。迄今除 F2 断层上盘的北八采区各含水层水位较高外，其他采区太灰水位-240～-100m，北八采

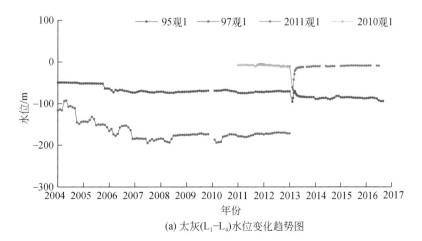

(a) 太灰(L_1-L_4)水位变化趋势图

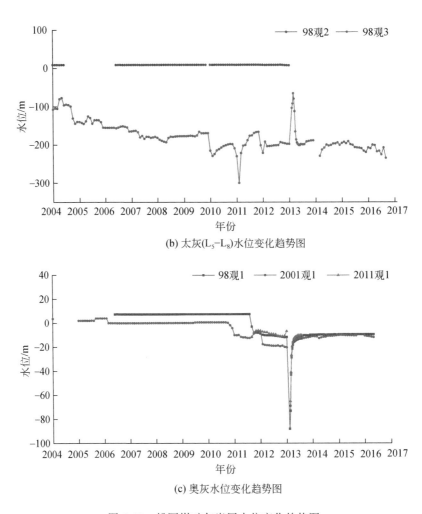

(b) 太灰(L$_5$-L$_8$)水位变化趋势图

(c) 奥灰水位变化趋势图

图 5.20　桃园煤矿灰岩层水位变化趋势图

区各含水层补给充足。奥灰水位差异较小，且较稳定。除桃$_{22}$突水后，奥灰水位下降 40 ~ 60m 外，其他时间降幅度小于 10m ［图 5.20（c）］。南三采区、北八和 II$_2$ 采区太灰高水位异常，对应桃$_{22}$和桃$_{23}$强充水陷落柱位置。

4. 桃园煤矿放水试验指示特征

由于桃园煤矿水文地质条件极复杂，分别于 2011 年 9 月、2014 年 7 月、2014 年 9 月和 2015 年 12 月，在北八采区、II$_2$采区、1035 采区和 II$_4$采区进行多次联合放水试验，分析桃园煤矿水文地质条件和各含水层水力沟通性。通过水位、水量、水质和微量元素测定等，确定太灰与奥灰沟通性差异明显，北八和 II$_2$ 采区沟通性强，1035 工作面和 II$_4$采区相对弱。奥灰地层间侧向补给与沟通性好，奥灰水径流条件强，处于现代岩溶发育中，富水性强。

若存在垂向构造体沟通太灰和奥灰水时，表现为太灰异常高水位和水质特征趋于奥灰水质，放水试验太灰水位和水质分析亦可指示该特征。以下从灰岩含水层水位和水质变化趋势进行分析。

奥灰含水层，北八采区形成人工排泄点，加强了奥灰水径流强度，奥灰水侧向径流表现在 F2 断层处下盘对口北八采区砂岩、煤系和太灰地层。1035 工作面和 II_2 采区具有太灰高水位，特别是 II_2 采区放水试验时，证明该处太灰与奥灰垂向沟通性强。II_4 采区放水试验观测孔 G_5 孔，在 1035 工作面放水试验时表现为正常太灰水位，与奥灰无沟通；在 15 月后表现为高水位，其发展成与奥灰沟通，说明奥灰地层现今岩溶作用强。同时，桃$_{22}$ 和桃$_{23}$ 均为下伏柱，未塌陷至煤系地层，其为现代岩溶陷落柱特点。以上均说明桃园煤矿现代岩溶作用发育好，具有现代岩溶陷落柱发育或活化条件。

1）水位指示特征

（1）灰岩含水层导水性平面空间上差异较大；桃园煤矿太灰与奥灰沟通性方面，北八和 II_2 采区强，1035 工作面和 II_4 采区较弱。奥灰含水层间沟通性好。

北八、II_2、II_4 采区和 1035 工作面放水奥灰水位降幅分别为 1.23~2.75m、1.08~1.73m、0.04~0.16m 和 −0.02~0.08m（图5.21，图5.22）。降幅大说明太灰与奥灰沟通性好，反之沟通性弱。如 II_4 采区奥灰降幅 0.04~0.16m，说明之间弱沟通；1035 工作面亦较弱。II_2 采区奥灰水位下降明显（图5.22），说明 II_2 采区太灰与奥灰垂向沟通性强。

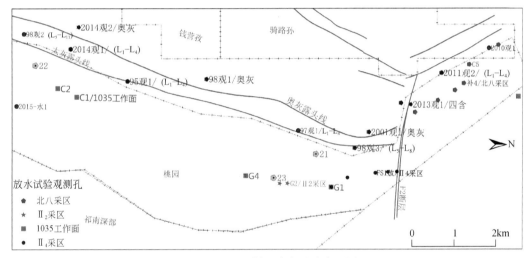

图 5.21　桃园煤矿放水试验布置图

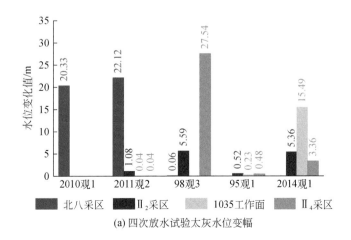

(a) 四次放水试验太灰水位变幅

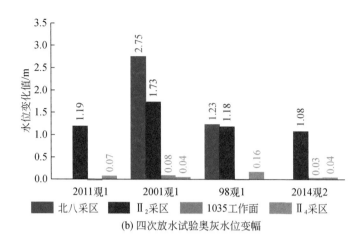

(b) 四次放水试验奥灰水位变幅

图 5.22　桃园煤矿放水试验灰岩长观孔水位变化

北八、Ⅱ₂、Ⅱ₄采区和 1035 工作面放水孔附近太灰水位降幅分别为 14～23m、2.04～41.84m、19.39～23.47m 和 42.85～204.08m。水位降幅大说明以静储量为主，水源补给弱，如 1035 工作面水位下降较快，但稳定缓慢；太灰放水期间，奥灰水位不变，说明太灰（L₁-L₄）含水层静储量水，补给弱，1035 工作面太灰与奥灰垂向沟通弱（图 5.22）。水位降幅小说明有水源补给强或含水层为强富水，如北八和Ⅱ₂采区。

放水试验结束后，太灰水位的恢复情况亦说明含水层的补给状态。Ⅱ₂采区水源补给充足，14 个小时时间内快速回升至初始水位。Ⅱ₄采区一周后恢复，Ⅱ₄采区太灰水位下降不大，恢复较慢，说明含水层富水性强，但补给能力有限（图 5.23）。

（2）桃园煤矿岩溶发育强。2014 年 7 月Ⅱ₂采区和 2015 年 12 月Ⅱ₄采区分别进行放水试验，太三灰水位观测孔 G₁ 和 G₅ 为同一钻孔，初始水位差异较大，分别为 -242.44m 和

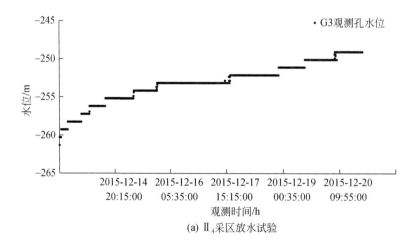

(a) Ⅱ₄采区放水试验

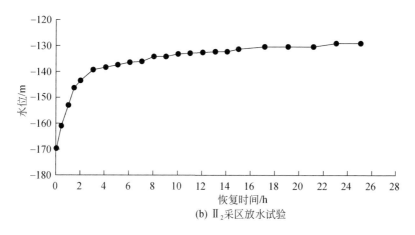

(b) II₂采区放水试验

图5.23 II₄和II₂采区放水试验太灰水位恢复趋势图

−133.04m，水位降深分别为2.04m和23.47m，说明该观测孔具有垂向逐渐沟通太灰和奥灰含水层的现象。II₄采区太灰放水存在水质逐渐靠近奥灰水质的现象。

桃园煤矿强充水性陷落柱均表现太灰高水位。桃₂₁—桃₂₃位置较近的太灰水位分别为−200m、−105m和−127m，由II₂采区的G₁（即II₄采区的G₅）观测孔水位变化特征分析，现代岩溶发育强，垂向上灰岩水在不断沟通中。

2）水质指示特征

北八采区：砂岩、太灰与奥灰水水质极为一致［图5.24（a，c，d）］。II₂采区太灰水亦受到了奥灰水的补给，表现为：①放水前，放水孔太灰高水位，为−18.29m；②水化学与奥灰水质特征一致；③太灰和奥灰水位同步升降，结束放水后恢复水位时间快。

桃园煤矿水质差异明显。通过水源判别聚类分析，欧氏距离D_E来表示：

$$D_E = d_{ij} = \left[\sum_{l=1}^{m} (x_{il} - x_{jl})^2 \right]^{\frac{1}{2}} \quad (5\text{-}3)$$

式中，l为样本指标数，$l=1$，2，…，m；i、j为样本序号；x_{il}、x_{jl}为样本各指标属性值。

该方法完成n个样本间距离d_{ij}，通过最邻近的G_p与G_q，形成新的高一级别类G_r；同原理继续重复以上过程至所有样本聚为一类为止。

桃园煤矿各含水层背景值表现为太灰和奥灰水特征较为一致，四含、砂岩与其他含水层水质差异较大［图5.24（a）］。桃园煤矿随埋深增加灰岩水TDS值变大；阴离子均以SO_4^{2-}比例最高。水质分析结果表明，北八采区砂岩［图5.24（c），表5.3］和太灰水［图5.24（d），表5.3］均与南部井田奥灰水质最为相近，进一步证明F2断层侧向对口补给。从水化学聚类分析，北八和II₄采区太灰水与奥灰水沟通性强，随着放水时间继续，II₄采区水质逐渐靠近奥灰水。亦进一步证明II₄采区处，具有与奥灰沟通的水源通道，为现代岩溶发育结果。

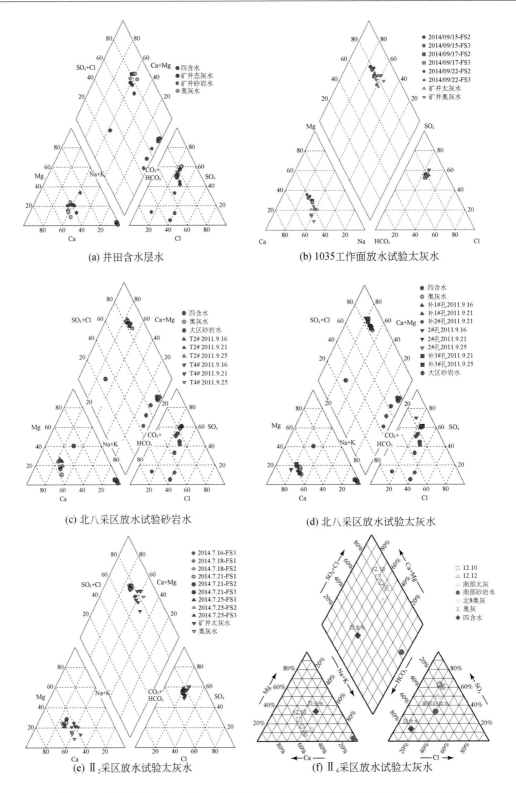

(a) 井田含水层水

(b) 1035工作面放水试验太灰水

(c) 北八采区放水试验砂岩水

(d) 北八采区放水试验太灰水

(e) Ⅱ₂采区放水试验太灰水

(f) Ⅱ₄采区放水试验太灰水

图5.24　桃园煤矿北八、Ⅱ₄、Ⅱ₂采区放水试验水质与井田各含水层水质对比图

表 5.3 桃园煤矿放水试验分采区水质及各含水层水质欧氏距离表

含水层	井田四含水	井田砂岩水	井田太灰水	井田奥灰水
北八砂岩水	1018.873	784.278	372.865	200.184
北八太灰水	1138.194	856.533	478.619	126.537
1035 工作面太灰水	668.970	573.950	156.540	507.160
Ⅱ₂采区太灰水	725.490	570.190	122.750	442.630
Ⅱ₄采区太灰水	606.603	458.828	300.900	185.006
井田四含水	0			
井田砂岩水	649.040	0		
井田太灰水	681.410	459.310	0	
井田奥灰水	1164.300	867.330	496.490	0

5. 桃园煤矿微量元素水文地球化学特征

水中微量元素综合反映地下水动力过程的水岩作用，指示含水层水的赋存条件。由于淮北煤田各含水层赋存于不同的岩层空间，岩层组成成分差异，以及各矿区地质构造的复杂性，致使各含水层水中的微量元素组合特征差异较大。在含水层沟通条件下，通常会发生溶滤作用、离子交换作用、氧化还原作用、混合作用等，因此通过含水层水中微量元素的特征和变化情况，分析含水层之间的动力条件和沟通特性，具有可行性（李佩，2015）。矿井南部砂岩、太灰和奥灰三个含水层中微量元素存在一定差异，其中太灰水与奥灰水总体差异较小，而与砂岩水差异较大［图 5.25（a）］。对比北八采区砂岩水与太灰水的微量元素［图 5.25（b）］，Cu、Ba、Be、Al、Cd、Co、Cr、Ga、Sb、Ce 等差异性较小。对比北八采区砂岩水与奥灰水的微量元素［图 5.25（b）］，亦存在较大的相似性。而北八采区砂岩水中微量元素与井田砂岩水的存在较大差异［图 5.25（b）］。北八采区灰岩水中微量元素与井田灰岩水也存在较大差异［图 5.25（c）］。由此判定，北八采区砂岩水不同于井田砂岩水，而与灰岩水中微量元素成分相近。北八采区太灰水质与井田太灰水不同，其受到奥灰水的补给。

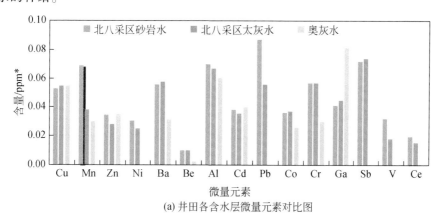

(a) 井田各含水层微量元素对比图

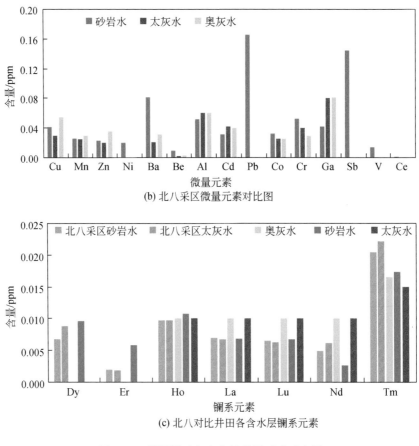

(b) 北八采区微量元素对比图

(c) 北八对比井田各含水层镧系元素

图 5.25　桃园煤矿各含水层微量元素对比图

＊1ppm = 10⁻⁶

　　综上，桃园煤矿煤系、太灰与奥灰水沟通性强，在各采区明显差异。北八采区，由于F2 断层对口，下盘奥灰直接补给北八采区煤系和太灰含水层，水位、水质差异小，均表现出沟通性。F2 断层以南，桃园煤矿Ⅱ₄、Ⅱ₂采区，太灰与奥灰水均表现出沟通性，特别是Ⅱ₂采区沟通性较强，奥灰水补给太灰含水层明显。1035 工作面太灰富水性弱，补给弱，与奥灰沟通性弱。桃园煤矿奥灰侧向水平流动与沟通性强，由于井下开采、向宿南向斜深部径流和 F2 断层对口至井田北部排泄，因此增加了奥灰含水层径流强度，促进现代岩溶发育，形成现代岩溶陷落发育条件。

5.3　淮北煤田岩溶陷落柱充水性控制机理

　　陷落柱揭露时充水与否，制约因素较多且复杂。不同发育阶段、水文地质条件的改变、柱体内充填物压实状况等均影响陷落柱充水性。通过对不同构造控制的陷落柱的构造演化期次、各含水层沟通性、柱体本身阻水效果、现代径流补给条件和地温场规律分析，将淮北煤田陷落柱划分为不充水型、边缘裂隙弱充水型和强充水型三大类型 4 小型，并研究各类型陷落柱充水模式及其控制机理。不充水和边缘裂隙弱充水型，均为古陷落柱，强充水型陷落柱均位于现代岩溶作用强的井田揭露，是现代岩溶作用的产物。

5.3.1　不充水型陷落柱控制机理

淮北煤田不充水型陷落柱发育受控于三类构造系统，主要分布于 3 个矿区及外围。主要发育部位有闸河矿区东部徐-宿推覆构造外来系统西缘倾向 SEE 逆断层上盘、濉肖矿区刘桥一矿陈集向斜轴附近东翼侧和祁南煤矿复合断裂构造位置等。

1. 推覆构造位置不充水型陷落柱

主要分布在闸河矿区及以东，推覆逆冲至地表，远高于地下含水层水位，与地下水源沟通被断开后死亡而不充水。

距离杨 16 陷落柱约 2.7km 处，揭露于青龙山逆断层上盘，淮北蔡里揭露陷落柱 1 个，出露地表［图 4.1，图 4.30（a）］。见于奥灰地层中，4m×6m，该陷落柱主要为角砾灰岩，分选和磨圆差，见大量钟乳石，表明形成时充水性较好，后期推覆地表，不充水。

同样出露于地表，在推覆构造体上覆系统，位于淮北市夹沟镇揭露一干燥陷落柱。该陷落柱位于距离杨 16 东南约 39km 处［图 4.1，图 4.30（a，c）］。其发育于寒武系毛庄组灰岩中，2m×6m。柱内组成为角砾状灰岩、砂岩，方解石胶结良好，分选和磨圆差，柱内胶结。根据歪斜角度和出露位置，陷落柱形成后由东至西推挤抬升出露于地表，不充水。

可见，闸河矿区东部灰岩出露，上覆煤系地层剥蚀，无煤炭开采，陷落柱研究虽不多，但陷落柱在推覆构造形成前，已经发育形成。闸河矿区，受徐-宿推覆构造影响较为深刻，其东以青龙山逆断层为界即为推覆构造上覆系统。闸河矿区在推覆构造形成同期受 EW 向层间滑动影响，表现为深部地层向西滑移，煤系地层被推挤至浅部，造成地层间错断和地下水位下降，使得前期岩溶作用消失，陷落柱死亡。袁庄揭露的两个陷落柱，埋深浅，胶结压实，揭露于太灰，陷落柱形成后受多期压应力推挤而压实，甚至错断陷落柱岩溶塌陷体根部，该类陷落柱不充水。

2. 向斜构造位置不充水型陷落柱

向斜构造控制型陷落柱，且不充水，典型发育于濉肖矿区的刘桥矿区（图 4.17）。刘桥矿区陷落柱不充水性受构造演化史、水文地质条件变化、形成时间与柱体阻水性、边界断层阻水性等控制。

1）刘桥矿区构造演化史

陈集向斜形成后，其后经历多期构造挤压，陷落柱形成时间长，边界断层和陷落柱经过长时间胶结、压实，形成天然的阻水断层或阻水塞子，隔断了含水层间的水力联系（薛晓峰等，2012；桂辉等，2017）。

（1）印支期水平主压应力为 NS 方向，形成 EW 向隆降构造系列 Y_1、EW 向逆冲断裂构造系列 Y_2 和 NNE30°~40°向左旋压剪断裂构造系列 Y_3（刘桥、土楼、谷小桥及黄殷断层等），此时系列 Y_3 含充水性强。同时形成与 NNE 向剪切断裂共轭关系的 NWW 走向的断

裂构造系列 Y_4。

（2）印支期—早燕山期，由于郯庐断裂带大型左行平移和刘桥矿区北侧丰沛隆起（Y_1）由北向南的反向推挤，本区自北向南主压应力由 SE 转变为 SEE 向，形成陈集向斜、土楼背斜、黄殷背斜等 NNE 向褶皱系列 Z_5，和 NNE 走向逆冲断层系列 Z_6。该期 NNE 向构造系列 Y_3 转变为压性断层，同时左行平移，裂隙闭合，含、充水性变弱；并切割早期 EW 向构造系列 Y_1。Z_5 局限于其南北的 EW 向褶皱 Y_1 系列范围内（南北分别为宿北断裂和废黄河断裂），Z_6 主要发育在东部徐-宿推覆构造上覆系统内，刘桥矿区在其下伏系统西部外缘带。

（3）晚燕山期（四川期），受 NNE-SSW 向挤压应力，形成倾向 NNE 逆冲断层系列 W_7（如孟口断层）、NNW 方向褶皱系列 W_8（如刘桥向斜、孟口向斜、小城背斜、丁河向

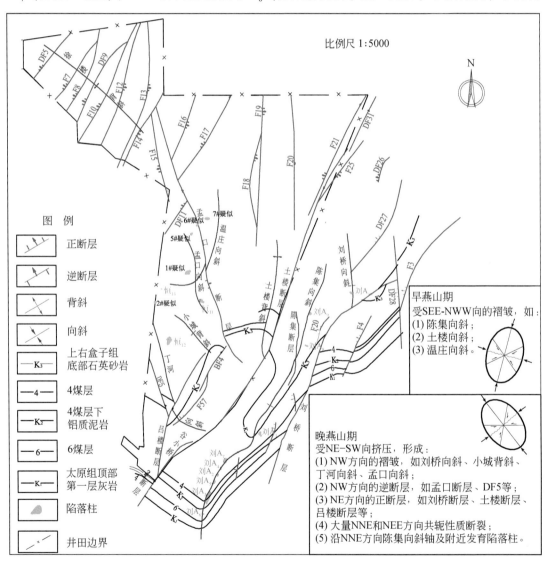

图 5.26　刘桥区块构造纲要和构造应力作用分析图

斜）和近 NS 向剪切性质断层系列 W_9 等。该期温庄向斜（系列 Y_1）发生扭曲，被新生成的孟口断层（系列 W_7）切割。四川期 EW 向拉伸活动，使得早期 NNE（系列 Y_3）及近 SN 向断裂（系列 W_9）活化，并出现右型走滑。如 NNE 向吕楼断层右行走滑错断丁河向斜。

由于 NNW 向逆断层（系列 W_7）和 NNE 断层（系列 Y_3 和 W_9）右型走滑活化，破碎带松散，压实和胶结程度较差，是刘桥矿区主要的含充水通道。

刘桥矿区陷落柱发育于系列 Z_5 和系列 W_8 形成以后，受该两期系列构造控制明显（图5.26）。系列 Z_5 控制发育的陷落柱时间较早，如刘 A_1—刘 A_7 陷落柱，均不充水，受控于 W_8 系列的陷落柱相对时间较晚，但其绝对压实时间亦较久远，因此也不充水或弱充水。

2）地下水径流条件变化

刘桥矿区揭露的陷落柱柱体胶结紧密，为刘桥断层阻断其东侧灰岩补给水源，陷落柱缺水而不充水，胶结压实，增加了柱体的阻水能力。刘桥断层垂向上不导水，TEM 探水分析，深部电阻减小，具有一定的渗透性和含水性，南端浅部阻水效果好，其自南而北渗透性增加（张永泰等，2006）。

3）柱体内压实程度高，阻水效果好

（1）柱体内压实程度高，工作面回采时多直接推过，说明奥灰顶—6 煤（4 煤）柱体起到阻水塞子的作用。太灰和奥灰水位差大（图5.27），及刘一放水试验，均证明太灰和奥灰地层间水力联系较弱，无垂向地质构造体沟通。刘桥一矿 6 煤—L_1 灰岩隔水层厚度 41.09～81.15m，均厚为 57.18m，包括 15～32m 海相泥岩，隔水效果较好；恒源煤矿隔水层厚度为 42.50～69.82m，平均为 53.70m。刘一 4 煤和 6 煤—L_1 灰岩的泥岩与砂岩厚度比分别为 3.3 和 1.72，该岩层组合性质，增加了阻水强度。

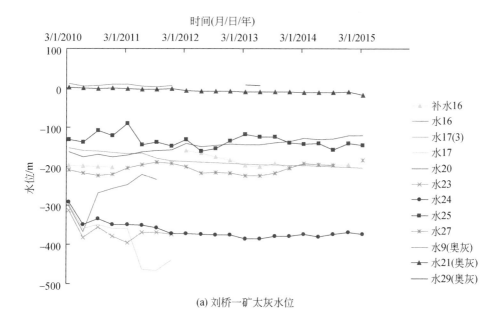

(a) 刘桥一矿太灰水位

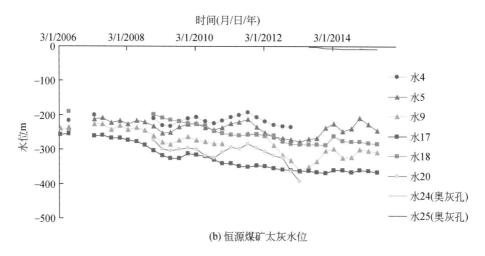

(b) 恒源煤矿太灰水位

图 5.27　刘桥一矿和恒源煤矿灰岩含水层长观孔水位变化趋势图

（2）混合岩溶溶蚀作用弱。刘一奥灰和太灰水质为：HCO_3-Ca·Mg 和 SO_4·HCO_3-Ca·Mg型，煤系砂岩水质 HCO_3-Na·K 型。太灰水中 CO_2 平均含量较高，因四含、太灰和奥灰水未出现明显构造体沟通，现阶段混合溶蚀作用条件较差，不利于奥灰的溶蚀及陷落柱渗透活化。

3. 断裂构造位置不充水型陷落柱

宿南向斜内共揭露8个，其中祁南和祁东的5个不充水，均为古陷落柱。祁南陷落柱由断裂构造控制，后期松散层盖层后，现今埋深较大，地表水体补给条件差，灰岩地层富水性弱，邻近陷落柱断层阻水效果好，底隔厚度大。

1）祁东和祁南矿为古陷落柱，灰岩地层富水性较弱

（1）从祁东和祁南矿陷落柱揭露特征来看，柱体压实，充填物泥岩、砂岩、煤和铝质泥岩等。陷落柱揭露层位 7_2~10 煤，祁东煤矿陷落角 30°~70°，形成时间久远。

（2）祁东煤矿最大水平与自重应力比平均为 1.44，该最大水平主应力为 NE-SW 向，与推覆构造体系水平应力方向一致。现今应力场不利于岩体的陷落（吴俊松等，2004）。

（3）底煤—太灰顶隔水层厚度和组合性质稳定，具有较好的阻水效应。隔水层越厚，强富水、高压水难以渗透，有效地发挥了阻水、堵水效应，导（突）水风险较小，反之底隔厚度薄弱，陷落柱充水性增强。

祁东煤矿底隔厚度 51.35~77.57m，平均为 64.34m，本溪组铝质泥岩隔水层厚度为 10.65m，隔水性能良好（图 5.28）。

2）灰岩含水层水补给条件较差，祁东和祁南揭露的陷落柱钻孔富水性弱（图 3.24），灰岩弱富水条件下，陷落柱不充水

①钻孔出水量均较小，祁南矿探查孔 L_1-L_2 灰岩平均≤5.0m^3/h，L_3-L_4 灰岩出水量稍大，仅达 5m^3/h。②祁东煤矿南断层落差达330m的魏庙断层，将南部灰岩露头处补给的

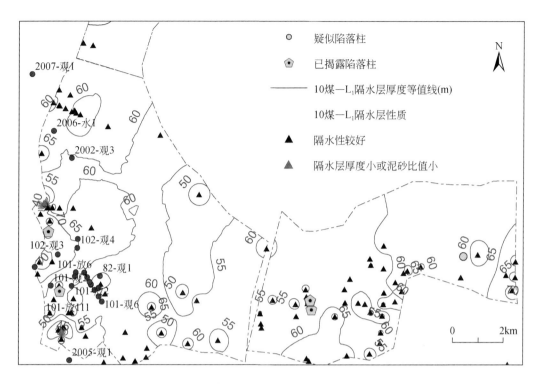

图 5.28　祁南煤矿和祁东煤矿底隔厚度与性质

地下水阻断。③祁东煤矿和祁南煤矿，地层较桃园煤矿平缓，地下水径流动力条件弱。④祁东煤矿断层构造阻水效果好，将含水层水阻断于断块之间，地下水封闭滞留。如祁东煤矿 F1、F2 和 F25 正断层，均不导水、不富水，q 为 $0.0006 \sim 0.0085 \mathrm{L}/(\mathrm{s} \cdot \mathrm{m})$，$K$ 为 $0.0009 \sim 0.0066 \mathrm{m/d}$。

5.3.2　边缘裂隙弱充水型陷落柱控制机理

柱缘裂隙弱充水陷落柱表现为柱体压实，柱缘裂隙滴水、淋水，主要为陷落柱靠近断裂或褶皱构造裂隙带位置，构造裂隙带范围内含水层沟通陷落柱柱体围岩裂隙，为构造裂隙带沟通各含水层弱充水型。

刘 A_8 和刘 A_{10} 陷落柱弱充水，表现为灰岩含水层高水位和砂岩水化学异常（图 5.29），陷落柱弱充水与其刘桥向斜与陈集逆断层弱导水性有关。

刘桥断层北部埋深大，导水性强于南部。从水位、瞬变电磁、钻孔验证及刘桥向斜轴部水化学综合证明。深部 A_8 弱充水，其受控于陈集逆断层和刘桥向斜构造。

刘桥断层在深部上盘导水性增强。刘一北翼深部地面 TEM 探查，刘桥断层两盘裂隙发育，富水性好，在局部地段与奥灰岩溶水沟通。抽水试验，刘桥断层渗透性自南向北具变大趋势。刘桥断层两盘水位差为 $-183.64\mathrm{m}$。太灰和奥灰水位差约 $100\mathrm{m}$，说明断层垂向上、水平方向上均是隔水的。抽水试验刘桥断层，断层不导—弱导水（表 5.4）。

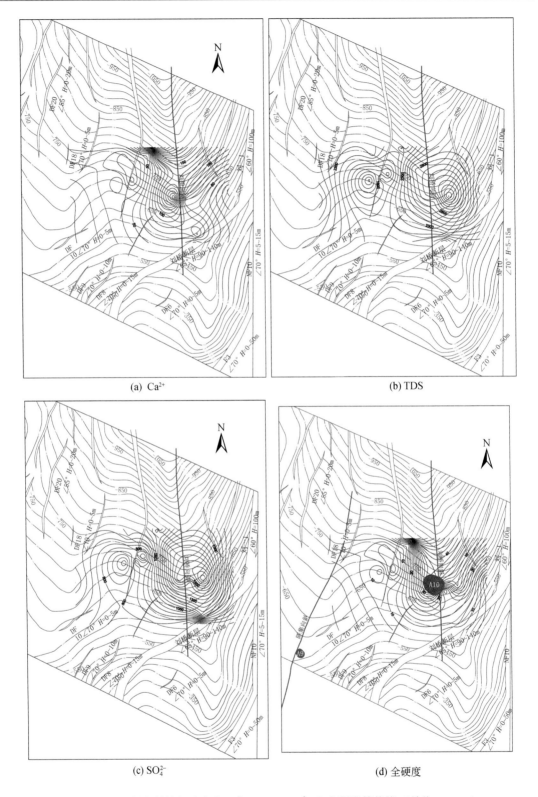

(a) Ca²⁺

(b) TDS

(c) SO₄²⁻

(d) 全硬度

图 5.29　刘桥向斜轴部砂岩水 Ca²⁺、TDS、SO₄²⁻ 和全硬度等值线（单位：mg/L）

表 5.4　刘桥一矿断层抽水成果

孔号	标高/m	终孔深度/m	埋藏深度/m		厚度/m	静止水位/m	单位涌水量/[L/(s·m)]	渗透系数/(m/d)	水温/℃
			起	止					
9-2	31.80	420.04	256.40	312.00	18.90	4.13	0.0032	0.0115	16.5
补6	31.04	214.18	139.80	164.54	24.74	17.97	0.00082	0.0026	
Ⅱ$_1$	31.51	424.72	375.50	418.81	20.86	15.77	0.157	0.859	21
水6	31.35	302.26	230.90	271.95	38.95	16.76	0.0037	0.0085	22.5

刘桥向斜西翼，水化学异常，各含水层间有水力联系。煤系出水点 Ca^{2+}、TDS、SO_4^{2-}、和全硬度等值线（图 5.29），对称于刘桥向斜出现高值中心。说明刘桥向斜轴部及附近灰岩水补给至砂岩地层。

5.3.3　外循环强充水型陷落柱控制机理

地下水径流强度大，是现代岩溶发育的主要原因之一，一旦发现陷落柱，多为强充水型陷落柱。桃园煤矿和朱庄煤矿陷落柱均为强充水型，为外循环充水模式，均为隐伏陷落柱充水型。

桃园煤矿现代岩溶作用强，揭露的陷落柱具有强充水性，主要原因有：宿县矿区水流从祁南、祁东、邹庄等煤矿向桃园煤矿径流，并向北排泄，径流条件好；陷落柱揭露位置灰岩地层富水性强（图 5.30）；桃园煤矿下组煤底板隔水层性能差异等（陈耀杰，2015）。

桃园煤矿底隔厚度和性质差异性较大，强充水陷落柱表现为导水特征（Gui et al.，2017）。桃园煤矿隔水层厚度和岩层组合特征井田范围内差异较大，统计钻孔 27 个，选取底隔厚度小于 45m 或底隔岩层组合泥岩/砂岩小于 0.9，为底隔隔水性能弱（图 5.31，红色三角形所示钻孔）。桃园煤矿总体上底隔阻水性能差、突水系数大。如强充水陷落柱桃$_{23}$，距离其较近的 04-4 孔和 08-2 钻孔，平距分别 134m 和 292m，10 煤—L$_1$ 灰岩隔水层厚度分别为 61.8m 和 18.08m。04-4 孔泥岩/砂岩、泥岩/（砂岩+粉砂岩）分别为 0.668 和0.496，均小于 0.88。08-2 孔泥岩/砂岩虽然较大为 1.723，但其隔水层总厚度仅 18.08m。

桃园煤矿 10 煤—L$_1$ 底板隔水层为砂岩泥岩互层组合结构，泥质岩石所含比例较小，一般为 30%；中砂岩含量较高，占 30%～60%。桃园煤矿北八采区、Ⅱ$_4$采区、Ⅱ$_2$采区隔水层差异明显，泥岩/（砂岩+粉砂岩）均值分别为：0.121、1.204 和 1.066。

桃园煤矿底隔性质：①桃$_{21}$和桃$_{22}$所在位置底隔隔水性能较好，桃$_{23}$处集中分布底隔性能弱钻孔。②桃$_{23}$处突水系数大于 0.10，桃$_{21}$处突水系数小于 0.07。③通过叠加Ⅱ$_2$采区 10 煤底板小断层，在断层 160m 缓冲区范围内，隔水性能差，且突水系数值大于 0.1，桃$_{23}$外，仍判定另外两处。④桃$_{23}$为下伏型陷落柱，无上覆泥质塌陷物充填压实过程；同时位于现代岩溶强径流带。在底隔性能差、突水系数大情况下，具强充水性。⑤桃$_{21}$为发育至7～8 煤的古陷落柱，其位置底隔厚度较大，突水系数均小于 0.7，柱体胶结压实。

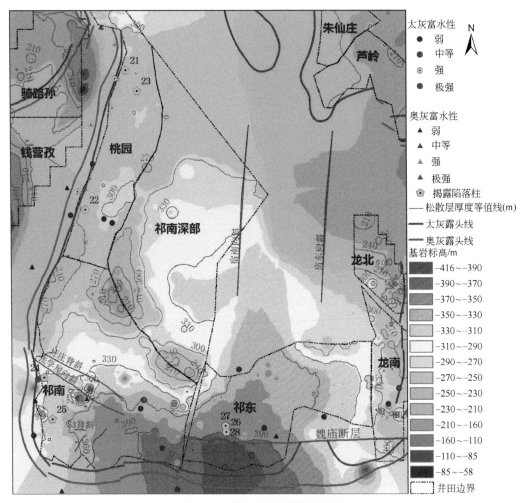

图 5.30　宿南矿区陷落柱位置图

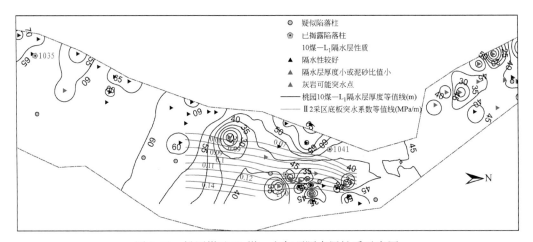

图 5.31　桃园煤矿 10 煤—太灰顶隔水层性质示意图

放水试验结果表明，桃园煤矿太灰含水层在不同采区与奥灰的沟通性强弱差异明显，Ⅱ$_2$和北八采区强，而Ⅱ$_4$采区和 1035 工作面弱。F2 断层使桃园煤矿南区奥灰对口至北区太灰地层，奥灰水具有人工排泄和构造排泄条件，加强奥灰水的径流强度，现代岩溶发育条件好，因此揭露强充水陷落。

5.3.4　内循环强充水型陷落柱控制机理

陈尚平（1993）、王经明等（2007）、葛家德和王经明（2007）等通过对淮北、永城矿区及全国一些矿区陷落柱的发育研究发现，陷落柱发育是由于地热异常造成的结论，提出"内循环"成因岩溶与陷落柱发育模式（图 5.32）。这种循环往往发生在地热异常的封闭断块内部。

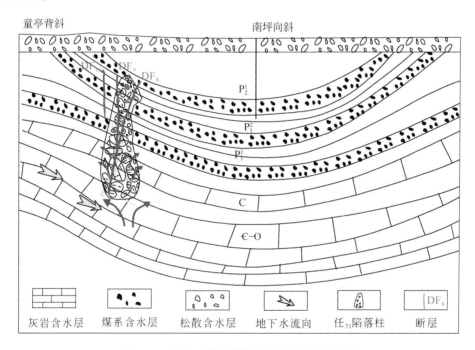

图 5.32　热液内循环岩溶陷落柱的发育示意图

地热高异常，促进水岩作用，形成的热液成分具有极强的腐蚀性，同时可以从深部带来或生成丰富的 CO_2 源，以上两点均可促进溶蚀作用。闭合（封闭）对流运动，增加了奥灰地层的孔隙性，加大了接触面积，进而进一步加强了溶蚀的过程（Ma et al.，2009；Gui and Xu，2017；Balsamo et al.，2020）。洞穴不断扩大，后期重力作用等致塌条件下，四壁或顶板垮落、崩塌，填充压实，形成陷落柱。塌落的煤系地层中的硫化铁矿物，在地下水作用下被氧化而生成 H_2S 和 SO_4^{2-}，极大地增加水的酸性，又促使岩溶洞壁的溶蚀作用加强，洞穴增大，进一步塌陷。

任楼煤矿强充水陷落柱，具有热液岩溶内循环发育特征。如任$_{31}$陷落柱，奥灰埋深 1070m，揭露时柱内钻孔注浆、掉钻、串浆等情况差异明显。同一个钻孔，不同深度岩溶发育程度表现不同。陷落柱为柱体半充实状态，且正在岩溶的强充水陷落柱。柱内揭露沟通工作面和奥灰含水层的构造断裂 3 条，地温梯度高达 3.7℃/hm，热液岩溶作用明显，为内循环强充水型陷落柱。

5.4　本 章 小 结

（1）针对淮北煤田灰岩地层沉积特征、构造控溶、径流场和地温规律等研究，分析了陷落柱与向斜轴、断裂构造、推覆构造、地表水系、地下水现代径流等关系，划分了 6 种主要岩溶陷落柱发育模式。

（2）淮北煤田岩溶陷落柱典型发育模式有岩溶接触带型、向斜构造控制型、断裂构造控制型、现代强补给外循环岩溶发育型和强径流排泄外循环岩溶发育型、现代内循环岩溶发育型。

（3）陷落柱的发育模式，其根本为灰岩地层的岩溶发育模式。决定岩溶发育的条件有补给水源、水动力条件和优势岩溶通道。断裂构造、向斜轴部裂隙发育地带等作为地下水流的良好通道，是岩溶作用和陷落柱发育的关键。因此，揭露的陷落柱发育的地下水水源补给方式和其发育的构造位置，是陷落柱发育模式研究的依据。

（4）根据淮北煤田陷落柱充水性，结合陷落柱位置现代径流条件、构造特征、地温等，将陷落柱划分为三大类型 7 小型，为不充水型、柱缘裂隙弱充水型和强充水型三类。根据不充水类陷落柱所处位置，与构造系统的关系，将其分为 3 小型，分别为推覆构造推挤型、向斜构造控制型和断裂构造型控制。柱缘裂隙弱充水型陷落柱为古岩溶陷落柱柱缘构造裂隙带沟通各含水层，均为柱体不充水型边缘裂隙弱充水。强充水型分为强径流外循环型和高地温内循环型 2 型，其中外循环型可以进一步划分为 2 小型。

（5）充水性较强的陷落柱，主要受控于现代强径流条件或高地温条件。表现为灰岩含水地层高水位、灰岩层段溶孔洞发育和岩心破碎、灰岩含水层富水性强等特点。

（6）形成期次较早的陷落柱，经历多期构造挤压的陷落柱多被压实，胶结较好，且地下水条件改变，揭露多为不充水。外循环控制型陷落柱为正在发育中的，现代岩溶形成，淮北煤田揭露的陷落柱柱顶均未发育至下组煤层，为下伏或隐伏柱。内循环控制型，主要揭露于任楼煤矿，为古陷落柱活化型，柱顶层位 8_2 煤底—新生界松散层。

（7）明确了同一煤矿范围内陷落柱充水性差异的控制机理。宿南矿区内陷落柱充水性差异明显，表现为灰岩水质和水位异常，为陷落柱所在位置现代地下水径流条件差异所致。从水化学主成分、微量元素分析，祁南煤矿和祁东煤矿水化学特征表现为滞留环境，桃园煤矿北为排泄地带，水径流条件好，表现为高水位、钙镁比值大、TDS 值大等特征。宿县矿区多为古陷落柱，桃园煤矿北为宿县矿区重要排泄位置，地下水径流条件好，灰岩含水层富水性强，现代岩溶正在发育中，因此揭露的陷落柱包括柱缘裂隙弱充水型和强充水型。宿县矿区南部的祁东和祁南矿地下水向北部桃园煤矿方向径流，古陷落柱所在位置径流条件和富水性均为弱—中等，因此揭露的陷落柱不充水。

（8）陷落柱充水性受断裂构造控制明显。①阻水断层控制充水型。祁南煤矿受阻水断层影响，加快局部地段地下水径流，在浅部裂隙构造发育部位形成陷落柱。②阻水断层控制陷落柱水文地质边界条件，致使已形成的陷落柱演变为不充水性质陷落柱。刘桥矿区陷落柱受其东侧阻水效果较好的刘桥断层控制，灰岩含水层地下水补给条件受限，均为不充水或边缘裂隙弱充水。祁东煤矿揭露的陷落柱由于魏庙断层隔断灰岩岩层水源补给，同时位于现代径流弱径流带或滞留区，无充水条件。因此，陷落柱发育和充水性与阻水断层关系密切，是研究的关键点之一。

第6章　淮北煤田岩溶陷落柱空间位置与充水性预测

淮北煤田陷落柱空间发育及其充水性与向斜构造、断层构造、地下水径流条件、地温、灰岩含水层富水性、含水层水压等关系密切，不同矿区和煤矿陷落柱具有不同的发育模式与控制因素。

以任楼煤矿、朱庄煤矿和刘桥矿区深部为例，研究内循环控制型发育模式、裸露型外循环控制岩溶发育模式和向斜构造控制型发育模式下，陷落柱的空间发育位置及充水性的控制因素与定量特征分析，建立决策树分级归类法完成任楼煤矿空间位置和充水性预测，单因素分级赋值模糊综合预测法完成朱庄煤矿和刘桥矿区深部陷落柱空间位置和充水性进行预测。结合三个煤矿或矿区陷落柱揭露实际，对比生产实际资料，验证陷落柱空间发育模式和充水性控制机理。

预测研究采用地理信息系统（GIS）的数据转换和提取、空间叠加、加权综合、多级决策、分级制图等功能完成。GIS 具有编辑与数据管理、缓冲分析、分级评价、栅格数据处理、水文分析、多指标数据空间叠加复合、评价预测等功能，被广泛地用于地学的各个行业和领域，如煤矿地下水库容计算、灾害预测、信息管理、地表水系提取等各领域（刘春梅，2013；姚炳光和周维博，2017；种丹，2019）。

ArcGIS 软件是一个可以收集、组织、分析、传播和分发地理信息的完整系统，为一款可伸缩的用户平台。由于煤矿突水具有的空间性、复杂性、动态性，预测结果还须包含图形和数据表达，而 ArcGIS 有强大的空间数据处理、运算及分析性能，并能生成结果图像，因此将地理信息系统引入到煤矿数据分析与预测的研究中，有利于复杂问题的解决（武强等，2011；范书凯，2012；孟文强，2012；Wu et al.，2016；刘德民等，2019）。

6.1　淮北煤田陷落柱发育控制特征

淮北煤田岩溶发育经历了多次构造演化过程，地下水补径排条件随之改变。无论是半埋藏期岩溶，还是现代局部裸露埋藏期岩溶，灰岩地层岩溶强度，受到地表水源、补给优势裂隙通道、水动力场条件等控制（图 3.7）。统计淮北煤田陷落柱位置与古河道、现代水系、距离断裂构造线距离、距离向斜轴部距离、现今地温场特征值，建立典型陷落柱发育模式的预测方法，完成陷落柱的空间位置和充水性预测。

6.1.1　陷落柱发育古河道控制特征

淮北煤田新生界松散层沉积前，煤田经历多期构造运动，各地层基岩面均有裸露，地形起伏较大，在地表形成古水系条件。汇总淮北煤田基岩标高钻孔 1868 个，克里金插值完成古地形栅格图，完成三维立体渲染图（图 2.7），并完成水文分析。采用 ArcGIS 水文分析等功能，完成构造岩溶期（古基岩面裸露期）地表水系、流域、地形起伏特征的信息提取，用以恢复淮北煤田新生界松散层覆盖前，地表水流的特征，对应地表水流位置与地下水补给的关系，研究古径流位置与现代地层富水性的关系，分析古水系条件对岩溶发育的作用。

1. 淮北煤田古水系河道恢复

灰岩地层露头位置多为接触型岩溶发育模式。若灰岩露头与低洼位置一致或接近时，则更有利于岩溶发育。首先，低洼沟谷处为古径流带位置，汇水后地表水源丰富，该位置有利于水流垂直下渗（Wei et al., 2018）。其次，低洼古径流带位置，往往是断裂构造发育的对应位置，其附近岩层破碎裂隙较多。因此，低洼河谷径流部位，是灰岩地层地下水水源和 CO_2 补给重要通道，有利于河谷下深部岩溶发育。通过淮北煤田基岩标高数据，恢复松散层沉积前古地形和古河道，确定古河道径流路径，研究陷落柱空间发育位置与其关系。

采用基岩标高插值恢复宿县矿区的古地形，ArcGIS 水文分析恢复古河道径流带（图 6.1～图 6.3）。

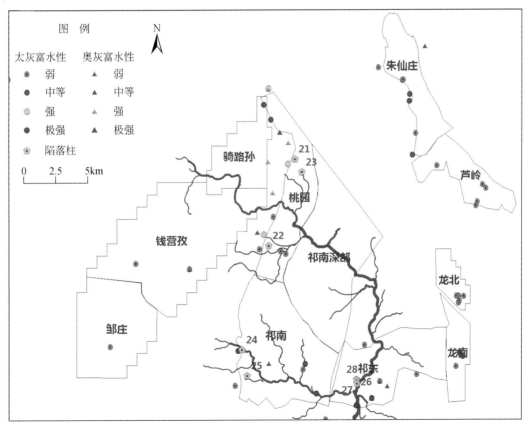

图 6.1　宿南矿区古河道恢复图

1）宿县矿区古地形与古河道恢复

宿县矿区古地形起伏较大，多处断裂和凹陷。宿南向斜内东、西两侧高耸，北高南低的古地形，径流强烈。宿南矿区新生界底部沉积物的沉积相为长条带状，NW-SE向的古河道处水体下渗（图6.1），是下伏含水层重要的水源补给，控制着岩溶作用的位置。

2）濉肖-闸河矿区古地形与古河道恢复

濉肖-闸河矿区基岩面标高，东部闸河矿区高于西部濉肖矿区，杨庄煤矿、朱庄煤矿北、东、南三面标高约0m，西部地势较低，松散层沉积前地面水流从东往西汇流至濉肖矿区的刘桥分矿区，最终流入卧龙湖煤矿。古河道显示，濉肖矿区和闸河矿区的陷落柱均分布于古河道附近（图6.2）。

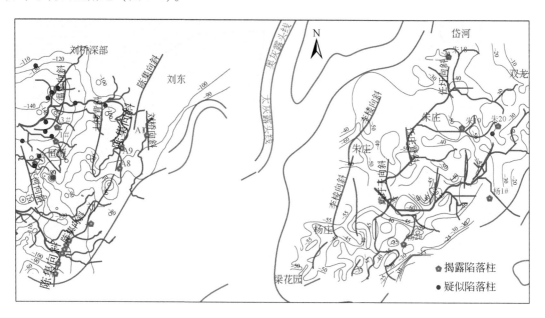

图6.2　濉肖-闸河矿区基岩标高等值线和古河道恢复图（单位：m）

刘桥一矿古地势相对恒源、朱庄、杨庄煤矿平坦，基岩标高等值线相对稀疏。刘一的10个陷落柱均位于陈集或刘桥向斜轴附近，恒源煤矿的3个陷落柱距离向斜较近。刘 A_3 陷落柱位置，古河道平行于向斜轴，平距约140m，该陷落柱为本矿发育规模最大的陷落柱（长轴350m，短轴105m）。刘 A_2 和刘 A_5 处，古河道与陈集向斜大角度相交，地表径流水很好地在相交处，下渗补给至向斜轴底部，并沿着向斜轴往深部径流，该部位自浅部至深部集中发育刘 A_5、刘 A_2、刘 A_4、刘 A_7 4个陷落柱。

3）临涣矿区古地形与古河道恢复

除许疃、赵集勘探区有明显凹陷外，古地形总体平坦，地下水径流条件微弱，不利于岩溶的发育。临涣矿区四周均为区域性大断裂，致使矿区与外界水力联系微弱。

临涣矿区以童亭背斜为界，东西两翼古河道均为自北而南，最终汇入许疃、赵集处。任楼煤矿陷落柱分布于古河流汇流处（图6.3）。

任楼煤矿 4 个中等及以上富水钻孔，其中有 3 个位于揭露陷落柱附近；其中强富水钻孔水$_{23}$孔为任$_{31}$验证孔，富水性强，水位高于本矿井其他钻孔。

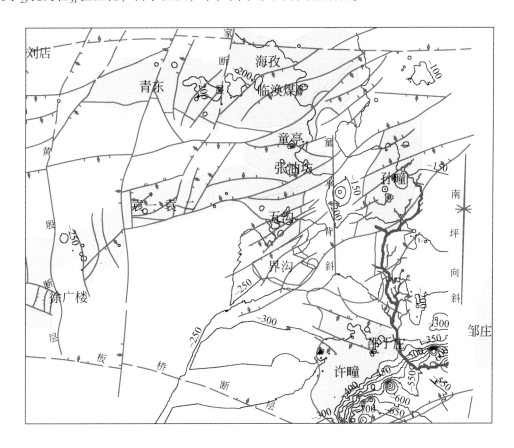

图 6.3　临涣矿区基岩标高等值线和任楼煤矿古河道恢复图（单位：m）

2. 陷落柱距离古河道最邻近距离特征

揭露的 32 个陷落柱距古河道距离均值为 203.6m，距古河道距离小于 200m 的有 18 个。

距离古河道越近，表现出规模越大的特点。如图 6.4（a）所示，刘桥一矿浅部刘 A$_3$ 和刘 A$_7$规模较大，除距离古河道和向斜轴均较近外，刘 A$_3$处古河道与向斜轴线一致，地表入渗水加强了向斜轴部地下水的径流强度。深部刘 A$_8$ 和刘 A$_{10}$ 亦具有该规律，两柱距离古河道距离较近，规模大于刘 A$_9$陷落柱。同样，桃园煤矿、祁东煤矿距离古河道较近的两个陷落柱规模均较大。

6.1.2　陷落柱发育现代地表水补给特征

利用 ArcGIS 的 near 功能，统计陷落柱中心点位置距地表水系河道距离值。距离值由

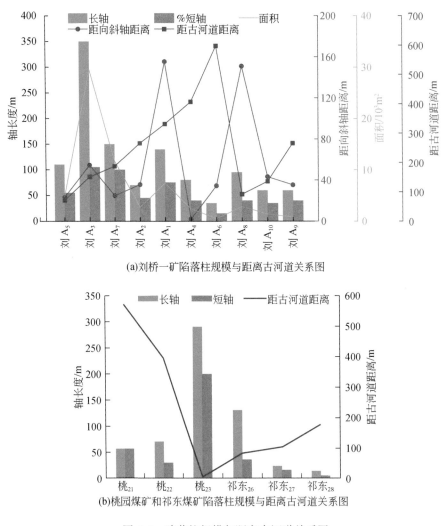

(a)刘桥一矿陷落柱规模与距离古河道关系图

(b)桃园煤矿和祁东煤矿陷落柱规模与距离古河道关系图

图6.4 陷落柱规模与距离古河道关系图

近及远的陷落柱分别为祁东$_{28}$、朱$_{19}$、祁东$_{27}$、祁东$_{26}$、刘 A$_8$、任$_{31}$、朱$_{20}$、刘 A$_9$、任$_{29}$、杨$_{16}$，在 198.4~548.6m 范围 [图 5.13，图 6.5（b）]，其中强、弱和不充水陷落柱分别有 3、2 和 5 个，地表水与地下含水层间存在较厚的松散层沉积层，其下渗至地下含水层条件有限，但是对于松散层厚度较薄或灰岩裸露位置，地表水补给地下水条件较好，如朱庄煤矿。

6.1.3 陷落柱发育断裂构造控制特征

利用 ArcGIS 的 near 功能，统计陷落柱中心点位置距其最邻近的断裂构造线的距离值，断裂构造对于陷落柱的充水性影响较为明显。距离值小于 53m 的有任$_{31}$、桃$_{23}$、刘 A$_8$、桃$_{22}$和朱$_{20}$，除刘 A$_8$弱充水外，其他四个均为强充水，且附近断层均为 2 条以上。图 6.5

（c）中，淮北煤田揭露的强充水陷落柱，除任$_{30}$距离断裂构造较远外，其他强充水陷落柱附近均有断裂构造发育，距离值为 20.9 ~ 71.7m，均值 49.1m。

6.1.4　陷落柱发育向斜构造控制特征

统计淮北煤田揭露陷落柱距最邻近褶皱轴线距离 ［图 6.5 （d）］，刘桥矿区陷落柱发育受褶皱构造影响明显，刘桥一矿的 10 个陷落柱，距离向斜轴向距离 2.1 ~ 155.3m，均值 55.9m，其次为恒源煤矿的 3 个陷落柱，距离向斜轴向距离 275.2 ~ 541.4m，均值 370.7m。闸河矿区的朱庄和杨庄煤矿相比较于南部宿县矿区陷落柱和任楼煤矿陷落柱，距离褶皱构造线亦较近。

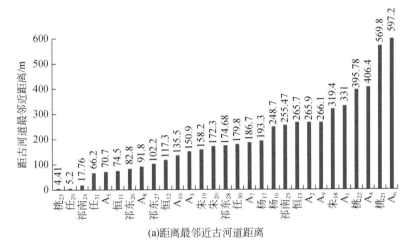

(a)距离最邻近古河道距离

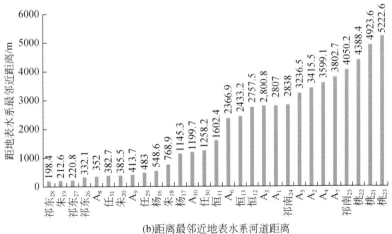

(b)距离最邻近地表水系河道距离

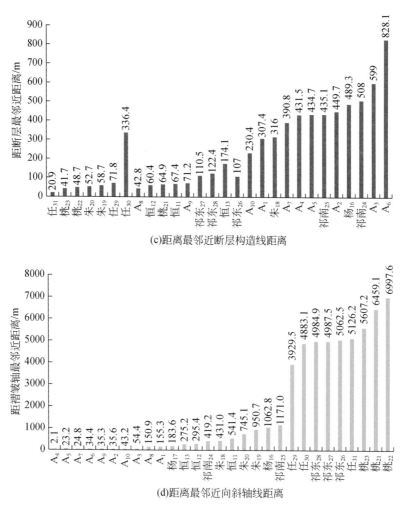

(c)距离最邻近断层构造线距离

(d)距离最邻近向斜轴线距离

图 6.5　淮北煤田陷落柱最邻近褶皱轴、断层、古河道、水系距离

6.1.5　陷落柱发育地温场控制特征

淮北煤田已揭露陷落柱的煤矿，除任楼煤矿表现为高地温梯度外，其他井田地温场均较正常。任楼煤矿揭露的 3 个陷落柱均为强充水型，其奥灰含水层均有埋深 1000m 以下高地温异常现象（图 6.6），具有热液岩溶特点（Venturi et al.，2018）。

任楼煤矿地温场特征表现为大型断裂构造线位置地温梯度高，以其为对称轴降低的趋势，说明断裂构造是地下热流向上沟通的良好通道。在地下热流向上运移过程中，地下水水温增加，对流增强，热液岩溶作用加强，增加了陷落柱柱体的孔隙度和充水性。

定量统计得出，淮北煤田强充水型陷落柱附近均存在断裂构造，任楼煤矿的 3 个陷落柱均符合此特征（图 5.11），其中任$_{29}$和任$_{30}$强充水陷落柱分别为断裂构造沟通充水型和柱

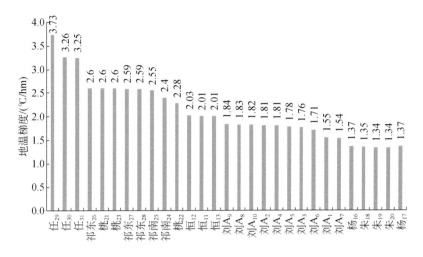

图 6.6　淮北煤田揭露陷落柱位置地温梯度值

体裂隙沟通含水层充水型，因此断裂构造对于任楼煤矿陷落柱充水性影响较大。同时，从任楼煤矿地温分布情况来看，地温高异常区域分别以断裂构造为对称轴，向外侧降低，说明断裂构造及其周围裂隙是深部热水对流上升的主要位置，具有热液岩溶的良好条件。地温梯度以 F2 断层和 F3 断层为对称轴，出现高异常圈闭中心，说明这两个断层在浅部不充水，抽水试验富水性弱，但是在深部是充水的，高角度大断裂是深部热流上升的良好通道。

6.2　内循环控制型陷落柱预测

　　基于上述分析，以任楼煤矿内循环控制型发育模式陷落柱的空间位置与充水性为研究对象，统计陷落柱距古河道距离、地温高异常和距断裂构造线距离、灰岩含水层水压和隔水层阻水性能等特征参数，构建陷落柱空间发育位置和充水性预测的指标体系，采用单指标分级赋值，多指标决策树分级归类法，完成任楼煤矿陷落柱预测，并与井田实际揭露情况比较，分析预测方法和内循环发育模式的正确性。

6.2.1　预测指标单因子分级依据

　　任楼煤矿揭露的 3 个陷落柱距离古河道距离 5.2 ~ 179.8m，均值 83.7m。对任楼煤矿距离古河道 200m 以内的范围进行缓冲区分区，分区为小于 100m、100 ~ 150m 和 150 ~ 200m［图 6.7（a）］。

　　构造发育带以距离断裂构造线 200m 以内的范围进行缓冲区分区，分区为小于 50m、50 ~ 100m、100 ~ 150m 和 150 ~ 200m［图 6.7（b）］。

　　高地温异常，在井田范围内将地温梯度值分级为小于 3.0℃/hm、3.0 ~ 3.2℃/hm、3.2 ~ 3.4℃/hm 和大于 3.4℃/hm，进行分区［图 6.7（c）］。

对于深部地下水高承压条件，若遇断裂构造沟通，底隔厚度变薄处，内循环条件下，会加强陷落柱柱内水体的沟通性，加强陷落柱的充水性，因此划分突水系数分级为小于0.04、0.04～0.05、0.05～0.06、0.06～0.07、0.07～0.08、0.08～0.09、0.09～0.10、0.10～0.11和大于0.11，进行分区，进行决策分级与预测研究［图6.7（d）］。

6.2.2　单因子决策树分级分类法

决策树具有许多优点，包括计算量小、可解释性强、能够从少量训练数据中学习。决策树预测为一种监督分类方法，是基于对决策分类的单指标特征信息和属性值已建立良好对应的基础上，通过对指标的逐级建立映射关系，从而建立树形决策分类规则器，最终完成对象分类的一种方法。

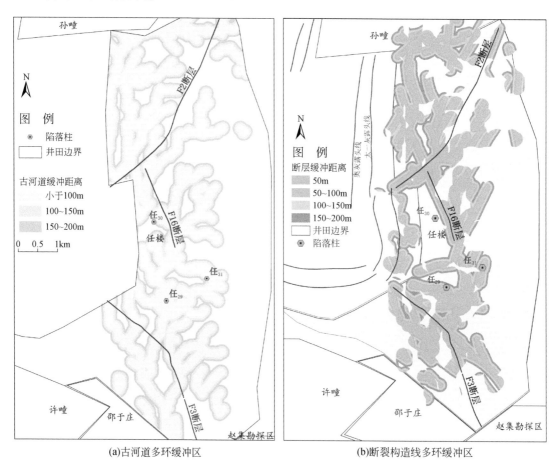

(a)古河道多环缓冲区　　　　　　　　　(b)断裂构造线多环缓冲区

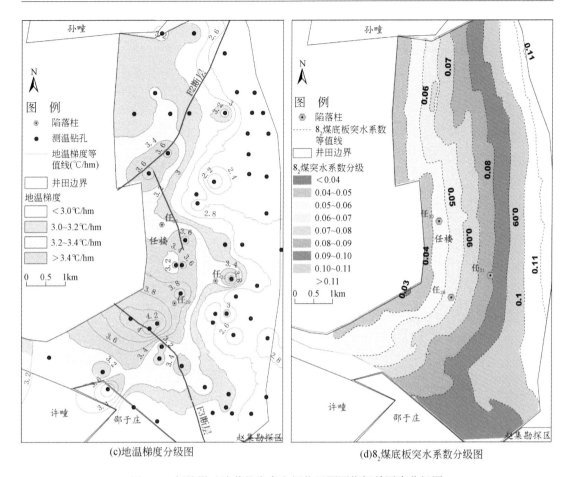

(c)地温梯度分级图　　　　　　　　　　(d)8₂煤底板突水系数分级图

图6.7　任楼煤矿陷落柱发育空间位置预测指标单因素分级图

GIS技术具有空间叠加复合，缓冲分析分级，多指标分级决策等功能。在ArcGIS系统支持下完成古径流带缓冲分级、构造断裂线缓冲区分级、高地温异常分区、高突水系数分区等过程，作为陷落柱发育空间及充水性的重点区域，采用古径流带–构造发育带–高地温异常带–高突水系数GIS多源信息网格决策分级预测法，完成任楼煤矿陷落柱的空间位置及充水性预测。

任楼煤矿高地温异常区域分布于井田浅部，以断裂构造为中心对称分布的特点，具有断裂构造控制地温运移的特点。任楼煤矿新生界松散层沉积层覆盖前，该区域无灰岩露头补给条件，仅在古径流带位置向下渗透至岩溶含水层位置，加强岩溶作用。正常情况下，任楼煤矿主采底煤8₂煤，距离太灰和奥灰间隔水层距离均值分别约130m和290m，突水系数较小，但是在高地温热岩溶作用位置，附加断裂构造导通对流循环水时，水压值较大及隔水层厚度较小处，极易导通陷落柱，使陷落柱充水性增强，甚至发生强导水或者突水。

因此，选择任楼煤矿古河道、断层构造、地温梯度≥3℃/hm因子，预测陷落柱空间位置及充水性指标，建立任楼煤矿陷落柱预测规则一，完成陷落柱重点发育位置预测。任楼煤矿地温梯度值由西侧浅部往东深部逐渐变小，内循环岩溶作用变弱。对于井田深部地温梯度高、水压值大且隔水层厚度相对薄的区域，是陷落柱内循环重要关注的位置。因此，建立突水系数 Ts 值大于 0.6 空间位置的陷落柱预测模型，建立预测规则二。叠加规则一和规则二预测结果交集空间，即为任楼煤矿陷落柱发育空间及强充水性重点空间位置（表 6.1）。

表 6.1　任楼煤矿陷落柱空间发育位置预测规则表

预测规则	指标	指标阈值	断层缓冲范围内充水性赋值			
			50m	100m	150m	200m
规则一：古河道缓冲 200m 范围内，地温梯度>3.0℃/hm	地温梯度 G（℃/hm）	G>3.4	1	2	3	4
		3.2<G≤3.4	2	3	4	5
		3.0<G≤3.2	3	4	5	6
规则二：古河道缓冲区 200m 范围，Ts 值>0.6	Ts 值	0.06<Ts≤0.08	3	4	5	6
		0.08<Ts≤0.10	2	3	4	5
		Ts>0.10	1	2	3	4

分别缓冲古河道 100m、150m 和 200m，断层 50m、100m、150m 和 200m，形成古河道缓冲面图层和断层缓冲面图层，叠加缓冲区，复合区域为古径流岩溶发育强烈位置，该复合区域同时是现代断裂构造影响强烈范围。

预测规则一 [图 6.8（a）]：井田浅部为古径流带、断层、高地温异常控制发育充水型。地温高异常，地下水内循环型，陷落柱遇断裂构造沟通，加强陷落柱柱体导通奥灰含水层可能性，陷落柱表现为强充水性。设置古河道缓冲 200m 范围内，地温梯度 G>3.0℃/hm 时，设置 3 个分类阈值段：当 G>3.4℃/hm 时，分别赋值断层缓冲 50m、100m、150m 和 200m 范围内为 1、2、3、4；3.2℃/hm<G≤3.4℃/hm 时，分别赋值断层缓冲 50m、100m、150m 和 200m 范围内为 2、3、4、5；3.0℃/hm<G≤3.2℃/hm，分别赋值断层缓冲区 50m、100m、150m 和 200m 范围内为 3、4、5、6。

预测规则二 [图 6.8（b）]：古径流、断层和高突水系数控制发育充水型。当陷落柱位置发育断裂构造，在含水层高压、底隔相对变薄位置，极易沟通柱体与奥灰含水层，而表现为强充水性。设置古河道缓冲 200m 范围内，突水系数 Ts>0.6 时，设置 3 个分类阈值段：当 Ts>0.10 时，分别赋值断层缓冲 50m、100m、150m 和 200m 范围内为 1、2、3、4；当 0.08<Ts≤0.10 时，分别赋值断层缓冲 50m、100m、150m 和 200m 范围内为 2、3、4、5；当 0.06<Ts≤0.08 时，分别赋值断层缓冲区 50m、100m、150m 和 200m 范围内为 3、4、5、6。

规则一和规则二预测结果交集范围，代表距离古径流带 200m 内，地温梯度 G≥3.0℃/hm，突水系数 Ts>0.6，断裂构造 200m 范围内的区域，为任楼煤矿陷落柱重点防范区域。

6.2.3　任楼煤矿陷落柱空间位置与充水性预测结果

由预测结果分析，任$_{31}$强充水陷落柱位于突水系数较大，古径流带和断层缓冲区充水性较强位置。任$_{29}$突水陷落柱位于预测可能发育与充水性区域边缘位置，任$_{30}$边缘裂隙弱充水陷落柱位于相对安全位置，8_2煤底板太灰突水系数值为0.045。

预测具有陷落柱发育，且具有一定充水性区域面积为21.68km^2，占井田总面积的51.54%。1~6分别代表发育陷落柱充水性极强、强、较强、中等、一般和较弱。分别占预测区域面积的10.68%、17.86%、32.90%、20.97%、12.63%、4.97%。根据预测规则一，任$_{29}$突水陷落柱位于充水性极强区域，任$_{30}$边缘裂隙相对弱充水陷落柱在预测区附近，任$_{31}$强充水陷落柱位于强充水性类型，预测结果与实际揭露一致。根据预测规则一和二并集结果［图6.8（c）］，对比中六采区8煤底板瞬变电磁富水异常区域范围（83.98hm^2），其中富水区域87.47%面积（73.46hm^2）与预测结果重叠，预测结果与实际物探结果一致。根据预测规则一和二交集结果［图6.8（d）］，具有一定充水性交集范围的面积为648.86hm^2，占井田总面积的15.42%，需重点防范，如任X$_2$疑似陷落柱。预测出陷落柱发育位置且强充水四处，其中任$_{31}$强充水陷落柱位于两规则重叠区域H4位置，仍需重点防范区域仍然有三处，分别为H1、H2和H3位置，特别是H1位置，其面积较大，为重点探查防治范围。预测出陷落柱空间发育且充水性相对较强位置有八处，分别命名为R1-R8位置处，在井田开采过程中，亦需加强防治工程。

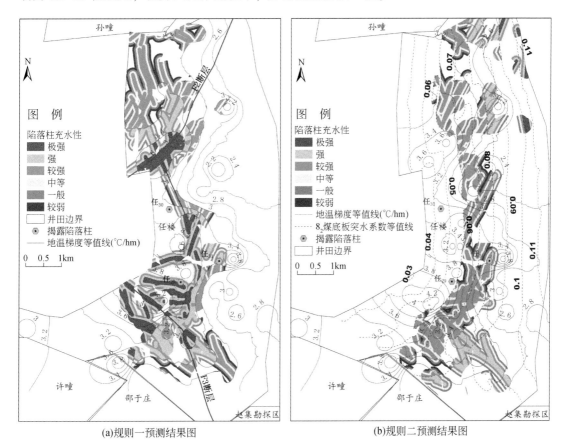

(a)规则一预测结果图　　　　　　　(b)规则二预测结果图

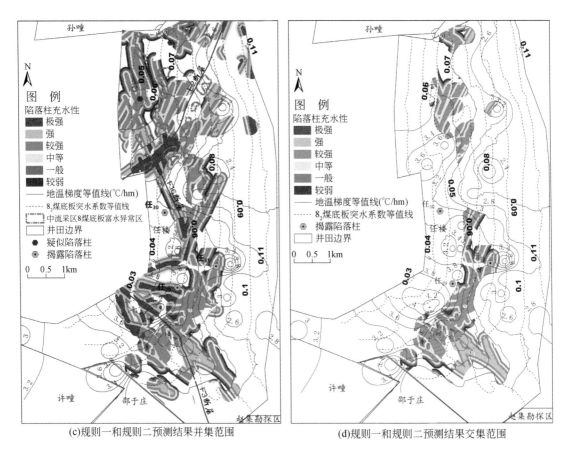

(c)规则一和规则二预测结果并集范围　　　　　(d)规则一和规则二预测结果交集范围

图 6.8　任楼煤矿 GIS 多源指标决策树分级法陷落柱充水性预测结果

在陷落柱充水性机理研究的基础上，对任楼煤矿陷落柱空间位置及充水性进行预测，预测结果与揭露陷落柱位置、井田灰岩地层富水性和瞬变电磁富水区实际较为一致，验证了任楼煤矿陷落柱发育模式和充水性控制机理结论的正确性。

6.3　外循环控制型陷落柱预测

朱庄煤矿陷落柱为外循环控制型发育模式，将距离现代地表水系位置、距离灰岩露头位置、断裂构造系统特征参数、灰岩含水层富水性、灰岩含水层水压，作为陷落柱空间发育位置和充水性评价的主要指标，采用单指标分级赋值与归一化处理，AHP-独立性系数耦合确权后，模糊综合加权获得岩溶陷落柱发育指数，自然断点法确定发育等级，完成朱庄煤矿陷落柱预测，并与煤矿揭露陷落柱实际进行对比，分析预测方法和发育模式的正确性。

6.3.1　预测指标单因子分级依据

朱庄煤矿陷落柱柱顶为发育至太原组 L_2–L_1 灰岩的强充水陷落柱，是现代岩溶的产物。其形成模式为井田西北和东北位置有灰岩地层露头，其东北灰岩露头位置为现代河流汇水位置，河谷地表水补给至灰岩露头处，至东向西流入井田深部。朱$_{18}$陷落柱靠近井田北部边界偏西位置，不充水；桃园煤矿揭露的强充水陷落柱朱$_{19}$和朱$_{20}$均位于井田东北位置，该位置断裂构造发育程度高，是地下水补给后良好的径流通道。

以下从地表水系位置、灰岩露头位置、断裂构造特征分析、灰岩含水层水压、6 煤底板倾角、灰岩含水层富水性等因素，分析各因素与陷落柱强充水性之间的关系，建立外循环岩溶模式下，强径流补给井田陷落柱空间位置与充水性预测。

1. 距离断裂构造线距离

朱$_{20}$和朱$_{19}$距断裂构造线距离分别为 52.7m 和 58.7m。以断裂构造线为中心轴线，缓冲距 50m 范围内为危险区域，100m 范围内以 10m 增幅，多环缓冲断裂构造线，设定岩溶发育程度等级数值为 1～6（图 6.9），其他范围设置为 10。

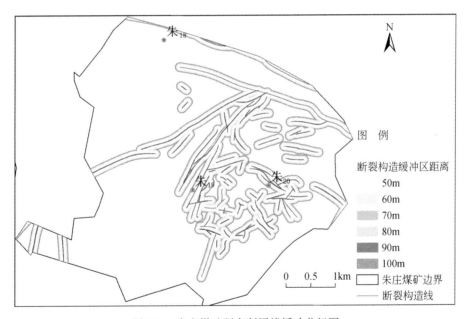

图 6.9　朱庄煤矿距离断层线缓冲分级图

2. 网格断裂构造断点数

以 500m×500m 范围为统计网格，统计网格内断点数，表示单位面积断层出现的频率和复杂性，断点数包括断裂构造线尖灭端端点和断裂构造线间的交点。网格断点数，其值在 0～13 之间，均值为 3.14，标准差 3.01。朱$_{18}$、朱$_{19}$和朱$_{20}$陷落柱，网格断点数分别为 0

个、7 个和 9 个 (图 6.10), 说明断裂构造的复杂程度对现代岩溶过程的影响较大。

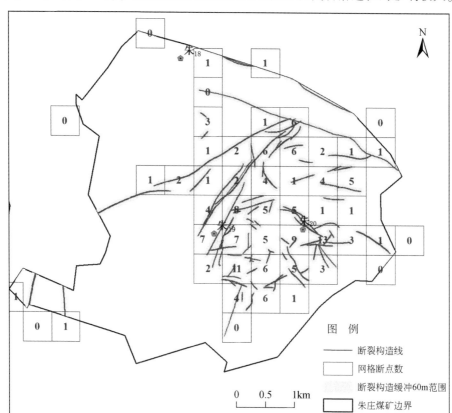

图 6.10　朱庄煤矿网格断点数

3. 距离断点距离

以断裂构造端点和交点多环缓冲, 距离 50m 范围内为危险区域, 100m 范围内以 10m 增幅, 设置岩溶发育程度等级数值为 1～6, 其他范围设置为 10, 用以加强端点和交点位置岩溶作用的权重系数 (图 6.11)。

4. 距离地表水系距离和距离灰岩露头距离

统计距离地表水系河道距离和灰岩露头线距离, 反映地表水补给后径流条件, 距离河道和露头位置越近, 灰岩埋深较浅处, 岩溶作用更强。多环缓冲河道, 150m、200m、250m、300m、400m、500m 和 600m 分别为 1～7, 其他范围设置为 10。

朱庄煤矿范围内设置 50m×50m 辅助网格, 以网格中心点到井田东北、西部灰岩露头线最近距离进行网格属性值赋值, 完成距离灰岩露头距离统计 (图 6.12)。

5. 奥灰含水层富水性

现今外循环岩溶作用, 水源和水动力条件是关键因素之一, 朱庄煤矿靠近灰岩露头和

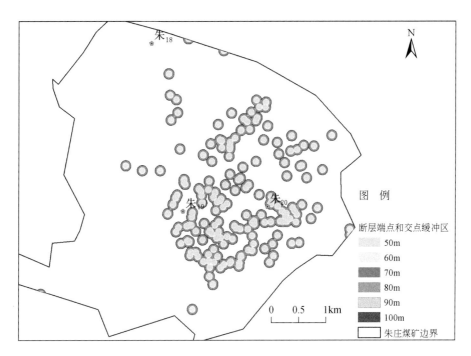

图6.11　朱庄煤矿距离断点缓冲分级图

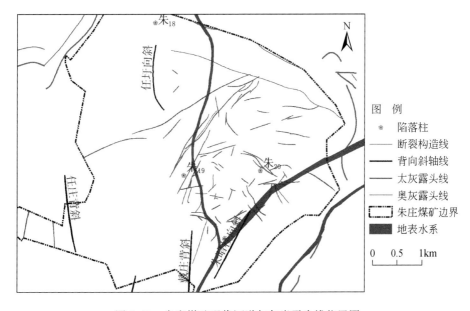

图6.12　朱庄煤矿现代河道与灰岩露头线位置图

河道附近抽水钻孔单位涌水量大，灰岩含水层表现为强富水性（图6.13）。灰岩含水层富水性控制岩溶发育，以朱庄煤矿奥灰含水性地面抽水钻孔单位涌水量值插值，完成朱庄煤矿范围内单位涌水量栅格图层。

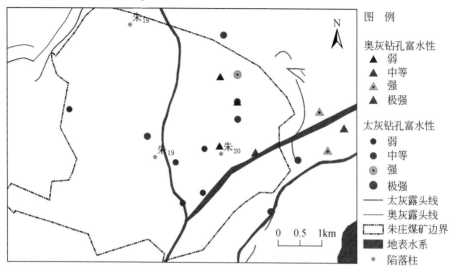

图 6.13　朱庄煤矿奥灰抽水钻孔单位涌水量分级示意图

6.6 煤底板倾角

采用 6 煤底板标高等值线，数值高程模型恢复 6 煤底板倾角（图 6.14），在倾角较大的位置，指示地下水动力条件加强，增强岩溶作用的过程。

7. 太灰水压

朱庄煤矿太灰和奥灰含水层水位多年居高不下（图 5.12），水源补给充分，在深部太灰和奥灰水压增大（图 6.15），地下水渗流的水-岩耦合过程增强，特别是在裂隙发育的地带，高承压灰岩水和裂隙带相结合的条件下，为岩溶发育主要地段。

6.3.2　AHP-独立权系数耦合权重法

层次分析法（analytic hierarchy process，AHP）是一种确定主观权重的方法。AHP 法的基本思想是把一个受控于多种因素影响的复杂问题按照各因素之间的从属关系进行分解，形成一个有序、递阶式的层次结构，然后根据专业判断力两两比较每一个从属关系中的因素，确定各因素相互之间的重要性并最终给出一个相对性的权重总排序。AHP 法能够解决许多传统技术无法处理的地质问题（邓雪等，2012；刘莹昕等，2014；董君，2015；王汉斌，2017）。

独立权系数是一种通过计算评价指标间的相关系数，减少指标之间的冗余性，进行确权的方法。当相关系数较大的指标出现时，代表其综合评判时增加了该因子的权重，重复了指标的使用度，该方法可以弱化该增加值。通常选取复相关系数的倒数值，再归一化后得到权重系数。

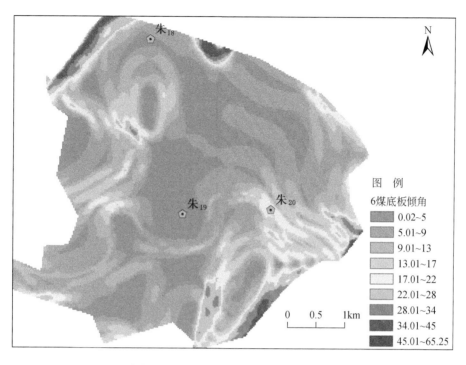

图 6.14　朱庄煤矿 6 煤底板倾角分级图

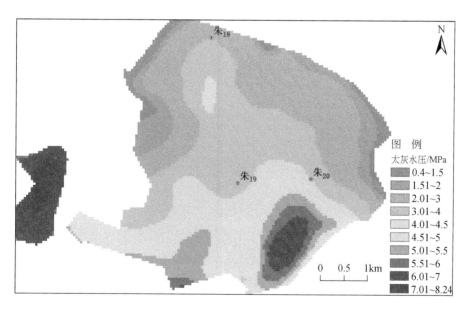

图 6.15　朱庄煤矿太灰水压分级示意图

综合采用 AHP 法和独立权系数法（王如猛，2018；胡彦博，2020；Chen et al.，2018），建立主、客观确权耦合系数，完成多指标因素综合预测过程。

1. AHP 法确定权重

AHP 法进行决策时，一般包括以下四个步骤。

1）建立递阶层次结构

首先确定研究目标，分析主控因素，确定各因素的次一级指标体系，建立各层次指标间的重要性对比关系矩阵，建立一个自上而下的多层次指标关系。指标选取遵循主次分明、相互独立和选取具有可操作性原则。

依据决策的事件、控制因素和目标三者的多层次关系，建立目标层（层次 A）、准则层（层次 B）和决策层（层次 C），通过建立决策层次关系矩阵，达到求解目标层的目的，如图 6.16 所示。

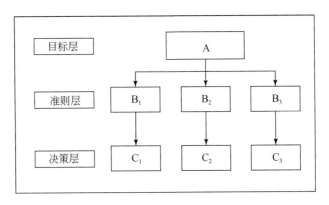

图 6.16　层次结构模型

2）判断矩阵的构建

表 6.2 反映出影响因素彼此之间的相互关系，在决策者的构架中，准则层中的影响因素在确定目标层时，其对目标层的影响占据不同的比重，即每种因素占据一定的比重。

假设要确定 n 个因素对目标层 X $\{x_1, x_2, x_3, \cdots x_n\}$ 的影响，则采用构建比较矩阵的方式对比各影响因素，依次给出因素 x_i 和 x_j 重要性对比指数，构建关系矩阵 K，如式（6.1）所示，a_{ij} 为 x_i 和 x_j 对目标层影响的比值，所有指标共同建立矩阵 $K = (a_{ij})_{n \times n}$，则 K 为 $A \sim X$ 之间的判断矩阵。

$$K = \begin{bmatrix} x_1/x_1 & x_1/x_2 & x_1/x_3 & \cdots & x_1/x_n \\ x_2/x_1 & x_2/x_2 & x_2/x_3 & \cdots & x_2/x_n \\ x_3/x_1 & x_3/x_2 & x_3/x_3 & \cdots & x_3/x_n \\ \cdots & \cdots & \cdots & \cdots & \cdots \\ x_n/x_1 & x_n/x_2 & x_n/x_3 & \cdots & x_n/x_n \end{bmatrix} \tag{6.1}$$

x_j 和 x_i 对目标层的影响比 $a_{ji} = \dfrac{1}{a_{ij}}$，$a_{ij}$ 的取值依据 Satty 等提出采用数字 1 ~ 9 及其倒数为标度进行确定，如表 6.2 所示。

表 6.2 判断矩阵的标度及含义

标度	含义
1	表示两个因素相比，具有相同重要性
3	表示两个因素相比，前者比后者稍重要
5	表示两个因素相比，前者比后者明显重要
7	表示两个因素相比，前者比后者强烈重要
9	表示两个因素相比，前者比后者极端重要
2，4，6，8	表示上述相同判断的中间值
倒数	若因素 i 与因素 j 的重要性之比为 a_{ij}，则因素 j 与因素 i 的重要性之比为 $a_{ji} = \dfrac{1}{a_{ij}}$

3）计算判断矩阵

求各指标权重，并计算上述矩阵的最大特征值 $\lambda_{\max}$ 及其特征向量。

4）一致性检验

根据构建判断矩阵所用的标度，所有判断矩阵均为正互反矩阵，并通过一致性检验方法，检验构建矩阵的逻辑合理性，通过一致性检验的判断矩阵方可。

一致性检验的步骤如下：

第一步，计算 CI

$$CI = \frac{\lambda_{\max} - n}{n - 1} \tag{6.2}$$

第二步，查表（表 6.3）确定相应的 RI

表 6.3 平均随机一致性指标 RI 标准值

n	1	2	3	4	5	6	7	8	9	10	11
RI	0	0	0.58	0.90	1.12	1.24	1.32	1.41	1.45	1.49	1.50

第三步，计算 CR

$$CR = \frac{CI}{CR} \tag{6.3}$$

若 CR<0.1，则判断矩阵的一致性是符合要求的；若 CR>0.1 时，则不符合要求，调整修正。

按上述步骤，根据各预测单因素在陷落柱发育空间预测中所起的作用，建立了朱庄煤矿深部陷落柱发育空间预测的层次结构模型，如图6.17所示。运用"征集专家评分"的方法，构建多层次判断矩阵，结合专家评分，给定各主控因素之间的量化分值，如表6.4~表6.7所示。

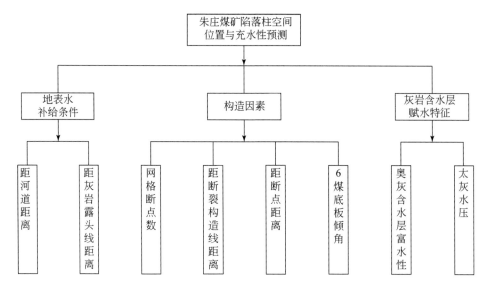

图6.17　朱庄煤矿陷落柱空间位置与充水性预测层次结构模型

表6.4　判断矩阵 $A\text{-}B_i$（$i=1\sim3$）

A	B_1（构造因素）	B_2（地表水补给条件）	B_3（灰岩含水层赋水特征）	T_i
B_1（构造因素）	1	3/2	3/2	0.4286
B_2（地表水补给条件）	2/3	1	1	0.2857
B_3（灰岩含水层赋水特征）	2/3	1	1	0.2857

注：$\lambda_{max}=3.0000$，CI=0，CR=0。

表6.5　判断矩阵 $B_1\text{-}C_i$（$i=1\sim4$）

构造因素	网格断点数 C_1	6煤底板倾角 C_2	距断裂构造线距离 C_3	距断点距离 C_4	T_i
网格断点数 C_1	1	3/1	2/1	2/1	0.4236
6煤底板倾角 C_2	1/3	1	1/2	1/2	0.1223
距断裂构造线距离 C_3	1/2	2/1	1	1	0.2270
距断点距离 C_4	1/2	2/1	1	1	0.2270

注：$\lambda_{max}=4.0104$，CI=0.0035，CR=0.0039。

表 6.6 判断矩阵 B_2-C_i（$i=5\sim6$）

地表水补给条件	距河道距离 C_5	距灰岩露头线距离 C_6	T_i
距河道距离 C_5	1	3/4	0.4286
距灰岩露头线距离 C_6	4/3	1	0.5714

注：$\lambda_{max}=2.0000$，CI=0，CR=0。

表 6.7 判断矩阵 B_3-C_i（$i=7\sim8$）

灰岩含水层赋水特征	奥灰含水层富水性 C_7	太灰水压 C_8	T_i
奥灰含水层富水性 C_7	1	3/2	0.60
太灰水压 C_8	2/3	1	0.40

注：$\lambda_{max}=2.0000$，CI=0，CR=0。

通过计算以及一致性检验后，得到了影响朱庄煤矿陷落柱空间位置与充水性的各预测单因素的主观权重 C_i，如表 6.8 所示。

表 6.8 各预测单因素的 AHP 主观权重

因素	距河道距离	距灰岩露头线距离	网格断点数	距断裂构造线距离	距断点距离	6 煤底板倾角	奥灰含水层富水性	太灰水压
权重	0.1224	0.1633	0.1815	0.0974	0.0973	0.0524	0.1714	0.1143

2. 独立性权系数确定权重

假设有 m 个评价指标项 X_1，X_2，X_3，$\cdots$，X_m，若某评价指标 X_j 与其他评价指标之间得出较大的相关系数，则说明 X_j 与其他指标的相关性越强，拥有较多的重复信息，相应的权重也就越小，计算公式为

$$R_t=\frac{\Sigma(X_j-\overline{X})(\widetilde{X}-\overline{X})}{\sqrt{\Sigma(X_j-\overline{X})^2\Sigma(\widetilde{X}-\overline{X})^2}}(j=1,2,3,\cdots,m)\tag{6.4}$$

式中，$\widetilde{X}$ 为 X 中除去 X_j 的剩余矩阵；$\overline{X}=\mathrm{mean}(X)$。

由于 R 值与权重系数之间为倒数关系，选取其倒数值［式（6.5）］，归一化处理后得到权重［式（6.6）］，得到朱庄煤矿陷落柱空间位置与充水性评价指标客观权重见表 6.9。

$$R=\left[\frac{1}{R_1},\frac{1}{R_2},\frac{1}{R_3},\cdots,\frac{1}{R_m}\right]\tag{6.5}$$

$$W_i=\frac{\frac{1}{R_i}}{\sum_{i=1}^m\frac{1}{R_i}}\tag{6.6}$$

表 6.9　朱庄煤矿陷落柱空间位置与充水性评价指标客观权重

因素	距河道距离	距灰岩露头线距离	网格断点数	距断裂构造线距离	距断点距离	6 煤底板倾角	奥灰含水层富水性	太灰水压
R	0.4798	0.5605	0.5134	0.7016	0.6896	0.5733	0.4925	0.5880
$1/R$	2.0840	1.7842	1.9477	1.4252	1.4501	1.7442	2.0305	1.7008
权重	0.1471	0.1259	0.1375	0.1006	0.1024	0.1231	0.1433	0.1201

3. AHP-独立权系数耦合确定综合权重

综合考虑到主观、客观权重，兼顾两种方法获得的权重的优点出发，进行组合赋权（冯书顺和武强，2016；王心义等，2017）。根据参考文献（鲍学英等，2016；冯书顺和武强，2016），建立基于 AHP 法和独立权系数法的综合赋权模型，计算公式如下：

$$W_i = \alpha C_i + (1-\alpha) D_i \tag{6.7}$$

式中，α 为偏好系数，本书 α 取 0.5；C_i 为 AHP 法确定的主观权重值；D_i 为独立权系数法确定的客观权重值。

综合 AHP-独立权系数确权法耦合，采用偏好系数值为 0.5，完成朱庄煤矿陷落柱空间位置与充水性各指标的综合权重值赋值（表 6.10）。

表 6.10　朱庄煤矿陷落柱空间位置与充水性评价指标权重系数

评价指标	距河道距离	距灰岩露头线距离	网格断点数	距断裂构造线距离	距断点距离	6 煤底板倾角	奥灰含水层富水性	太灰水压	合计
AHP 法	0.1224	0.1633	0.1815	0.0974	0.0973	0.0524	0.1714	0.1143	1
独立性权系数	0.1471	0.1259	0.1375	0.1006	0.1024	0.1231	0.1433	0.1201	1
偏好系数 0.5 综合权重	0.1348	0.1446	0.1595	0.0990	0.0998	0.0877	0.1574	0.1172	1

6.3.3　单因子指标数据归一化处理

为了消除影响朱庄煤矿陷落柱空间位置与充水性的各评价指标不同量纲的数据对结果的影响，需要对各评价的数据进行归一化处理，归一化的目的是消除量纲，将不同类别数据归于同一类，使得数据具有可比性和统计意义，便于系统分析。归一化处理的方法很多，本书采用最小–最大标准化，式（6.8）、式（6.9）分别为正、负相关的归一化的处理公式。本次对各评价指标进行归一化处理时，按负相关的归一化公式（6.9）处理。其余各因素按正相关的归一化公式（6.8）处理。上述预测指标中距离河道、距离灰岩露头线、距离断点距离、距断裂构造线距离等 4 个指标为缓冲指标，设置值为 1~10 个等级，因此归一化时统一乘以 10。

$$x_i^* = \frac{x_i - x_{\min}}{x_{\max} - x_{\min}} \times 10 \tag{6.8}$$

$$x_i^* = \frac{x_{\max} - x_i}{x_{\max} - x_{\min}} \times 10 \tag{6.9}$$

式中，x_i 为评价指标数据归一化前的值；x_i^* 为评价指标数据归一化后的值；$x_{\min}$ 为某评价指标数据中的最小值；$x_{\max}$ 为某评价指标数据中的最大值。

6.3.4　朱庄煤矿岩溶陷落柱发育预测结果

各评价指标原始数据归一化处理后，将归一化后的数据导入 ArcGIS 中，建立了各评价指标的归一化专题图。然后将根据 AHP-独立权系数法算出的综合权重值赋予权重，应用 ArcGIS 对各评价指标专题图进行叠加求算岩溶陷落柱发育指数 W [式 (6.10)]。

$$W = 0.160 \cdot C_1 + 0.088 \cdot C_2 + 0.099 \cdot C_3 + 0.10 \cdot C_4 + 0.135 \cdot C_5 +$$
$$0.145 \cdot C_6 + 0.157 \cdot C_7 + 0.117 \cdot C_8 \tag{6.10}$$

最终综合评价图共计完成预测范围 22.77km²。岩溶陷落柱发育指数值分布于 3.36 ~ 8.84，均值 7.07，标准差 0.97。通过直方图统计，采动自然断点法将预测指数分级为 5 个等级，分别为 3.31 ~ 5.04、5.04 ~ 5.95、5.95 ~ 6.74、6.74 ~ 7.50 和 7.50 ~ 8.45（图 6.18），将各指数范围定义为发育岩溶陷落柱极强、强、较强、中等和弱等级。

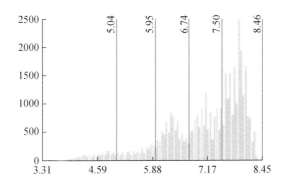

图 6.18　朱庄煤矿岩溶陷落柱发育指数自然断点法分级示意图

从朱庄煤矿岩溶陷落柱发育指数预测结果分析（图 6.19），朱$_{18}$、朱$_{19}$和朱$_{20}$陷落柱指数分别为 7.89、6.17 和 5.35，分别对应岩溶陷落柱发育弱、强和强等级，与陷落柱揭露实际一致，朱$_{18}$为生产揭露，不充水，潮湿状态，朱$_{19}$和朱$_{20}$均为发育至 L_1-L_2 灰岩层段强充水陷落柱。预测为极强、强、较强、中等和弱等级的面积分别占预测范围的 5.44%、7.19%、18.27%、24.67% 和 44.44%。预测总面积为 25.12km²，其中极强和强分别为 1.37km² 和 1.80km²，分布在井田东南位置，主要分别在Ⅲ63 采区及采区西北位置，是岩溶陷落柱预防的重点区域。

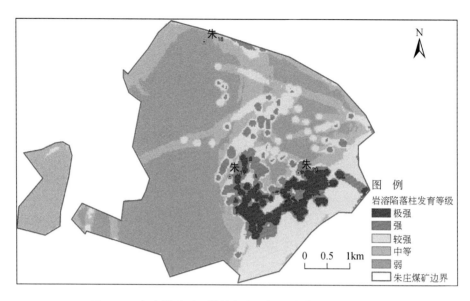

图 6.19　朱庄煤矿预测结果与实际揭露陷落柱位置对比图

6.4　向斜构造控制型陷落柱预测

刘桥矿区为向斜构造控制型陷落柱发育模式，考虑陷落柱发育空间位置因素、古径流场因素和底煤构造因素，最终确定 6 个预测指标，采用单指标分级赋值和归一化处理，AHP-独立权系数耦合确权后，模糊综合加权获得岩溶陷落柱发育指数，完成刘桥矿区深部陷落柱空间位置预测。深部水压增大情况下，陷落柱柱缘裂隙与深部其他充水或导水构造体沟通的可能性会增加，在陷落柱空间位置预测结果的基础上，叠加突水系数指标预测陷落柱的充水性，并与刘桥矿区实际揭露陷落柱进行对比，分析预测方法和发育模式的正确性。预测技术路线见图 6.20。

6.4.1　预测指标单因子分级依据

由前分析，刘桥矿区陷落柱受向斜构造控制明显，深部揭露的陷落柱受到断裂构造和向斜轴部裂隙带水影响充水性逐渐增强，柱缘裂隙充水性增强。陷落柱具有靠近古河道和向斜轴部交叉位置规模变大的特点 [图 6.4 (a)]。选取距向斜轴线距离、距断裂构造线距离、距古河道距离、断裂分维值、平面变形系数和底煤层倾角 6 个指标，在单因素设置陷落柱发育空间位置程度等级划分基础上，GIS 加权复合预测刘桥矿区深部陷落柱发育的主要空间位置。

构建空间发育指数，指数值越小，代表岩溶陷落发育程度越高。断层分维、平面变形系数、6 煤底板倾角与发育指数为负相关，即指标值越大，指数值越小，代表陷落柱发育程度越高；距褶皱轴线距离、距断裂构造线距离、距古河道距离与指数值为正相关，即距

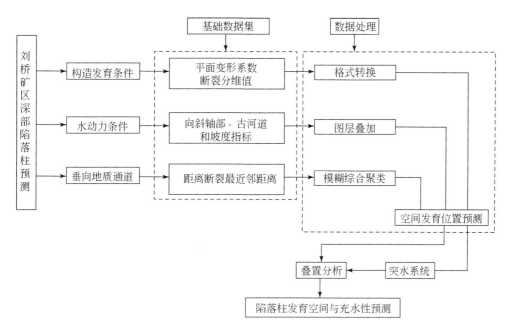

图 6.20　刘桥矿区深部陷落柱发育空间与充水性预测技术路线图

离越近，指数值越小，表示发育岩溶陷落柱程度越高，发育陷落柱的可能性越大。为了和任楼煤矿预测指数保持一致，以下指数归一化处理后，均统一乘以 10，单指标阈值在 0 ~ 10 之间。

①断层分维 [图 6.21（a）]、平面变形系数 [图 6.21（b）] 和 6 煤底板倾角 [图 6.21（f）]，采用负相关归一化公式，得出单指标栅格图。②距褶皱轴部的距离，刘桥一矿的 10 个陷落柱均位于距向斜轴 160m 范围内 [图 6.21（c）]，恒源煤矿的 3 个陷落柱距向斜轴部在 550m 范围内。依据揭露的 13 个陷落柱距离向斜轴部的位置关系，在 650m 范围内，以距褶皱轴线距离，正相关归一化。650m 范围以外视为无影响，取值为 10，表示距离向斜轴部越远，发育陷落柱程度越低。③按照距最邻近古河道距离，统计刘桥矿区揭露的 13 个陷落柱的位置，将距离古河道 600m 范围内归一化，600m 范围以外赋值为 10。④依据刘桥矿区揭露陷落柱距最邻近断裂构造距离 [图 6.21（e）]，以 200m 范围归一化，200m 范围外赋值为 10。⑤坡度可以控制地下水动力条件，坡度大的位置，有利于地下水的运动，因此综合采用 6 煤底板等值线、6 煤底板钻孔标高值数据，ArcGIS 中合并数据，插值转换成栅格数据，进行坡度归一化（罗金辉等，2010）。加权复合距古河道距离、距向斜轴线距离、距断裂构造线距离、平面变形系数、构造分维值和地层坡度 6 个指标图层栅格（统一空间分辨率和范围），获得刘桥矿区深部陷落柱发育空间预测成果图。

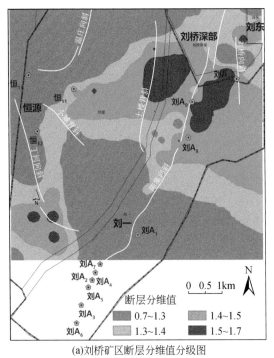

(a)刘桥矿区断层分维值分级图

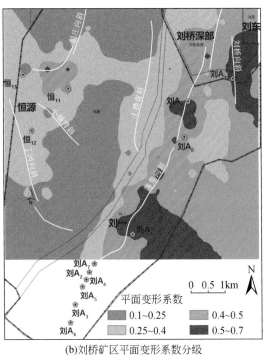

(b)刘桥矿区平面变形系数分级

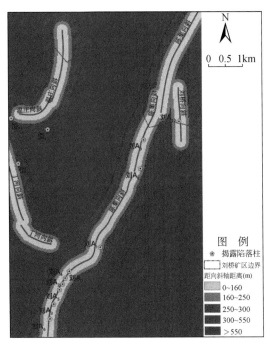

(c)距离向斜轴缓冲分级图

(d)距离古河道缓冲分级图

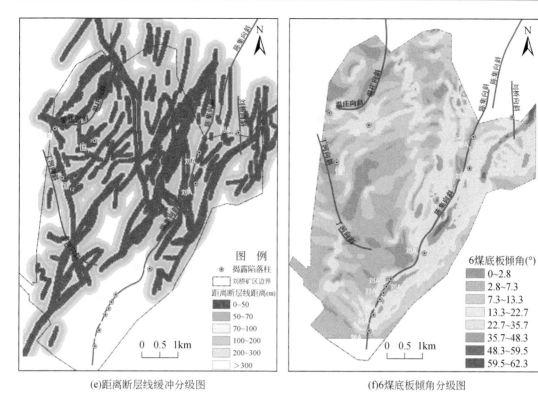

(e)距离断层线缓冲分级图　　　　　　　　(f)6煤底板倾角分级图

图 6.21　刘桥矿区深部陷落柱发育空间位置预测指标单因素分级图

6.4.2　AHP-独立权系数耦合权重法

采用朱庄煤矿相同权重确定方法，AHP 主观与独立权系数确定权重，AHP-独立权系数。

1. AHP 主观权重的确定

根据各预测单因素在陷落柱发育空间预测中所起的作用，建立了刘桥矿区深部陷落柱发育空间预测的层次结构模型，如图 6.22 所示。运用"征集专家评分"的方法，构建了分层次判断矩阵，结合专家意见对各主控因素进行专家评分，给出了各主控因素之间的量化分值，如表 6.11～表 6.14 所示。

表 6.11　判断矩阵 A-B_i（$i = 1 \sim 3$）

A	B_1（构造因素）	B_2（古地形特征）	B_3（6 煤底板构造复杂性）	T_i
B_1（发育位置因素）	1	5/1	6/1	0.7172
B_2（古地形特征）	1/5	1	3/1	0.1947
B_3（底板构造因素）	1/6	1/3	1	0.0881

注：$\lambda_{\max} = 3.0940$，CI = 0.047，CR = 0.0904。

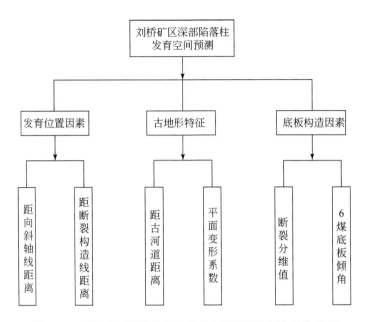

图 6.22　刘桥矿区深部陷落柱发育空间预测的层次结构模型

表 6.12　判断矩阵 B_1-C_i（i = 1 ～ 2）

构造因素	距向斜轴线距离 C_1	距断裂构造线距离 C_2	T_i
距向斜轴线距离 C_1	1	7/1	0.8750
距断裂构造线距离 C_2	1/7	1	0.1250

注：λ_{max} = 2.0000，CI = 0，CR = 0。

表 6.13　判断矩阵 B_2-C_i（i = 3 ～ 4）

古地形特征	距古河道距离 C_3	平面变形系数 C_4	T_i
距古河道距离 C_3	1	3/1	0.7500
平面变形系数 C_4	1/3	1	0.2500

注：λ_{max} = 2.0000，CI = 0，CR = 0。

表 6.14　判断矩阵 B_3-C_i（i = 5 ～ 6）

6 煤底板构造复杂性	断裂分维值 C_5	6 煤底板倾角 C_6	T_i
断裂分维值 C_5	1	1/3	0.1429
6 煤底板倾角 C_6	3	1	0.1429

注：λ_{max} = 2.0000，CI = 0，CR = 0。

通过计算以及一致性检验后，得到了影响刘桥矿区深部陷落柱发育空间的各预测单因素的主观权重 C_i，如表 6.15 所示。

表 6.15　各预测单因素的 AHP 主观权重

因素	距向斜轴距离	距断裂线距离	距古河道距离	平面变形系数	断裂分维值	6 煤底板倾角
权重	0.6276	0.0897	0.1460	0.0487	0.0220	0.0661

2. 独立权系数法客观权重的确定

根据前述独立权系数法,可得刘桥矿区深部陷落柱发育空间的各预测单因素的客观权重,如表 6.16 所示。

表 6.16　刘桥矿区评价指标复相关系数及其权重值

评价指标	距褶皱轴距离	距断层距离	平面变形系数	分维值	距古径流带距离	6 煤底板倾角
R	0.338	0.461	0.487	0.216	0.453	0.346
$1/R$	2.954	2.170	2.053	4.636	2.205	2.890
权重	0.1747	0.1284	0.1214	0.2742	0.1304	0.1709

3. AHP-独立权系数耦合确定综合权重

综合 AHP-独立权系数确权法耦合,采用偏好系数值为 0.5,完成刘桥矿区各指标的综合权重值赋值见表 6.17。

表 6.17　刘桥矿区陷落柱空间发育位置评价指标权重系数

评价指标	距褶皱轴距离	距断层距离	平面变形系数	分维值	距古径流带距离	6 煤底板倾角	权重系数合计
AHP 法	0.6276	0.0897	0.0487	0.0220	0.1460	0.0661	1
独立性权系数	0.1747	0.1284	0.1214	0.2742	0.1304	0.1709	1
偏好系数 0.5 综合权重	0.4012	0.1091	0.0851	0.1481	0.1382	0.1185	1

6.4.3　刘桥矿区深部陷落柱空间位置与充水性预测结果

刘桥矿区深部预测区范围 27.92km², 预测陷落柱发育范围为 5.20km², 占总面积的 18.16%。根据预测范围的分布情况,按照面积的大小,将预测空间划分为 Ⅰ ~ Ⅻ共计 12 个单元,其中刘 A_8、刘 A_9 和刘 A_{10} 陷落柱均发育在 Ⅰ 区, 恒 $_{11}$ 和恒 $_{12}$ 分布在 Ⅸ 和 Ⅴ 区, 深部仅恒 $_{13}$ 未在强发育预测区块,总体上预测结果与实际揭露较为一致 [图 6.23 (a)]。

在陷落柱发育空间预测成果基础上,为预测充水性强弱程度,叠加 6 煤底板突水系数值大于 0.1 和 0.08 ~ 0.1 区域,判断为陷落柱充水性强与中等区域,面积分别为 9.56hm² 和 66.98hm² [图 6.23 (b)]。揭露的刘 A_9 和刘 A_{10} 陷落柱位于强充水 H_1 位置,对应图

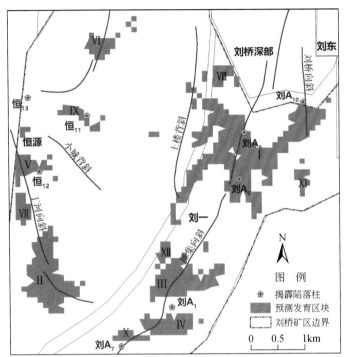

(a)刘桥矿区深部陷落柱空间位置预测结果

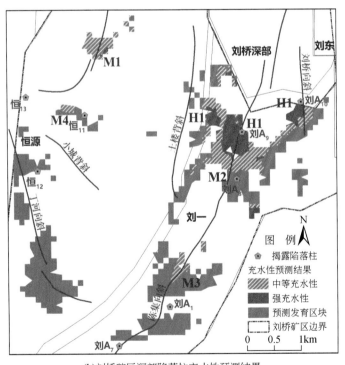

(b)刘桥矿区深部陷落柱充水性预测结果

图6.23 刘桥矿区深部陷落柱发育空间与充水性预测结果图

6.23（a）中 I 区，实际揭露刘 A_{10} 陷落柱柱缘弱充水，与实际一致。恒源煤矿太灰水位较为一致，总体低于刘桥一矿，其突水系数较大位置在井田北煤层深埋位置，充水性增强。预测陷落柱充水性相对较强的还有 M1-M4 位置。

预测结果显示，深部揭露的陷落柱均位于预测区块内或附近，说明陷落柱发育控制指标及陷落柱发育模式结论正确，指标选取合理。

6.5　本 章 小 结

（1）针对淮北煤田陷落柱较为典型的发育模式，分别以任楼煤矿、朱庄煤矿和刘桥矿区为例，建立了不同发育模式陷落柱的预测方法。通过预测结果与实际揭露陷落柱的对比，验证各种陷落柱发育模式和充水性控制因素结论的正确性，预测的结果为陷落柱的防治提供靶区。

（2）任楼煤矿为内循环控制型发育模式，采用决策树分级分类法，建立浅部高地温异常区预测规则一和深部含水层水高承压下预测规则二，进行岩溶陷落柱空间位置与充水性预测。预测规则一和规则二的交集区域，是任楼煤矿陷落柱发育和强充水的重点位置，需加强防范。

（3）朱庄煤矿为外循环控制性发育模式，在分析陷落柱空间位置因素和充水性控制机理基础上，采用指标单因子分级和归一化处理，基于 AHP-独立权系数耦合确权法，模糊综合加权获得陷落柱发育指数并进行分级。朱庄煤矿岩溶陷落柱发育预测结果与实际揭露陷落柱情况均较为一致，验证了发育模式和充水性控制机理的正确性，预测方法合理。朱庄煤矿岩溶陷落柱预测空间主要在 III63 采区及采区西北位置，是岩溶陷落柱预防的重点区域。

（4）刘桥矿区为向斜构造控制型发育模式，采用与朱庄煤矿同样的预测方法，建立陷落柱发育空间位置因素、古径流场因素和构造因素预测准则层，完成刘桥矿区深部陷落柱空间位置与充水性预测结果。刘桥矿区深部预测出陷落柱发育位置12 个单元，其中除恒$_{13}$陷落柱未落入 12 个单元范围外，其他 5 个均在预测单元内，说明指标选择和发育模式判断是较为正确的。叠加突水系数指标，指示与其他构造裂隙水沟通而导致柱缘弱充水的可能性，结果表明强充水区域有 3 个亚单元，均在陷落柱发育空间预测结果位置 I 单元内，刘 A_9 和刘 A_{10} 陷落柱发育在该位置，该位置表现为水化学异常，为刘桥向斜和陈集逆断层影响的主要位置。

第7章　岩溶陷落柱水害综合治理技术与工程应用

7.1　概　　述

岩溶水害一直是影响我国煤矿安全生产的主要水害之一。随着我国浅部煤炭资源逐渐枯竭，煤炭开采深度不断增大，煤矿生产受岩溶水害影响更加突出。根据国内岩溶水害事故统计资料，80%突水事故为构造突水，且多为陷落柱突水。岩溶陷落柱水害具有隐蔽性好、突发性强、危害性大、预测防治难等特点，是威胁煤矿安全生产的重大灾害之一。淮北矿区也不例外，自1996年3月4日任楼煤矿$7_2$22工作面陷伏陷落柱发生突水事故以来，先后揭露了30余个陷落柱，并针对不同陷落柱的导含水性特征，开展了一系列探查与治理技术研究工作，建立了（疑似）陷落柱水害治理工作流程，提出了陷落柱位置和范围的井下、井上物探和钻探相结合的综合探查方法，集成创新了岩溶陷落柱水害治理技术，主要有：突水淹井陷落柱"止水塞"封堵治理技术（赵苏启等，1997；吴玉华等，1998；陈招宣和吴玉华，1998）、突水淹井陷落柱"截流-堵源"治理技术、近陷落柱掘进巷道出水隐伏陷落柱探查与治理技术（童世杰等，2015；李苗等，2016）、近陷落柱开采工作面出水隐伏陷落柱探查与治理技术、巷道揭露（疑似）陷落柱探查与治理技术（张连福和龚世龙，2003）、采场下隐伏陷落柱水平孔钻进与高压注浆超前探查与治理技术（王威，2016）等，并应用于工程实践，取得了显著的经济效益和社会效益。

7.1.1　（疑似）陷落柱水害治理工作流程

（疑似）陷落柱水害治理工作流程主要包括：地震普查、建档填图、分级查治、井下验证和评价定性。

1. 地震普查

实现三维地震勘探全覆盖，必要时进行精细解释。井巷工程设计前，按不大于20m×20m网格切取三维地震时间剖面，分析煤层、太灰及奥灰水顶界面波形完整性和连续性。

2. 建档填图

对三维地震解释的（疑似）陷落柱、物探异常体、反射波异常区，建档管理并标注在采掘工程平面图、矿井充水性图、矿井井上下对照图等相关图件上。

（1）建立健全井上、下各相关含水层的水位、水温、水质动态监测系统，并定期进行观测。

（2）必须实施井上、下物探、钻探、化探和各种试验研究工作，查明相关含水层中高水位、高水温、水质异常区，并绘至有关图纸上。

（3）加强分析研究工作，探讨陷落柱成因机理和发育规律。建立陷落柱台账，并详细描述陷落柱特征。陷落柱的位置、水量都必须绘在采掘工程平面图上和有关水文地质图上。

3. 分级查治

（疑似）陷落柱采取地面定向钻孔超前查治措施；物探异常体采取地面钻孔超前查治措施；反射波异常区采取井下"钻探为主，物探为辅"的超前查治措施。

4. 井下验证

6（10）煤层采区回采巷道施工前开展放水试验，进一步查明太灰、奥灰水力联系；井巷临近（疑似）陷落柱、物探异常体、反射波异常区前200m，制定井下探查验证设计并组织实施，进一步验证其含导水性。

5. 评价定性

地面查治工程完成后编制总结报告，对查治结果进行定性评价，并报公司批准。井下探查、验证工程结束后，由矿总工程师组织定性评价。

（疑似）陷落柱（奥灰）水害防治工作流程见图7.1。

7.1.2　（疑似）陷落柱查治原则与探查规定

1.（疑似）陷落柱查治原则

（1）在地面和井下使用三维地震、高密度电法、瞬变电磁勘探等物探方法和手段，查明陷落柱的分布范围、产状、富含水性等。使用地面钻探方法验证，查明陷落柱的产状、发育高度、深度、富含水性、导水性等。根据区域水文地质特征、矿井水文地质特征及地下水动态，进一步查明陷落柱的富含水性、导水性、突水水源、水源通道等因素。

（2）评估陷落柱对煤层开采、采区划分、工作面设计等影响程度。设计采区、工作面等各类保护煤柱时，最大限度地将陷落柱设计在各类保护煤柱中。

（3）设计、采掘过程中必须通过陷落柱时，要进行采动条件下的陷落柱影响、围岩稳定性及陷落柱突水风险评价。评估内容包括：地层及构造、水文地质特征；矿井充水特征及地下水动态；陷落柱发育分布特征和成因分析；过陷落柱开采围岩地质稳定性分析；陷落柱富含水性、导水性以及水力联系分析；突水危险性分析；矿井排水系统评价；陷落柱水害防治方案。

（4）采用注浆封堵加固方法治理陷落柱的，应当施工地面或者井下效果验证孔，验证孔要穿过整个注浆段，验证孔的数量依据陷落柱的规模而定，但不得少于2个；地面验证孔吸浆量不大于60L/min，或者井下验证孔涌水量小于$1m^3/h$。

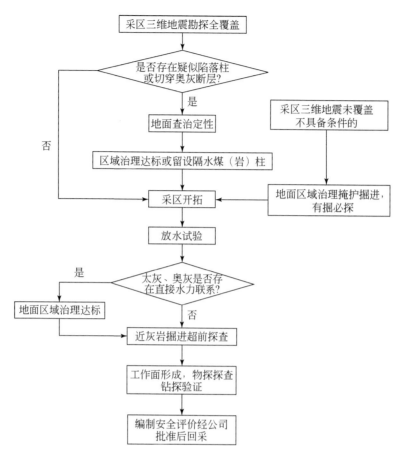

图 7.1　（疑似）陷落柱（奥灰）水害防治工作流程图

2. 陷落柱的探查及其安全煤（岩）柱留设的具体规定

（1）凡经物探工程圈定的疑似陷落柱异常区，在未经查明前，不得在异常区内进行任何采掘工作；对于已确定的陷落柱，必须进一步查清陷落柱边界及其富水性、渗透性、水位、水温、水质、补（径、排）条件等。

（2）进入陷落柱内的钻孔必须注浆封堵，封堵钻孔终压原则上不得低于所在位置静水压力的 1.5 倍。

（3）不含（导）水陷落柱安全煤（岩）柱留设不得小于 20m；含（导）水陷落柱要按照导水断层留设防水煤（岩）柱。并严禁在防水煤（岩）柱内进行任何采掘活动。

（4）布置在陷落柱及其安全煤（岩）柱边界外附近的采掘工作面，要制定水害防范措施；掘进工作面距陷落柱安全煤（岩）柱边界 80m 时，超前对巷道前方、底板及陷落柱一侧进行循环探查。

（5）存在陷落柱突水威胁的区域掘进时，必须同时采用物探、钻探等方法实施循环超前探查工作面前方及顶（底）板富水情况，发现异常立即停止作业。采掘过程中如遇陷落柱时，不论有水无水均应立即停止作业，并及时向上级主管部门汇报。矿总工程师应组织有关人员进行分析鉴定，并编制治理措施，报公司批准后方可实施。

7.1.3 超高承压隐伏陷落柱超前治理措施

隐伏陷落柱，探查难度大、突水致灾后果严重。针对陷落柱突水的灾后治理，投入多、损失大，因此有效提前探查和预防处理陷落柱，将成为陷落柱水害防治的重要措施之一。具体如下：

1）超高承压隐伏陷落柱的预防性治理

在超高承压隐伏导水陷落柱的灾前精确探控的基础上采取预防性注浆堵截治理，有效防止重特大灾害事故的发生。

2）井下超高压隐伏导水构造的综合探控

采取"地质预判、水质预警、物探定位、钻探控制"的综合探控措施：

（1）地质预判：通过对以往陷落柱灾害和地质构造的分析，得出具有陷落柱发育的条件；

（2）水质预警：加强对水质的监测，发现水温、水量、水质的异常变化，预测可能存在陷落柱；

（3）物探定位：采用"地面+井下"结合方式，综合地面三维地震、瞬变电磁，井下瞬变电磁、高分辨电法、并行电法、地震探测、高密度电法、地质雷达等物探结果，基本确定陷落柱的存在，确定钻探的重点探查区域。

（4）钻探控制：采用"井下+地面"结合钻探方式：针对井下超高承压的特点，改进井下钻孔防喷逆止装置（卡钻装置）及超高承压井下探查孔的施工工艺；地面施工导斜定向钻孔，采用先施工垂直钻孔到预定平面，后导斜至水平探查的"直交式"钻探孔，有效控制陷落柱。

3）隐伏陷落柱的多孔联合定向错位注浆堵截

联合井下挡水墙封堵与地面高精度的导斜定向钻孔，对陷落柱体进行"高低位控制、错位注浆"，实现超高承压隐伏导水陷落柱的预防性注浆堵截治理。

7.2 突水淹井陷落柱"止水塞"封堵治理技术
——以任楼煤矿 $7_2$22 工作面突水陷落柱治理为例

"止水塞"技术是在查清陷落柱的基本形态后，沿陷落柱的边缘钻进至一定深度后导斜进入陷落柱，在可采煤层之下一定深度建造一定厚度的"止水塞"，切断奥灰水与煤系地层的水力联系（赵苏启等，2004；周垒，2011）。该技术的适用条件是：突水构造基本确定，在巷道截流技术不能快速封堵成功的情况下，采取"止水塞"封堵方法。其关键技术是：首先要判断确定陷落柱的构造位置，再利用定向导斜技术，使钻孔的轨迹沿陷落柱的边缘钻进，到一定深度后再导斜进入陷落柱；定向导斜钻探技术的成功是决定堵水成功的关键。

任楼煤矿 1996 年 3 月 4 日发生特大陷落柱突水，从发生滴淋水到淹井仅 8.5h。淹井后，考虑到突水点附近巷道为煤巷，利用巷道截流不能确保矿井排水后巷道的安全性，为尽快恢复生产，制定了在陷落柱中建立"止水塞"快速切断水源的方案，并取得了较好的效果（赵苏启等，1997；吴玉华等，1998；陈招宣和吴玉华，1998）。

7.2.1　突水陷落柱治理"止水塞"构建技术

所谓"止水塞"就是在陷落柱垂向导水通道的特定位置，通过注浆建立人工阻水塞，以切断导水通道下部的水源，从而保证被淹矿井的排水和复矿。合理有效的"止水塞"的建立主要包含：止水塞位置选择、厚度计算、施工工艺和后期的加固与检查（郑士田和马培智，1998）。

1. "止水塞"的位置

"止水塞"的位置选择主要取决于两个因素：

（1）可采煤层的位置：要放在最下一层可采煤层的下面，且保证该煤层开采过程中及开采后对"止水塞"无影响，确保"止水塞"在各可采煤层开采过程中的完整性和隔水效应；

（2）围岩的性质：要选择在完整、坚硬、相对隔水的砂岩层中，这样可保证"止水塞"与围岩的接合质量，以防止高压水沿"止水塞"与围岩接触带的绕流和"止水塞"的活塞式移动。

2. "止水塞"的厚度计算

因为"止水塞"起着阻止奥灰高压水进入矿井的作用，所以其厚度主要由作用于"塞"底面上奥灰水压大小来决定。因此"止水塞"的厚度可使用突水系数经验公式进行计算：

$$M = P/Ts \tag{7.1}$$

式中，M 为"止水塞"厚度，m；Ts 为突水系数，MPa/m；P 为"止水塞"所承受的奥灰水压，MPa。

3. 注浆钻孔施工工艺（"蛇形"钻进）

在陷落柱中快速建立"止水塞"，关键是如何快速到达预设"止水塞"位置。陷落柱内岩块松散破碎，时有空洞，钻进时坍孔埋钻、掉块卡钻事故频繁发生，给钻探工作带来极大的困难。为此选择在陷落柱周围完整地层中进行钻探施工，到达预定深度后，通过导斜技术使注浆孔在预设"止水塞"顶进入陷落柱。由于陷落柱形态、大小及周边位置的不规则性和复杂性，利用传统的导斜方法，无法准确进入注浆目标点。对此提出人工受控导斜工艺——"蛇形"钻进技术，它与以往定向导斜钻进原理一样，但方法不同。该工艺是通过人工受控定向导斜技术使钻孔的轨迹随陷落柱边缘的变化而弯曲，且始终保持在距陷落柱边缘一定距离的完整地层中，到预定位置后加大天顶角进入陷落柱。详见图 7.2。

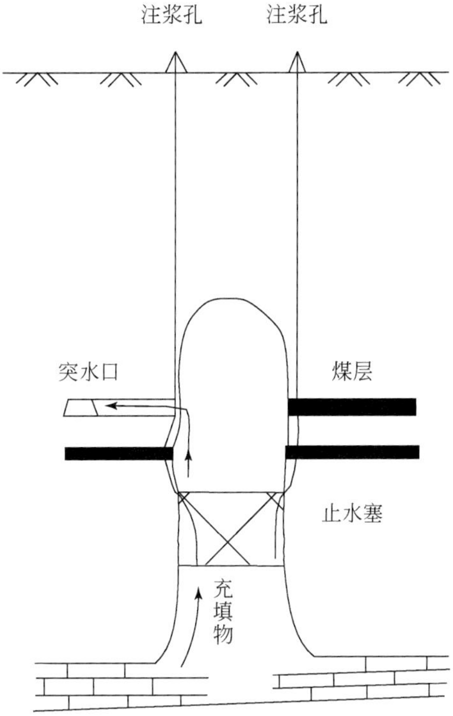

图 7.2　"止水塞"及注浆孔轨迹示意图

4. 注浆施工工艺

注浆钻孔进入预设"止水塞"后，采用下行注浆法施工，但又不同于以往边钻边注逐渐达到设计压力的注浆方法。以往方法是在"止水塞"上无盖下无托的情况下，压力的作用下浆液必然会向"止水塞"上、下运移，既消耗材料，又无法快速成塞。为此提出"三段式注浆成塞技术"，即上充填段，中间充填与加固段和下部充填段的注浆工艺。把"止水塞"分成上、中、下三段，上、下两段采用下行法无压间歇性灌注工艺，中段采用下行法无压大浆量连续灌注工艺，待整个预设"止水塞"段基本充满后，再采用下行加压注浆法对中间段进行加固，此时"止水塞"上有盖下有托，既有效地防止大量浆液流失，又能加压灌注，快速形成坚固的"止水塞"。详见图 7.3。

5. "止水塞"的完善与加固

受注浆钻孔数量、注浆工艺及水力条件（特别是静水条件）等多种复杂因素的影响，"止水塞"形成后往往还存在薄弱环节，特别是"止水塞"与围岩的接合部位及受陷落柱影响的围岩裂隙带。需要进行检查、完善与加固。以往多采用布设钻孔的方法，该法不但工程量大，而且达不到快速完善与加固的目的。

利用引流注浆新工艺可快速、高效地对"止水塞"进行完善与加固。该技术的原理

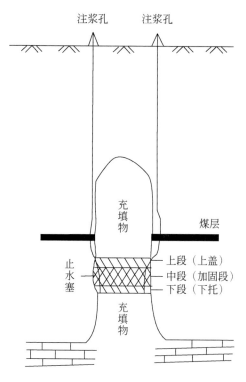

图 7.3　"止水塞"形成示意图

是：通过抽水，加大"止水塞"上下水位差，利用现有注浆钻孔把浆液输送到"止水塞"中继续过水的通道中（图 7.4），加速完善和加固"止水塞"的进程，提高"止水塞"的质量，节约大量的注浆钻孔。

7.2.2　$7_2 22$ 工作面陷落柱突水经过及分析

1. 突水工作面概况

$7_2 22$ 突水工作面位于一水平中二采区北翼，为矿井首采工作面，工作面标高 -384 ~ -348m，走向长 675m，倾斜宽 140m，倾角 17°左右，煤层厚 1.2 ~ 2.8m，平均厚 2.0m，底板为浅灰色泥岩，厚 1.5m，其下为 7_3 煤层。老顶为中细粒砂岩，厚 6.3 ~ 18.8m，裂隙发育不均，水量以静储量为主，易于疏干。采面上方留设有垂高 88 ~ 125m 的松散层防水煤岩柱，不存在四含水或地表水直接透入工作面的问题。$7_2 22$ 工作面煤层下距太灰 165m，下距奥 290m 左右，在正常条件下，也不存在采后底板太灰、奥灰突水问题。

2. 突水经过

$7_2 22$ 工作面开始回采时顶板曾有少量滴淋水，随后逐渐消失。工作面推采到 120m 处

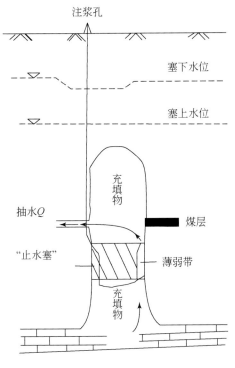

图 7.4　引流注浆示意图

遇到一条落差 1.0~1.5m 的正断层，涌水量为 3.0m³/h，推采到 220m 时水量增大到 50m³/h，其水质经取样分析为四含水。为了安全生产随即停产改造，将工作面由北向南移 60m，重开切眼以避开出水部位（图 7.5）。

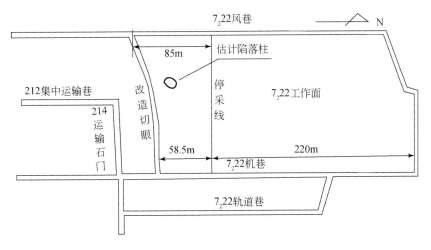

图 7.5　$7_2$22 工作面示意图

1996 年 3 月 4 日，新的切眼贯通后，风巷往下 25m 处（-355m），从切眼的北帮开始大量出水，初时水量为 60m³/h，3h 后发现原突水处北帮煤层中已形成约为 4×4m 的空洞，且出水口已转移到风巷以下约 30m 左右的地方。4.5h 后水量达 1980m³/h，6h 后水量高达 11854m³/h，突水量远大于矿井设计最大排水能力的 1200m³/h，而导致淹井。到 3 月 6 日 5h30min，井筒淹没水位已上涨到-297m，矿井累计积水量已高达 31.0 万 m³；随着水位不断上升淹没速度也随之减慢，3 月 21 日上升到±0m 左右，最后于 5 月 21 日上升到+15.59m 后基本稳定。经有关部门组织专家确认为"不可预见的特大型突水灾害"。

3. 突水水源与导水构造分析

通过地质资料分析和相邻矿井长期观测孔变化判定，本次突水水源是深部奥灰承压水。其理由是：①突水水温为 34℃，结合本区在勘探期间所取得的恒温带深度 30m，恒温带温度 15.5℃，平均地温梯度值 3.002℃/100m 等特性，计算水源来自-600m 以深；②突水 4 天后相邻矿井距突水点 16.2 km 处奥灰观测孔水位累计下降 7.04m，而本井田四含长期观测孔水位的同期下降累计 0.85m；③突水的水量大，水源丰富。故水源应为深部奥灰承压水。

运用地质力学和流体力学的理论，结合本地区的地质结构特征，本次突出来势之迅猛，水量之大，增长之快，显示出具有"管道流"的特征。鉴于该处 7₂ 煤层下距奥灰为 290m，不可能存在煤层开采直接破坏 290m 隔水层导致奥灰突水的可能性。突水点周边一定范围内为煤巷圈定，也未发现有可能直接破坏、导通奥灰水的较大断层。因此该隐状导水构造应为陷落性奥灰岩溶陷落柱。

7.2.3　突水陷落柱注浆治理过程

1. 治理方案

根据分析，导水类型初步确定，但突水通道具体位置、形态、特征还不确定，因此，治水、布孔采取"三步走"、"两种选择方案"。分三步是把整个治水工程分探查、注浆及加固 3 个阶段，并以探查为基础。两个可供选择的方案是封堵陷落柱堵源方案和先截流后堵源方案。即通过第一阶段的探查，如果导水构造比较明显就采用封堵陷落柱方案；若探查期间导水构造难以查明，无法准确布孔堵源则采用先截流后堵源方案。

2. 注浆布孔要求

（1）注浆布孔的前提条件：要基本查明陷落柱的具体位置，大体边界、柱顶发育高度和柱内充填情况。

（2）布孔的原则：当柱顶发育较高时，为避免在柱内的松散岩块中长距离钻进困难，在柱外沿周边正常岩层中布孔，待钻进到一定深度后再设计受控定向导斜钻入柱内。当柱顶发育较低时，则在柱内布孔，用充填骨料旋喷注浆等特殊注浆工艺钻过上部松散岩块至设计深度，再进行注浆建造"止水塞"。

（3）封堵部位

其封堵部位，经过对 8_2 煤层采后底板岩石采动破坏深度和柱内"止水塞"与周边岩石强度等分别计算，确定封堵层位为 8_2 煤层以下 15m 左右的山西组砂岩。"止水塞"高度按下式计算：

$$S = FP_W A / (LQ) \tag{7.2}$$

式中，S 为堵水段高度或垂高，m；F 为柱内堵水段横断面面积，m^2；P_W 为堵水段底部承受的水压（本次取 4.15MPa）；L 为止水塞与围岩周边结合长度（$30m \times 3.142 = 94m$）；Q 为堵水段周边岩石抗剪强度（本次取 2.80MPa）；A 为安全系数（取 3.0）。

当陷落柱内直径为 50m 时，其高度为 55.6m，为了安全取 60m。

3. 注浆孔布置与实施

首次布设 3 个孔，其中截$_1$孔位于突水点附近的开切眼上方，要求准确透巷，起到先期"关门"的作用，以阻止浆液向巷道大量流失，该孔 1996 年 3 月 26 日开孔，4 月 25 日于孔深 379.72m 准确透巷，共注骨料 $129.88m^3$，水泥 50.88t，达到设计要求后终孔。查$_1$、查$_2$孔在 258.02～278.60m 严重漏水，未见陷落柱或其他导水构造，查$_3$孔因查$_1$、查$_2$相互影响钻进至 154m 即终孔报废。

首次探查表明，截$_1$孔和查$_2$孔层位的钻进正常，距陷落柱较远，查$_1$ 258.02m 大漏水，向下钻进时不漏，且孔内 Φ180mm 套管自动整体下落 67.29m，证明本孔距陷落柱较近，陷落柱位置可能在本孔的东北方向。

基于以上探查分析，布设了查$_4$、查$_5$两个小口径探查孔，并在钻孔之间进行无线电波探查。

查$_4$以小口径快速钻进只用 8d 时间钻到 262.50～275.34m 层段连续掉钻 3 次，累计掉钻达 11.42m，且钻进到 293.90m 时尚未穿过四含，与周围钻孔相比，基岩面至少已下落20m。查$_5$孔只用 10d 时间钻进到 376.52～383.09m 导段分别掉钻 3 次，累计掉钻 3.50m，此外在 391.85m 附近取心鉴定，岩性破碎杂乱，有 7 煤顶板以上的铝土泥岩以及 6 煤以上的含燧石的磷铁结核。由此进一步确定为陷落柱。

经各孔之间的无线电波透视 6 个探测剖面，1658 个透视点分析，本次导水构造确为一个隐伏陷落柱，其顶端已发育至四含底部，平面形状大体为一长轴 25～30m，短轴 20～25m 的椭圆形。钻具自动下落，表明柱内堆积物大小不一，很松散，尚未压实。柱内测量水位分析，出现柱上、柱中、柱下水柱不等的 3 个水位区，陷落柱自上而下的密实程度不一。

结合探查结果分析，本着在充分利用、改造已有孔的基础上再布设注浆孔的原则，具体布置如下：

查$_1$孔：原孔深 410.56m，未进陷落柱。设计上提到 350m 附近开始向陷落柱方向人工受控定向造斜钻进，在 420m 左右进"柱"，使其改造成为注浆孔。

查$_2$孔：原孔深 422.64m 距陷落柱太远，导斜进柱已不太可能。设计延深至太原组四灰，作为陷落柱影响区的太灰观测孔，以指导注浆。

查$_4$、查$_5$孔：孔径小改造困难，但孔位好，已在"柱"内。设计继续钻进，能打多少就打多少，争取打到设计注浆段。

以靠近突水点的陷落柱东南部为重点，沿陷落柱边缘布孔。共设注$_1$、注$_2$、注$_3$、注$_4$、注$_5$等5个注浆孔，要求各孔都能从陷落柱外面正常地层中钻进，到-350m左右，再导斜进"柱"，采用钻一段、注一段、注好一段再延伸一段的下行注浆方式，一直钻注到-480m（图7.6，图7.7）。

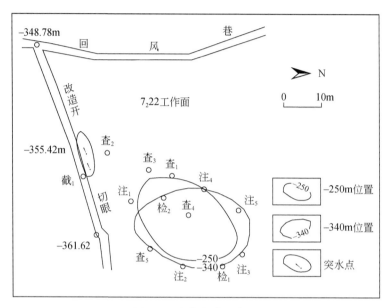

图7.6　注浆布孔示意图

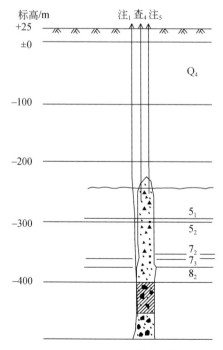

图7.7　注浆孔剖面示意图

自 1996 年 5 月 25 日注浆工程实施，至 8 月 23 日共施工注浆孔 5 个，改造利用孔 3 个，进尺 2440.20m，先后注浆 90 余次，注入水泥 11309.29t，在此期间采用大泵量低压连续灌注，最大日注入量达 423t，从 8 月 23 日至 9 月 9 日排水到底，对各注浆孔实行加固性注浆，共计注入水泥 3983.72t，各孔终压在 2.5～4.0MPa，延续时间为 26～55min，吸浆量为 40L/min，均达到终压、终量和压水试验标准。

引流注浆自 8 月 12 日开始，与试验排水、复矿追排水结合在一起，形成三位一体，至 9 月 9 日排水，共用了 28d 时间，总排水量达 51 万 m^3，引流注浆后效果明显，使得浆液在引流水位差与泵压推动的"合成力"作用下，流经"止水塞"地段未充填好的其他通道，避免浆液大量流失。

7.2.4　突水陷落柱治理快速钻探与注浆工艺关键技术与实施

1. 快速钻探施工关键技术

由于陷落柱顶已发育到第四系底部，"柱顶"埋深 240m 左右，距设计注浆段（420～460m）较远，松散层中钻孔缩径现象严重，柱内松散破碎带地层，在钻探过程中困难很大，如孔内漏水、塌孔，孔壁很难维护，卡钻、埋钻事故时有发生，为了安全、快速地达到设计注浆段，钻探施工的关键技术如下（赵苏启等，1997）：

1) 合理的组合钻具

为了实现钻孔在覆盖层内的孔斜基本为 0、非导斜孔段基岩孔斜率 8‰～10‰、工期紧的设计要求，采用牙轮钻头、加重钻铤、扶正器等合理的组合钻具，在不同地层和不同深度，给予不同的孔底压力。在新生界地层钻进时，平均日进尺达 74.28m，最高日进尺达 176m；在基岩地层钻进时，平均日进尺 24.93m，最高日进尺达 43.46m。不仅钻探效率高，大大缩短了工期，而且有效地防止钻孔偏斜和缩径。截$_1$孔准确打中深 380m、宽仅 2m 的巷道，天顶角始终为 0，充分显示了组合钻具的优越性。

2) 人工受控导斜技术

为避免钻孔在陷落柱内钻进所带来的困难，根据设计要求，孔位定在推测陷落柱外侧 3m 左右，钻进至适当孔深时采用人工受控定向导斜技术，使布设的钻孔按设计轨迹延伸，达到设计目的，最终打到陷落柱内。

3) 优质的化学泥浆

针对本区松散层较厚，容易塌孔、缩径、漏水，选用了适合本区的化学泥浆，如 80A-51、聚丙烯酰胺、水玻璃、CaO 土粉等，由于泥浆材料选择合理，浓度配比合适，各孔均未发生淤钻、缩径和卡钻事故，为快速钻进提供了保证，为尽早堵水成功保证了工期。如查$_4$孔和查$_5$孔采用优质化学泥浆、合理的钻具，仅用 5d 和 8d 时间就完成了探查陷落柱的任务。

4) 套管护壁及旋喷造壁技术

为了达到不同类型的地层对泥浆性能各异的客观要求，及时使用了多级套管护壁工艺，如在 280m 的松散层地层中就下了二级套管，在陷落柱内部漏水严重的松散地层中，使用了旋喷造壁技术，取得了较好的效果。

2. 群孔防串浆注浆工艺

注浆堵水工程在初期探查阶段，为了加快注浆堵水进度，往往同时上几台钻机施工，以便准备钻孔注浆，争取时间，同时准备 2~3 套注浆系统，一旦条件具备就进行大规模注浆，但在施工中往往由于地质条件，钻孔互相串浆等影响注浆进度。根据实践经验，可采取如下办法：

（1）若只有一个钻孔打到目的层，可在孔口安装两套注浆系统同时注浆，若一套系统出故障，可及时关闭本系统，另一系统继续运行，保证钻孔连续注浆，节约了钻孔压水、透孔的时间。

（2）若有两孔以上钻孔打到目的层，可同时注浆，若注浆系统不够，将打到目的层的钻孔，用水泥封堵 10m 左右，等待其他钻孔注浆结束后再启注；若多孔同时注浆，而某一套注浆系统出故障，可暂时向孔内注水，孔口加密封盖封口，防止其他孔注浆时相互串浆。

7.2.5 $7_2$22 工作面陷落柱特征及导水机理分析

1. $7_2$22 工作面陷落柱特征

$7_2$22 工作面突水以后，经水源分析和后期探查治理截流证实，本次突水的导水通道是陷落柱，该陷落柱命名为 $7_2$22 工作面陷落柱。该陷落柱位于 $7_2$22 工作面改选切眼的北侧，$7_2$22 工作面风巷的下侧，该陷落柱经治理后证实平面上呈椭圆形，长轴 NNW，短轴 NEE，用钻孔的"孔间插入"和孔间无线电透视初步推定，其平面形状大体为一长轴 25~30m，短轴 20~25m 的椭圆形。顶界至新生界四含，发育高度约 300m。从剖面上看，该陷落柱基本上呈直立形状，由根部向上由东向西斜 3°~4°左右。陷落柱为一顶空型陷落柱，一些探查孔出现了掉钻现象，如查$_4$孔累计掉钻 11.42m，并探明基岩面塌陷 20m，查$_5$掉钻 3.50m。钻探情况还表明，陷落柱柱体内岩性破碎，堆积物大小不一，很松散，许多探查孔出现漏水、坍孔、卡钻、埋钻等事故。另从查$_1$孔钻探情况来看，这个钻孔位于陷落柱的边缘，地层层位正常，但这个钻孔孔内冲洗液时漏时不漏，甚至出现套管自动整体下落现象，这些情况表明，在陷落柱周边，存在裂隙带，并且裂隙带具有一定的导水性能。

2. $7_2$22 工作面陷落柱导水机理分析

通过对 $7_2$22 陷落柱出水过程的分析，可以得出该陷落柱具有周边裂隙导水的特征：

（1）$7_2$22 工作面出水是有一个过程的，$7_2$22 工作面风巷距离 $7_2$22 陷落柱 30 多米，当风巷掘进时，虽有淋滴水，但水量很小。而在工作面回采的过程中，一开始也是水量很小，每小时仅几立方水，从其出水量来看，说明了陷落柱开始是只是周边裂隙导水。但随着工作面不断推进，受采动影响和周边裂隙水流的影响，陷落柱柱体也活化导水（许进鹏，2006），水量才突然增大，最终造成淹井灾难（见图7.8）。

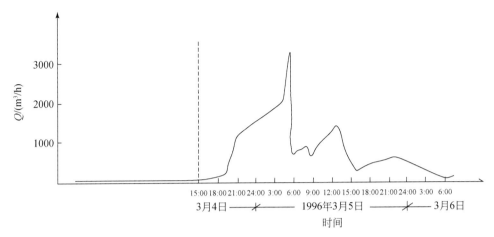

图 7.8　$7_2 22$ 工作面涌水量曲线图

（2）在工作面开采距陷落柱 145m 时，工作面已开始出水，此时开采对陷落柱影响较小，这说明 $7_2 22$ 工作面陷落柱在未受采动影响之前已具有导水性能。

（3）工作面内的出水水质较清，不含有陷落柱体的破碎物等，也说明了陷落柱开始是只是周边裂隙导水。

（4）另从查$_1$孔钻探情况来看，这个钻孔位于陷落柱的边缘，地层层位正常，但这个钻孔孔内冲洗液一直时漏时不漏，甚至出现套管自动整体下落现象，这些情况表明，在陷落柱周边，存在陷落柱周边裂隙带，并且裂隙带具有一定的导水性能。

7.2.6　"止水塞"封堵治理技术总结

（1）陷落柱内建立"止水塞"封堵的部位和长度的确定。为了保障井田最下一个可采煤层（8_2煤）的安全开采，结合地层岩性条件确立了在 8_2 煤下 $15 \sim 75m$ 建立 60m 的封堵"止水塞"。

（2）陷落柱内松散破碎岩体的防漏、防塌、钻注工艺及钻孔受控定向导斜注浆技术。针对陷落柱已发育至四含，在上部冲积层采用加重钻具，牙轮钻头，特种化学泥浆快速钻进，并下套管护壁。下部陷落柱内则采取特制水泥浆作冲洗液加固孔壁，短段旋喷注浆造壁，边注边钻等方法，同时为避免在陷落柱内松散岩体中钻进，将钻孔布设在陷落柱边缘，钻进至一定部位后采用受控定向导斜技术进入陷落柱"止水塞"部位封堵。

（3）控制浆液流失及利用和限制串浆的注浆工艺技术。先期利用截$_1$孔透巷、灌骨料及浆液，阻塞过水通道达到"关门"作用，后期利用引流注浆技术防止浆液无限扩散。对孔内串浆采用同层段串浆孔双孔并列注浆。

（4）大规模多系统、多配比造浆、注浆，最高日注浆 733m³，水泥 423t。

（5）地下水动态监测体系及监测资料的分析。先后施工了 10 个水文长期观测孔，严密观测水位动态，及时分析水情，正确指导注浆。

（6）引流注浆及其配套技术。治理前期采用静水注浆，后期则采用引流注浆，在引流水压差与泵压推动的"合成力"作用下使浆液流经"止水塞"地段未充填好的通道，避免浆液无效流失。

（7）引流注浆、试验排水和复矿追排水三位一体加速注浆堵水进程的技术方法。

这些快速治水复矿技术是我国多年来煤矿治水复矿技术发展的又一次飞跃。对加快治水复矿、降低治水成本具有重大的推广价值。本次突水灾害治理由于采用了以上新技术，仅用了6个月的时间，共施工探查孔5个，截流孔1个，注浆孔5个，检查加固孔2个共13个孔，钻孔总深度5372.82m，总进尺5542.87m（其中定向导斜孔673.37m），共注入水泥15032t，工程总费用仅为1825.46万元，堵水率达100%，实现当年出水、当年治理、当年复矿出煤。不仅救活了一个年产150万t的矿井，同时还提供了煤矿快速、高效、优质治水救灾的配套技术和经验，为我国大型、特大型煤矿突水灾害的快速治理树立了典范。

7.3 突水淹井陷落柱"截流-堵源"治理技术——以桃园煤矿1035工作面突水陷落柱治理为例

7.3.1 1035工作面陷落柱突水过程与分析

1. 突水工作面概况

1035工作面位于桃园煤矿南三采区上山南翼，上部为1033工作面采空区，下至10煤层-520m底板等高线，南至10煤层不可采边界，北至南三回风上山。工作面为走向近SW、倾向近SE的单斜构造，工作面标高为-509.6～-403.8m。工作面煤层赋存较稳定，煤层厚度为1.5～3.8m，平均为2.9m，局部有夹矸0.2～1.8m，平均1.0m，煤层倾角10°～30°，平均20°，直接底、直接顶均为泥岩。1033轨道巷中段见火成岩侵入，工作面里段煤层受火成岩侵蚀变薄。1033工作面机巷揭露断层5条，落差在0.8～10m之间，工作面里段、外段受褶皱构造影响，小断层发育，煤层起伏较大。根据采区三维地震资料分析，工作面内未发现直径大于20m的陷落柱。

2. 突水概况

2013年2月2日17时30分，1035工作面机巷准备到位向上施工切眼28m时，迎头向后约12m处底板底鼓渗水，到18时，水量稳定在60m³/h左右，到19时水量增加到150～200m³/h，之后一直稳定到次日0时0分。2月3日0时20分，突水点水量突然剧增，估计突水量3万m³/h以上。2月3日1时，一水平泵房电机被淹无法排水，1时53分二水平泵房被淹。

切眼突水点标高-470m，突水点10煤到太灰顶隔水层厚度为64.27m。该区域进行了地面三维地震勘探，未发现落差大于 5.0m 断层、陷落柱等地质构造异常；机巷、切眼掘进揭露煤层顶板连续完整；与突水点相距 18m 的补 10-3 孔终孔于太原组一灰，该孔揭露地层结构稳定，钻孔简易水文地质观测资料正常。

3. 突水水源、通道、突水量的分析和判断

1035 工作面突水后，矿井奥灰水水位下降 40m 以上，水化学分析显示突水水质与奥灰水特征相似，且突水量巨大，基本确定本次突水水源为奥陶系灰岩含水层的岩溶水。

但根据突水情况、突水点附近构造发育特征以及突水点与奥灰含水层的相对位置分析，本次突水的通道应该为发育在 10 煤以下的一个隐伏导水陷落柱，但其具体位置、形态、发育高度有待钻探及注浆工程进一步查明。

7.3.2　1035 工作面陷落柱突水治理方案

1. 堵水方案制定

为了尽快恢复矿井生产，在确保堵水效果的条件下最大限度地节约治理时间，本次突水灾害治理采用截流与堵源同时进行的方案。

1）巷道截流工程方案

通过大量灌注水泥浆在堵头巷道内建立 150m 的堵水段，切断突水点与矿井间的水力联系，并对巷道顶底板地层加固改造，形成能够抵挡奥灰水高水头压力的阻水墙，达到排水复矿的条件。具体步骤为：

（1）巷道封口：先在离切眼 150m 处的巷道下口实施"关门封口"钻孔截$_1$孔，设计通过大量灌注骨料，在巷道内形成堆积体，减少后续孔大量注浆时的浆液无效扩散。

（2）充填注浆：离切眼 80m 和 20m 位置实施注浆孔截$_2$孔和截$_3$孔，大量快速灌注水泥浆液，填充巷道空间。

（3）升压加固注浆：在截$_1$孔和截$_2$孔之间实施检查加固孔截$_4$孔，在截$_2$孔和截$_3$孔之间实施检查加固孔截$_5$孔。并通过 5 个巷道截流孔对巷道顶底板上下 30m 岩层及巷道内未充填空间进行加固，形成安全有效的堵水段。

2）堵源工程方案

对陷落柱进行充填盖帽，盖帽完成后进行下延加固改造。具体步骤如下：

（1）先期在突水点及其上山方向、走向方向布置 3 个探查注浆钻孔，用于查明陷落柱发育高度及范围。

（2）利用先期探查钻孔对陷落柱灌注水泥浆，形成顶部盖层。

（3）分段（20~40m）延伸探查钻孔注浆充填陷落柱，直至四灰底板以下 20m，形成 10 煤下约 120m 的止水塞。

（4）布置检验钻孔对陷落柱止水塞进行质量检验和注浆加固。

在注浆堵水工程进行过程中，为进一步探查陷落柱发育高度和范围，新增堵源$_4$孔、堵源₅孔、堵源₆孔和堵源₇孔，用于查明隐伏陷落柱发育特征，并对陷落柱充填加固改造。

2. 工程技术路线

本次截流工程的技术关键是布置在 1035 机巷的截流钻孔准确透巷和实施截流注浆。其中透巷需要专门的钻孔定向技术。巷道截流工程分三个步骤：巷道截流封口→巷道内大量充填注浆→顶底板升压加固。

本次堵源工程的技术关键是对突水点及隐伏陷落柱的探查。要求探查到突水点情况，探查陷落柱发育高度、位置和具体大小范围，并对陷落柱实施充填加固改造工程，彻底封堵突水通道。

7.3.3　1035 工作面突水隐伏陷落柱堵水工程施工

在本次注浆堵水工程中，"截流"和"堵源"同步进行。堵水工程分为巷道截流工程和堵源工程。总体施工包括钻探工程和注浆工程两个方面。

1. 钻探工程施工

1）钻孔布置情况

本工程包括巷道截流工程和堵源工程两个部分，共施工钻孔 12 个，钻孔布置见图 7.9。

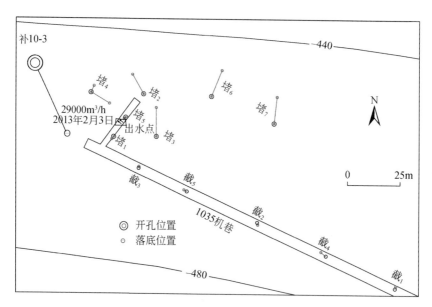

图 7.9　桃园煤矿陷落柱堵水工程地面钻孔布置图

（1）巷道截流工程钻孔布置情况

沿 1035 机巷布置 5 个巷道截流孔。在离切眼 150m 处的巷道下口实施"关门封口"钻孔截$_1$孔；离切眼 80m 和 20m 位置施工注浆孔截$_2$孔和截$_3$孔，用于大量快速灌注水泥浆液，填充巷道空间。在截$_1$孔与截$_2$孔之间布置截$_4$孔，在截$_2$孔和截$_3$孔间布置截$_5$孔，截$_4$孔、截$_5$孔主要用于检查加固。

（2）陷落柱堵源工程钻孔布置情况

在突水点位置布置堵$_1$孔，探查突水点情况，并向下延伸探查陷落柱柱体在突水之后的情况。在切眼顶布置堵$_2$孔，探查陷落柱发育特征。前期从原有资料中得知补 10-3 孔未见陷落柱，因此在切眼内侧布置堵$_3$孔，探查陷落柱发育范围和特征。随着注浆堵水工程施工的进行，堵$_1$孔偏离突水点，新增堵$_5$孔探查突水点情况。为确认补 10-3 孔情况，新增堵$_4$孔探查陷落柱西南侧边界。新增堵$_6$孔和堵$_7$孔探查陷落柱西侧和北侧边界。

2）钻孔施工情况

本工程共施工地面钻孔 12 个，其中：巷道截流孔 5 个，陷落柱探查治理孔 7 个；累计进尺 7403.87m，其中定向直孔进尺 6999.87m，定向斜孔进尺 404m。各孔施工简要情况见表 7.1。

表 7.1　桃园煤矿 1035 工作面陷落柱注浆堵水工程地面钻孔施工情况一览表

孔号	开孔时间 终孔时间	孔深/m	定向直孔/m	定向斜孔/m	过 7$_1$煤采空区情况	透巷/中靶情况	水位（埋深）/m	备注
截$_1$	2013.2.10 2013.2.23 <u>2013.3.22</u>	530	515	127	365.5～377m 消耗，382m 变硬进 7$_1$煤底板	493.8m 全漏，500～503m 进尺加快，延伸至 515m 岩层破碎，扫孔至 504m 遇铁	82.3	延伸至底板下 30m 注浆封孔
截$_2$	2013.2.17 <u>2013.3.06</u> <u>2013.4.05</u>	530	530		提前用锯末堵漏，该段未见明显消耗	491.78m 开始消耗，492.5m 返水泥，494m 掉钻明显，钻进至 498.5m，支底后起钻	46.2	延伸至底板下 30m 注浆封孔
截$_3$	2013.2.14 2013.2.25 <u>2013.4.04</u>	581.13	581.13		350m 少量消耗，379～381m 消耗量大	489.5m 提拉钻具出现漏水，加尺后不漏，492m 开始掉钻，至 495.2m 掉钻 3.2m	84.4	延伸至底板下 80m 注浆封孔
截$_4$	2013.2.25 2013.3.14 <u>2013.3.20</u>	530	530		提前用锯末堵漏，该段未见明显消耗	488m 变软进尺加快后变硬，496～499.5m 变软进尺加快，500m 返水泥浆，停泵后不返延伸至 510m	98.5～101.0	延伸至底板下 30m 注浆封孔

续表

孔号	开孔时间 终孔时间	孔深/m	定向直孔/m	定向斜孔/m	过7_1煤采空区情况	透巷/中靶情况	水位（埋深）/m	备注
截$_5$	2013.2.26 2013.3.14 <u>2013.4.01</u>	570	570		提前用锯末堵漏，该段未见明显消耗	490～492m 进尺加快，492.5m 时漏时返，493m 进尺加快，493.5m 严重跳钻返出铁屑，493.8m 过铁，进尺加快至496.2m 变硬，进尺变慢至499.56m	49.7～61.0	延伸至底板下70m 注浆封孔
堵$_1$	2013.2.11 2013.2.26 <u>2013.4.18</u>	620.19	620.19		提前用锯末堵漏，该段未见明显消耗	孔深 482m 钻孔全漏，488.90m 处发现掉钻，进入巷道，掉钻1.48m，以下有1.52m 沉渣，钻进至495m	65.0	延伸至底板下125m 注浆封孔
堵$_2$	2013.2.11 2013.3.01 <u>2013.4.18</u>	604.21	562.21	42	未见明显消耗	孔深476m 全漏，478m 进尺很快，481m 进入巷道发现掉钻，掉钻2.34m，483.34m 进入巷道底板，钻进至490.54m	56.0	延伸至底板下113.67m 注浆封孔
堵$_3$	2013.2.11 2013.3.09 <u>2013.4.27</u>	620.13	620.13		未见明显消耗	从孔深477.20～527.46m 钻孔间断性全漏，钻进至527.46m，停止钻进，测井观测水位后注浆	52.0	延伸至底板下92.67m 注浆封孔
堵$_4$	2013.3.07 2013.3.17 <u>2013.4.29</u>	620	575.1	235	提前用锯末堵漏，该段未见明显消耗	479.7m 变软进尺加快，483.5m 变硬至煤层底板，冲洗液未见明显消耗，返煤屑，后钻进至575.1m，未见陷落柱	76.0～76.2	向堵$_5$方向打分支孔，522m 揭露陷落柱，延伸至620m，注浆封孔
堵$_5$	2013.3.08 2013.3.16 <u>2013.5.09</u>	654	654		提前用锯末堵漏，该段未见明显消耗	487.4m 变软进尺快，488.7m 变硬，488.8m 过铁，之前有少量消耗；488.8～489.8，变软进尺快，返岩粉、水泥渣和少量煤；489.8m 变硬至底板；493.6～495.6m 消耗量较大；500～501m 消耗量较大；钻进至511.5m 全漏，变软进快	40.4～49.0	向陷落柱内延伸至654m，做分段压水试验检查陷落柱封堵效果之后，注浆封孔
堵$_6$	2013.4.09 <u>2013.5.02</u>	619.96	619.96			525～553m 段有部分消耗，570m 发生串浆	46.6	延伸至619.96m 后注浆封孔

孔号	开孔时间 终孔时间	孔深/m	定向直孔/m	定向斜孔/m	过 7₁ 煤采空区情况	透巷/中靶情况	水位（埋深）/m	备注
堵₇	2013.4.24 2013.5.26	622.15	622.15			574.21m 有部分消耗，591m 大量消耗	42.1	延伸至 622.15m 后注浆封孔
合计		7101.77	6999.87	404				

注：下划线为透巷或中靶时间；下划线为钻孔向底板延伸之后的终孔时间；水位为第一次透巷或中靶时的水位观测值。

综合 12 个钻孔的钻探工程施工情况，可以得出以下几点认识：

（1）1035 机巷地质情况

5 个巷道截流孔以及后期的陷落柱探查孔的钻进情况表明，在未经开采扰动破坏的情况下 10 煤顶板岩层较完整，裂隙发育高度和深度有限。

（2）陷落柱发育特征探查情况

堵₁孔见煤深度 500m，钻进至 520m 以下冲洗液漏失，523m 掉钻 1.0m，证实该处陷落柱发育至煤层底板以下约 20m。

堵₂孔预计见煤深度 483m，481m 时掉钻 2.34m（进入切眼巷道），后又钻进 7.8m，见硬质岩石，提钻注浆。首次注浆结束之后扫孔进尺至 507m，506m 以下岩性破碎，漏失严重。此后多次扫孔显示 506～583m 段存在发育程度不同的破碎带，出现浆液大量漏失的情况，推测为陷落柱发育的西侧边缘。

堵₃孔终孔测井显示 486.75～488.60m 为厚 1.85m 天然焦，491.15～494.25m 岩层破碎。扫孔至 525.80m 后全漏，延深至 574m 岩层松软破碎，判定见陷落柱。

堵₄孔终孔 575.1m，见 10 煤深度 479.2～481.89m，煤厚 2.69m，含一层厚 0.8m 的粉砂岩夹矸，终孔层位三灰底板，地层结构完整正常。之后向堵 5 孔方向导斜，在 522m 附近岩层开始破碎，并出现截₃孔向堵₄孔串浆的现象。判定进入陷落柱，该处为陷落柱的南侧边界。此后进一步延伸至 553m，岩层破碎，返大量黑色泥岩岩粉，冲洗液出现大量消耗判定在陷落柱内。

堵₅孔终孔测井显示 486.38～488.31m 为天然焦（夹 0.36m 碳质泥岩夹矸）。511.5m 冲洗液全漏，煤层底板下 22m 有岩石碎块，见卡钻、塌孔现象，分析 511.5m 以下为陷落柱。

截₃孔注浆过程中均发生向堵₁、堵₂、堵₄、堵₅孔串浆的现象，表明，后 4 孔均在陷落柱内，并有通道相连。

堵₆孔钻进至 570m，有少量消耗，堵₄孔注浆，出现向堵 6 孔串浆的现象，判定堵 6 孔在陷落柱范围内。

堵₇孔地层完整，判定陷落柱的北侧边界在堵₆孔和堵₇孔之间。

截₃孔延伸至 581.13m，截₅孔延伸至 570m，接近四灰，地层均正常，判定陷落柱的东侧边界在截₃孔和堵₁孔、堵₃孔之间。

综上可知，陷落柱四个边界分别在：截₃孔与堵₁孔之间、堵₄孔、堵₂孔和堵₆孔与堵₇

孔之间，如图 7.10 所示。陷落柱长轴方向为南北向，约 70m，短轴为东西方向，约 30m，面积约 2100m²。陷落柱发育较高，始于 10 煤层底板以下约 20m 处，且与奥灰含水层存在明显水力联系。

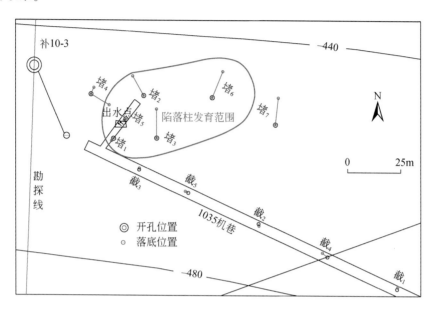

图 7.10　陷落柱发育范围探查成果图

（3）奥灰含水层水位

2013 年 5 月 9 日，堵₅孔延伸至 654m，接近奥灰含水层，并在陷落柱内，该段与奥灰水存在水力联系。水位长期稳定在埋深 33～34m，并通过注水试验确定该水位为稳定的含水层水位，与井田内奥灰 98 观 1 孔水位相近，为区内奥灰水水位，因此，也验证了该地区奥灰含水层水位。

2. 注浆工程施工

1）注浆工程总体施工情况

桃园煤矿注浆堵水工程共施工注浆孔 12 个，包括 5 个截流孔和 7 个堵源孔。自 2013 年 2 月 24 日至 2013 年 5 月 26 日，共向注浆孔内注浆 220843t，其中水泥 184246.04t，粉煤灰 36596.96t（粉煤灰混在水泥浆液中构成混合浆液）。圆满完成了巷道截流、10 煤顶底板加固、陷落柱注浆改造等目标。各钻孔注浆量概况见表 7.2，各单孔注浆量及比例见图 7.11、图 7.12，各阶段注浆用水泥及比例见图 7.13。

巷道截流注浆用水泥 42480t，占总注浆量的 19%；陷落柱充填加固改造注浆用水泥和粉煤灰共计 178365t，占总注浆量的 81%。截₃孔注浆过程中发生多次向堵源孔串浆的现象，说明孔底与陷落柱柱体有联系。截₃孔注浆有大量水泥充填到陷落柱内，但因技术和手段局限，从截₃孔内注入陷落柱的水泥量难以确定，暂定截₃孔注浆主要向陷落柱扩散。粉煤灰全部用于陷落柱充填。

表 7.2　各钻孔注浆用水泥及粉煤灰量概况统计

孔号	注浆时间（2013 年）		注浆量/t			结束压力/MPa
	起	止	水泥	粉煤灰	合计	
截$_1$孔	2 月 24 日	3 月 25 日	11650.00	0.00	11650	6.0
截$_2$孔	3 月 07 日	4 月 06 日	27910.00	0.00	27910	5.0
截$_3$孔	2 月 25 日	4 月 27 日	62217.00	9950.00	72167	4.5
截$_4$孔	3 月 15 日	3 月 20 日	390.00	0.00	390	5.5
截$_5$孔	3 月 17 日	4 月 02 日	2530.00	0.00	2530	4.0
堵$_1$孔	2 月 26 日	4 月 18 日	25529.89	7000.11	32530	4.0
堵$_2$孔	3 月 01 日	4 月 18 日	27443.44	8566.56	36010	4.0
堵$_3$孔	3 月 09 日	4 月 27 日	23500.71	11019.29	34520	4.0
堵$_4$孔	4 月 16 日	5 月 02 日	1865.00	61.00	1926	7.0
堵$_5$孔	3 月 25 日	5 月 09 日	535.00	0.00	535	7.0
堵$_6$孔	4 月 20 日	5 月 02 日	660.00	0.00	660	4.0
堵$_7$孔	5 月 19 日	5 月 26 日	15.00	0.00	15	封孔
总计	2 月 24 日	5 月 26 日	184246.04	36596.96	220843	≥4.0

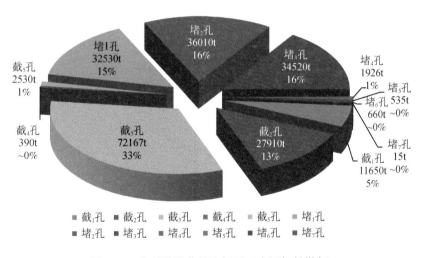

图 7.11　各单孔注浆量比例图（水泥加粉煤灰）

2）巷道截流注浆工程施工概况

巷道截流工程中包括充填巷道空间形成坚固的阻水体和对巷道煤层底板的加固改造。截$_1$孔位于巷道下段，先期透巷，采取间断注浆和大量连续注浆方法快速形成下段"关门"阻水体。截$_3$孔位于巷道上段，截$_2$孔位于巷道中段为主要的巷道空间充填注浆孔。截$_4$孔和截$_5$孔分别位于截$_1$孔和截$_2$孔以及截$_2$孔和截$_3$孔的巷道中段，主要用于后期检查、高压注浆加固，增大阻水体的强度，保证工程质量。巷道空间充填加固结束后，5 个巷道孔分别根

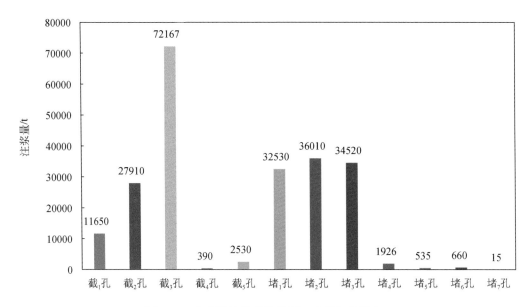

图 7.12   各单孔注浆量柱状图（水泥加粉煤灰）

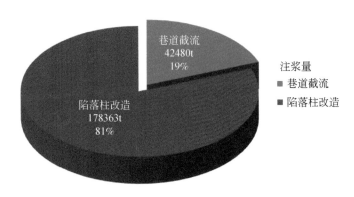

图 7.13   各注浆阶段注浆用水泥量比例图

据具体位置、条件的不同向底板延伸相应长度，并对底板进行注浆改造加固。巷道充填加固和底板加固改造，使得巷道周围一定范围内岩体因为水泥浆的充填压密加固形成一个整体，大大增强了阻水能力和岩体的稳定性。

截$_1$孔、截$_2$孔和截$_3$孔设计为巷道充填孔，从这 3 个孔向巷道内注入的水泥量最大。截$_1$孔和截$_2$孔全部用于巷道充填，截$_3$孔主要用于充填陷落柱。截$_4$孔、截$_5$孔设计为检查加固孔，用水泥量少，用于升压加固巷道顶底板地层，与巷道内阻水体形成稳固的阻水塞。图 7.14。

3）陷落柱封堵注浆工程施工概况

陷落柱封堵工程包括陷落柱发育特征及范围探查和陷落柱注浆改造。堵源孔和截$_3$孔、截$_5$孔的钻探施工及注浆施工基本圈定了陷落柱的发育范围和高度。堵源孔注浆全部用于

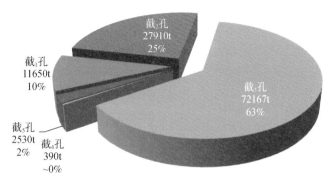

图 7.14　截流工程中各钻孔注浆量比例图

陷落柱加固改造。自 2 月 11 日至 5 月 26 日，历时 105 天，圆满完成了陷落柱封堵工程。各堵源孔注浆比例见图 7.15。

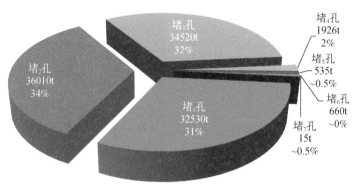

图 7.15　陷落柱封堵工程中各堵源孔注浆量比例图

4）注浆工程施工小结——注浆阶段特征及规律

整个注浆工程基本上按照充填、升压、加固三个阶段逐次完成。

充填注浆阶段水泥浆液以纵向扩散为主，钻孔之间无相互串浆现象。以压水试验孔口起压为标志，表明钻孔充填注浆阶段结束进入升压注浆阶段。由于充填阶段浆液向巷道及陷落柱有效扩散，扫孔之后转为升压注浆。

在升压注浆阶段，注浆时孔口无压或者压力时有时无，但注前压水孔口压力一般在 $1.0\sim2.0$MPa 不等。原则上均采用单孔、定量、不间断式注浆，但在注前压水和注浆过程中如发现与有的孔串浆串水，则改为双孔联合注浆，若与之联通的钻孔在两个以上，则只对联通程度最好的孔实行联合注浆，其余次要的钻孔采用孔口加盖、测压，注后扫孔，择机补注。升压注浆的孔口压力在单个 260L/min 排量的注浆泵 4 档注浆时已升至 4MPa 或略高于 4MPa 为合格，但均不要求一次升压至上述标准。升压过快过急，很可能突破前期注浆所形成的早期强度，而造成不必要的反复。

在升压阶段后期，随着注浆工程的进行，地层裂隙不断地被充填，裂隙规模由大变小，数量由多变少，吸浆量逐渐降低，孔内浆柱高度不断上升。当孔内完全充满浆液，注浆时孔口开始有压力显示时，标志着该孔已进入加固注浆阶段。在加固注浆阶段，注前压水孔口压力一般在 2MPa 以上，随着注浆压力的上升，钻孔压水压力也不断上升，当注浆压力达到 2MPa 时，压水时孔口压力一般在 3MPa 以上，这时可进行压水试验，检查钻孔是否达到注浆结束标准。

从注浆量来看：

（1）一般充填注浆阶段，钻孔吃浆量很大，占该孔注浆量的 70%～90%。经历充填注浆后，煤层底板、陷落柱等周边的大裂隙通道基本被封堵，进入了小裂隙、微小裂隙通道的升压加固注浆阶段，故孔口注浆压力升高，而注浆量减少。

（2）截$_1$孔、截$_2$孔、截$_3$孔三个钻孔相比其他钻孔吃浆量要大很多。为主要的巷道充填孔和陷落柱充填孔。截$_3$孔靠近切眼突水点，推测突水造成煤壁大量破坏，并通过巷道冲走，截$_3$孔内注浆有部分扩散至陷落柱突水点附近，用于陷落柱盖帽工程。

在充填注浆阶段，注浆孔之间基本上无串浆现象，进入升压注浆阶段以后，注浆孔之间的相互串浆与涌水现象越来越多。当其中一个孔在注浆时，其他孔孔内水位会上升，若其中部分孔注浆，其他注浆孔会被堵死，这些现象标志着浆液已由充填阶段的垂向扩散演化为升压阶段的横向扩散，钻孔之间的裂隙通道得到充填，说明了以垂向为主的大空洞与裂隙通道已逐渐被封堵，以各个注浆孔为中心的水泥浆液固结体也不再孤立，而是相互交叉重叠逐步连接为一个整体。在加固注浆阶段，钻孔内水位出现一定变化。说明钻孔之间较大裂隙通道已被封堵，进入小裂隙或微细裂隙注浆阶段，在较高的注浆压力下，残存于小裂隙之中的水被挤出，通过其他未注浆钻孔排出，客观上起到了对小裂隙的加固注浆作用。

7.3.4　1035 工作面突水陷落柱封堵效果分析

1. 巷道截流工程效果分析

1）单孔结束标准

根据本次注浆工程实际情况，设计单孔结束标准为孔口压力 4MPa，持续 30min 以上。即当孔口压力达到以上值并持续规定时间后，可认为该受注层段注浆已达到压力结束标准。表 7.3 显示巷道截流段各单孔的受注段注浆均已达到压力结束标准，质量合格。

2）单位吸水率

巷道截流工程中的注浆施工经过充填、升压和加固三个阶段，已经把过水通道内空隙、10 煤底顶板裂隙及陷落柱空间充填完毕，且严格按照注浆结束标准执行，根据注浆泵压、吸水段长度等计算单位吸水率 q，当计算结果不大于 0.01L/（min·m·m）时，才能结束钻孔注浆施工。计算的单位吸水率值见表 7.4。表中显示巷道截流工程中的 5 个钻孔的单位吸水率均小于 0.01L/(min·m·m)，达到单孔结束标准。

表 7.3 巷道截流工程中各单孔注浆结束压力

孔号	注浆结束时间（2013 年）	受注段长度/m	注浆量/t			结束标准		
			水泥	粉煤灰	合计	结束压力/MPa	流量/L	持续时间/min
截$_1$孔	3 月 25 日	403~530	11650		11650	6.0	<60	>30
截$_2$孔	4 月 06 日	472.5~530	27910		27910	5.0	<60	>30
截$_3$孔	4 月 27 日	401~581.13	62217	9950	72167	4.5	<35	>30
截$_4$孔	3 月 20 日	469.25~530	390		390	5.5	<60	>30
截$_5$孔	4 月 02 日	470~570	2530		2530	4.0	<60	>30
总计			104697	9950	114647	4~6MPa，35~60L，>30min		

表 7.4 巷道截流工程中各钻孔单位吸水率计算结果

孔号	试验段段长/m	孔口压力/MPa	浆液压力/MPa	水柱压力/MPa	总压力/MPa	流量/L/min	单位吸水率/[L/(min·m·m)]
截$_1$孔	127.00	6.0	8.5	4.5	10.0	60	4.72E-04
截$_2$孔	57.50	5.0	8.5	4.4	9.0	60	1.15E-03
截$_3$孔	180.13	4.5	9.3	5.4	8.4	60	3.95E-04
截$_4$孔	60.75	5.5	8.5	4.3	9.7	60	1.02E-03
截$_5$孔	100.00	4.0	9.1	4.7	8.4	60	7.11E-04

3）终孔水位

钻孔水位也能够在一定程度上反应巷道截流的效果。表 7.5 显示巷道内各钻孔结束注浆前的水位均与奥灰水水位埋深（33~34m）差异较大，由此可推测巷道内附近区域已经与奥灰含水层不存在水力联系或联系大幅度减弱，截流工程效果明显。

表 7.5 巷道截流工程中各注浆孔结束注浆前孔内水位统计

钻孔编号	截$_1$孔	截$_2$孔	截$_3$孔	截$_4$孔	截$_5$孔
钻孔水位埋深/m	82.3	86.0	43.5	98.5~100.7	103.0

截$_1$、截$_2$、截$_3$、截$_4$、截$_5$共注入水泥浆 104697t，粉煤灰 9950t，各孔均达到 4MPa 以上，奥灰观测孔水位已升到−13.89m，截流塞以内堵$_7$孔的水位也与奥灰观测孔水位一致，截流塞以外的巷道已露出水面，截流塞已充分具备抵抗奥灰 4.5MPa 的压力，从南三采区流出的矿井水水质、水温显示不再是奥灰水，因此说明截流是成功的。

综上所述，根据注浆压力单孔结束标准、受注段单位吸水率及注浆结束前钻孔水位，判断巷道截流工程达到预期效果，有效地切断了突水点进入矿井的通道。

2. 陷落柱封堵工程效果分析

1）单孔结束标准

根据本次注浆工程实际情况，设计单孔结束标准为孔口压力 4MPa，持续 30min 以上。即当孔口压力达到以上值并持续规定时间后，即可认为该受注层段注浆已达到压力结束标准。表 7.6 显示，各单孔注浆施工中受注段注浆均已达到压力结束标准，质量合格。

表 7.6　陷落柱封堵工程中各单孔注浆结束压力

孔号	注浆结束时间（2013 年）	受注段/m	注浆量/t		结束标准		
			水泥	粉煤灰	结束压力/MPa	流量/L	持续时间/min
堵₁孔	4 月 18 日	430.48～620.19	25529.89	7000.11	4	<60	>30
堵₂孔	4 月 18 日	415.72～604.21	27443.44	8566.56	4	<60	>30
堵₃孔	4 月 27 日	418.18～620.13	23500.71	11019.29	4	<60	>30
堵₄孔	5 月 02 日	385.00～620.00	1865.00	61.00	7	<60	>30
堵₅孔	5 月 09 日	385.00～654.00	535.00		7	<60	>30
堵₆孔	5 月 02 日	420.45～619.96	660.00		4	<60	>30
堵₇孔	5 月 19 日	382.20～622.15	15.00		4	<60	>30
总计			79549.04	26646.96	>4MPa，35～60L/min，>30min		

2）单位吸水率

陷落柱封堵工程中，注浆施工经过充填、升压和加固三个阶段，已经把过水通道内空隙和陷落柱空间充填完毕，且严格按照注浆结束标准执行，根据注浆泵压、吸水段长度等计算单位吸水率 q，当计算结果不大于 0.01L/(min·m·m) 时，才能结束钻孔注浆施工。计算的单位吸水率值见表 7.7。

表 7.7　陷落柱封堵工程中各钻孔单位吸水率计算结果

孔号	试验段段长/m	孔口压力/MPa	浆液压力/MPa	水柱压力/MPa	总压力/MPa	流量/(L/min)	单位吸水率/[L/(min·m·m)]
堵₁孔	189.71	4	9.9	5.8	8.1	60	3.91E-04
堵₂孔	188.49	4	9.7	5.7	8.0	60	4.00E-04
堵₃孔	201.95	4	9.9	5.8	8.1	60	3.68E-04
堵₄孔	235.00	7	9.9	5.4	11.5	60	2.22E-04
堵₅孔	269.00	7	10.5	6.2	11.3	60	1.98E-04
堵₆孔	199.51	4	9.9	5.7	8.2	60	3.67E-04
堵₇孔	239.95	4	10.0	5.8	8.2	60	3.07E-04

　　根据各钻孔受注段单位吸水率计算结果，初步判断此区域内 10 煤底板以下陷落柱内120m 段已达到充填加固，有效地切断了陷落柱及奥灰含水层与 1035 工作面之间的水力联系。

　　3）终孔水位

　　钻孔水位也能够在一定程度上反应陷落柱封堵的效果。表 7.8 显示陷落柱内堵$_1$孔、堵$_2$孔、堵$_3$孔结束注浆前钻孔均钻进至四灰以下 20m，水位与奥灰水水位大体相当。从钻探施工、注浆压力以及单位吸水率等情况来看，四灰以上地层均已升压加固完毕。延伸至四灰以下 20m 后，仍在陷落柱柱体内，与奥灰含水层存在水力联系，水位显示接近奥灰水位。最终加固注浆形成自 10 煤底板至四灰以下 20m 长达 120m 的止水塞，有效阻隔奥灰水通过陷落柱通道进入井下。由此可推测已与奥灰含水层不存在水力联系或联系大幅度减弱，陷落柱封堵工程效果明显。

表 7.8　陷落柱封堵工程中各注浆孔结束注浆前孔内水位统计

钻孔编号	堵$_1$孔	堵$_2$孔	堵$_3$孔	堵$_4$孔	堵$_5$孔	堵$_6$孔	堵$_7$孔
钻孔水位埋深/m	37.3	33.7	35.7	76.2	33.5	46.6	42.1

　　综上所述，根据注浆压力单孔结束标准、各钻孔受注段单位吸水率及注浆结束前钻孔水位，初步判断突水通道封堵工程中的底板加固以及陷落柱充填加固改造均达到预期效果。

3. 追排水情况

　　注浆治理期间桃园煤矿进一步健全完善水文动态观测系统，实时观测奥灰、四含、太灰及井筒水位。尤其是井筒水位和奥灰水位的变化情况，从而为确定注浆方式、排水复矿提供了重要依据。

　　2013 年 2 月 24 日 14 时，截$_1$孔开始注浆 2h 后（注浆量 80t），井筒水位停止上升，并开始下降，此时奥灰水位-51.44m，井筒水位-52.14m，两者相差 0.7m，截流效果即开始显现。此后奥灰水位逐步稳定上升，井筒水位持续下降，至 3 月 3 日 23 时，奥灰水位-34.92m，井筒水位-92.64m，两者相差 57.72m，即突水点内外水压差达 0.6MPa，此时堵$_2$孔在水位-20m 上下波动（图 4.3）。

　　因突水点内外水压差逐步增大，此时截流孔尚未升压，为防止压差增大突破截流堆积的水泥，于 3 月 3 日 23 时 18 分采取向西风井井筒内注水措施，注水流量 180m³/h，注水后井筒水位下降变缓，3 月 10 日截$_1$孔注浆 11330t，孔压 4.0MPa，停注，堵$_1$孔水位在-25.0m 上下波动，截流初见成效，于 3 月 11 日停止向井筒注水。

　　西风井停止注水后，井筒水位持续下降，奥灰水位持续上升，堵$_1$孔水位始终在-25.0m 上下波动，鉴于截$_1$孔已升压，为检验截流效果，同时达到引流注浆的目的，决定于 3 月 14 日开 1 台泵试排水，随后逐步加至 6 台泵排水，排水期间，截$_4$孔注浆升压，至3 月 23 日，截$_1$、截$_4$孔均加压注浆结束。至 4 月 1 日，累计排水 201 万 m³，井筒水位下降至-442.9m，奥灰水位上升至-17.3m。截至 2013 年 5 月底，井筒水位下降至-776m，奥灰水为上升至-13.83m。井下水量稳定，未见突水点再次涌水。

4. 小结

通过对单孔注浆结束标准、单位吸水率、钻孔终孔水位和追排水等方面进行分析，认为阻水体结构稳定，效果良好，堵水效果达到100%。并于2015年6月实现了1035工作面的安全回采。

7.4　近陷落柱掘进巷道出水隐伏陷落柱综合探控与预防性堵截治理技术
——以皖北任楼煤矿 II 5₁ 陷落柱探查与治理为例

2010年6月8日，任楼煤矿 II 5₁ 轨道大巷施工时遇上帮肩部锚杆眼出水，经井下、地面物探、化探、钻探等多种探查，综合分析确认存在导水陷落柱，但陷落柱具体位置不清，需进一步探查，且为了以后矿井安全生产，必须进行治理。

以隐伏导水陷落柱的超前判识、预防性治理为目的，研究任楼煤矿隐伏导水陷落柱的识别、探控、超前治理等方面的关键技术，通过"地质预判、水质预警、物探定位、钻探控制"的综合探控技术和多孔联合定向错位注浆技术成功实现了超高承压隐伏导水陷落柱的灾前探控与预防性治理，防止了重特大灾害事故的发生，为任楼煤矿 II 5₁ 采区的安全开采创造了条件，亦可为具有类似条件的矿井开展陷落柱的超前探查、预防性治理提供重要借鉴。

7.4.1　II 5₁ 陷落柱的分析与预判

1. 出水情况

II 5₁ 轨道大巷位于工业广场保护煤柱内，位于 5₁ 煤顶板15m左右，设计长度493.3m，巷道底板标高-720.1～-718.6m。上覆新地层四含底界距巷道顶板最小垂距为440m左右，下伏太原组一灰距巷道底板最小垂距为210m左右。

2010年6月8日早班，II 5₁ 轨道大巷施工至 G_{33} 点前28.5m左右时，上帮肩部锚杆眼出水，任楼矿立即组织出水情况监测，保障安全施工。并组织人员对出水情况进行分析，探查出水水源。

2. 地质预判分析

大巷位于工业广场保护煤柱内，上覆新地层四含底界距巷道顶板最小垂距约为440m，下伏太原组一灰距巷道底板最小垂距约为210m。

II 5₁ 采区岩层呈近单斜构造，产状90°∠16°，巷道揭露岩性主要为细砂岩和泥岩。在 G_{33} 点前3m（下帮）、12m（上帮）处揭露 DF8 正断层，产状295°∠60°～69°，$H = 10m$，断层破碎带1m（断层带无渗出水现象），迎头断面中下部岩性为细砂岩内发育有若干小型断层，区域内并没有深大断裂构造发育（图 7.16）。

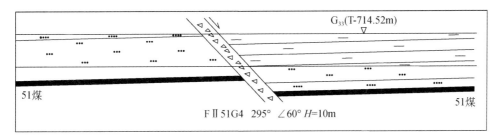

图 7.16 Ⅱ5₁ 轨道大巷迎头段巷道上帮剖面图

任楼井田一方面具有了岩溶发育的物质基础和水动力条件（孔一凡和杨本水，2012），另一方面，任楼煤矿在生产期间，已发现并治理了 2 个隐伏导水岩溶陷落柱（段中稳，2004），表明矿井范围内存在陷落柱形成的地质条件（方沛和王海龙，2008）。通过上述地质预判，综合分析采区附近裂隙、断层发育情况，Ⅱ5₁ 轨道大巷出水排除断层导水的可能，存在疑似陷落柱导通深部水源。

3. 导水陷落柱的水质预警

1）水量

施工至 G₃₃ 点前 28.5m 左右时，上帮肩部锚杆眼出水，初始水量 1m³/h 左右。掘进至 G₃₃ 点前 31.5m 时，水量有所增加，上帮施工 3 个探水眼总水量达 30m³/h，单孔（孔径 Φ32mm）最大出水量在 16m³/h 左右，经初步注浆封堵后，水量稳定在 8m³/h，没有减少趋势 [图 4.4（d）]。

根据出水水量的增加，以及封堵后水量的稳定情况，综合分析前方遇到稳定水源补给（桂和荣，2005），继续加强监测。

2）水温

2010 年 6 月 8 日出水温度为 33℃，之后出水水温逐步增加，至 2011 年 11 月 29 日增至 41℃ [图 4.4（b）]，按任楼矿正常地温梯度 3℃/hm 计算，该处正常地温在 34～36℃，Ⅱ51 轨道大巷迎头出水水温存在异常。

综合分析水温异常增加、高于正常地温的情况，初步判断出水水源为深层高温水源。

3）水质

2010 年 6 月 8 日早班，Ⅱ5₁ 轨道大巷 G33 点前 28.5m 上帮肩部锚杆眼出水，经取样化验，全硬度 8.34 德国度，无永久硬度。6 月 10 日夜班出水水质开始出现永久硬度，至 2011 年 11 月 7 日水质全硬度 60.58 德国度，永久硬度 48.81 德国度。从 2010 年 6 月 8 号出水至 2011 年 11 月，全硬度由 8.34 德国度到 60.58 德国度，永久硬度从 0 增到 48.81 德国度，水质全硬度、永久硬度存在增大趋势 [图 4.4（a）]。

分析 Ⅱ5₁ 轨道大巷迎头上帮出水水质永久硬度从无到有，且水质全硬度、永久硬度总体为增大趋势的情况，可能存在深部高硬度水补给（葛家德和王经明，2007）。

4）水压

从施工的几个探查孔与注浆孔看，存在顶钻、喷水现象，同时从压力表测得数据看，在帮部其他位置孔出水的情况下，水压达到 1MPa 以上。

4. 出水通道分析

由于本区为工业广场保护煤柱范围内，II5_1轨道大巷施工层位为 5_1 煤顶板 25m，距四含垂距达 440 余米，距太灰垂距达 220m，正常情况下，不会导通四含和灰岩含水层。同时根据附近巷道控制本区不存在深大断层，仅在 II5_1 轨道 G_{33} 附近发育一落差 10m 左右的正断层，见断层处未出现较大淋渗水现象，断层导水的可能性较小。其次，附近只施工了一个地面钻孔，终孔层位 8_2 煤下 20m，且封孔质量良好，不可能成为导水通道。

综上所述，从 II5_1 轨道大巷迎头出水的水温、水质、出水量情况、7_222 工作面陷落柱、7_218 机巷陷落柱出水位置与水质变化关系及出水通道分析判断：在 II5_1 轨道大巷迎头周围较远处存在"疑似导含水陷落柱"，并通过裂隙造成 II5_1 轨道大巷迎头出水。

5. 导水陷落柱判识

综合分析 II5_1 轨道大巷出水水量增加、水温升高、水质硬化及水压等异常，分析得出出水点存在深部高温、高矿化度稳定水源补给。结合任楼煤矿水文地质特征及陷落柱发育情况，综合分析认为存在隐伏导水岩溶陷落柱，出水点水源接受深部奥灰水补给，严重威胁矿井生产安全。因此，为了解决突水隐患，设计进行井下综合物探探查、地面物探探查、地面钻探探查、II5_1 轨道上山钻探掩护掘进、井下钻探探查、II5_1 轨道大巷封堵等工作，保障 II5_1 轨道大巷安全施工，并及时查明出水水源，预防重特大突水事故的发生。

7.4.2　II5_1 陷落柱物探探查

设计了"井下-地面"综合物探手段，地面采用三维地震、瞬变电磁对陷落柱进行探查；井下采用瞬变电磁法、高分辨电法、并行电法、震波、地质雷达 5 种物探方法，对 II5_1 轨道大巷、II5_1 轨道大巷迎头前方及两帮进行超前探查（刘志新等，2008），圈定出了异常靶区，为钻探验证提供了基础。

1. 地面物探探查

1）物探方法和目的

近年来，三维地震勘探技术广泛用于煤矿采区的合理布置、主巷道的开拓、综采工作面开采地质条件的评价，在矿井和采区设计优化、避免和减少地质风险、优选采煤方法等方面起到了重大作用。三维地震勘探是根据人工激发地震波在地下岩层中的传播路线和时间、探测地下岩层界面的埋藏深度和形状、认识地下地质构造的技术。利用三维地震技术，可以为查明任楼煤矿 II5_1 轨道大巷附近地层中的断层、陷落柱等构造发育情况，对于判断出水水源、查明隐伏陷落柱位置，具有重要意义。

瞬变电磁法，是利用不接地回线或接地线源向地下发射一次脉冲磁场，在一次脉冲磁场间歇期间利用线圈或接地电极观测地下介质中引起的二次感应涡流场，从而探测介质电阻率的一种方法。根据瞬变电磁法对低阻体反应敏感的特点，将其用于煤矿水文勘查，可查明含水地质如岩溶洞穴与通道、煤矿采空区、深部不规则水体等。瞬变电磁法在提高探测深度和在高阻地区寻找低阻地质体是最灵敏的方法，具有自动消除主要噪声源、不受地形影响、同点组合观测、与探测目标有最佳耦合、异常响应强、形态简单、分辨能力强等优点。为查明任楼煤矿 Ⅱ5₁ 轨道大巷附近含水构造、富水异常区、陷落柱等含水构造，采用瞬变电磁探测方法，在 Ⅱ5₁ 轨道大巷附近进行探查。

2）勘探区范围

面积 $0.39km^2$，勘探满覆盖面积 $0.39km^2$，施工面积 $1.05km^2$。

3）地面物探成果

（1）在 Ⅱ5₁ 轨道大巷出水点附近的西侧，有一条带区域，该区域在奥灰顶界面反射波凌乱破碎，分析为一裂隙发育区，可以重点探测。见图 7.17。

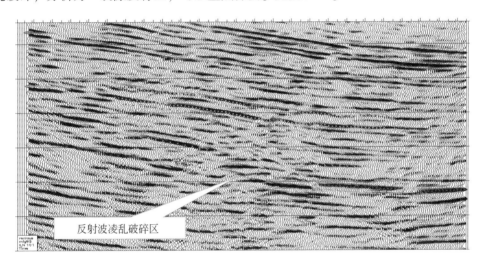

图 7.17　奥灰顶界面反射波凌乱破碎在时间剖面上的表现

（2）在测区外面的东部，根据边部的三维资料分析，在奥灰内存在一个疑似陷落柱，疑似陷落柱位置距 Ⅱ5₁ 轨道大巷迎头约 350m，可作为出水水源的靶区进行重点探测。见图 7.18、图 7.19。

（3）Ⅱ5₁ 轨道大巷迎头位置的东南方向在不同层位均有富水区分布，存在异常叠加；其西南方向在 5₁ 煤顶板和 7₂ 煤底板位置有富水区分布，该位置有多条小断层在该位置尖灭，为应力集中裂隙发育的部位。

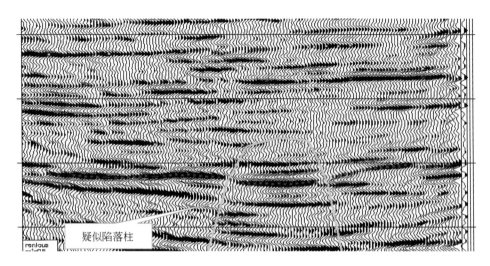

图 7.18　疑似陷落柱在时间剖面上的显示

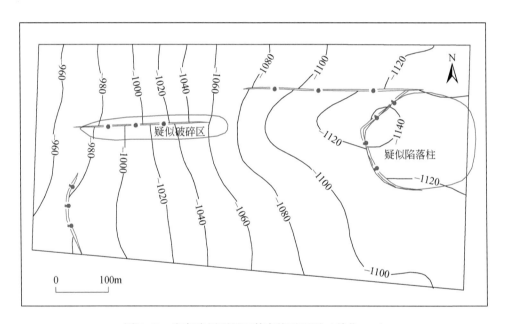

图 7.19　奥灰岩层顶界面等高线平面图（单位：m）

2. 井下综合物探探查

1）探查目的

在上述研究的基础上，为进一步查明隐伏陷落柱的空间位置，为后续钻探验证提供依据，设计在井下进行综合物探探查。任楼矿采用多种类、多次数探查方式，以克服物探技术多解性的不足，减少和消除误差，达到精确探查、确定陷落柱重点探查靶区的目的。

2）探查方法

2010年6月9日~2011年11月4日，采用井下瞬变电磁法、高分辨电法、并行电法、震波、地质雷达等5种物探方法对Ⅱ5_1轨道大巷、Ⅱ5_1轨道大巷迎前方及两帮进行超前探查共完成25次（具体见表7.9）。

表7.9　井下综合物探探查统计表

探查日期	探查位置	探查方法
2010.06.10	Ⅱ5_1轨道大巷	瞬变电磁
2010.06.12	Ⅱ5_1轨道上山 G13→35.5m	高分辨电法
2010.06.13	Ⅱ5_1轨道大巷 G33→28.5m	高分辨电法
2010.06.13	Ⅱ5_1轨道大巷 G33→32m	瞬变电磁
2010.06.17	Ⅱ5_1轨道上山 G13→37.5m	瞬变电磁
2010.06.24	Ⅱ5_1轨道上山 G13→58m	Msp震波
2010.07.20	Ⅱ5_1轨道上山 G13→106m	高分辨电法
2010.08.13	Ⅱ5_1轨道大巷	瞬变电磁
2010.08.23	Ⅱ5_1轨道大巷	瞬变电磁
2011.01.12	Ⅱ5_1轨道上山 G14→62m	Msp震波
2011.01.28	Ⅱ5_1轨道上山 G14→53m	瞬变电磁
2011.03.23	Ⅱ5_1运输上山 Y9→78m	瞬变电磁
2011.04.14	Ⅱ5_1轨道上山 G15→111m	Msp震波
2011.04.20	Ⅱ5_1轨道大巷	瞬变电磁
2011.07.22	Ⅱ5_1轨道上山及下部车场	瞬变电磁
2011.10.22	Ⅱ5_1轨道大巷	高密度电法
2011.10.07	Ⅱ5_1轨道大巷	网络并行电法
2011.10.08	Ⅱ5_1轨道上山	瞬变电磁
2011.10.25	Ⅱ5_1轨道大巷	瞬变电磁
2011.10.26	Ⅱ5_1轨道大巷	高密度电法
2011.10.28	Ⅱ5_1轨道大巷	震波探查
2011.11.02	Ⅱ5_1轨道大巷	瞬变电磁
2011.11.03	Ⅱ5_1轨道大巷	地质雷达（3次）

3）探查结果

针对各次物探探查，进行结果解释，圈定出异常区域。并综合各种物探探测成果综合分析确认：位于迎头向后65~115m，水平距巷道上帮3865m（见图7.20）存在明显异常，可作为地面探查靶区。

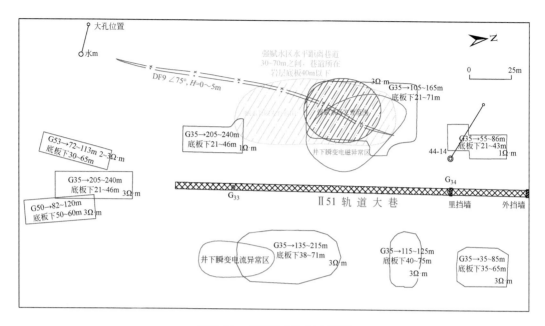

图 7.20　井下综合物探成果图

4）小结

任楼煤矿在前期预判存在隐伏导水陷落柱的基础上，充分地采用了"地面-井下"三维地震、瞬变电磁、高分辨电法、并行电法、震波、地质雷达综合物探方法，对各次物探结果进行综合分析，圈定出异常区域，确认了钻探验证的重点探查靶区，为高效探查、治理隐伏导水陷落柱提供的技术依据。

7.4.3　II 5₁陷落柱钻探探查

针对隐伏导水岩溶陷落柱，任楼煤矿实施了综合物探探查工作。在前期对隐伏陷落柱的预判和物探探查的基础上，任楼煤矿设计、实施钻探验证孔，对综合物探圈定的异常区域进行钻探验证研究，以查明突水水源、陷落柱空间位置。

1. 地面钻探探查

1）施工概况

在 II 5₁采区异常区域地面三维地震、瞬变电磁叠加重点异常区，共设计了两个探查验证孔（水₂₃、水₂₄），进行验证研究。两孔累计钻进工程量 2050m，终孔层位为太原组 L_5 灰岩。两孔均对 7 煤以上的煤系地层进行压水试验 1 次，对太灰段进行抽水试验（详见表 7.10）。

表 7.10 钻孔完成工程量情况一览表

孔号	钻探深度/m	终孔层位	压水层位	抽水层位
水$_{23}$	1050.08	L$_5$ 灰岩	7 煤上	L$_1$ ~ L$_5$ 灰岩
水$_{24}$	1002.16	L$_5$ 灰岩	7 煤上	L$_1$ ~ L$_5$ 灰岩

2）探查成果

（1）两个异常探查钻孔水$_{23}$、水$_{24}$孔，两孔揭露的地层层位正常，煤岩层赋存稳定。

（2）两孔通过对 7$_2$ 煤顶界至基岩底界 50m 段压水，可知两孔 7$_2$ 煤以上的煤系地层裂隙不发育，裂隙连通效果差，岩体的渗透特性差。

（3）综合水$_{23}$、水$_{24}$孔抽水试验情况看，太灰岩溶发育存在差异，连通性差。从水$_{23}$水位（6.85m）、水质（73.30 ~ 75.25 德国度）、水温（40℃）、单位涌水量［0.897 ~ 1.754L/（s·m）］分析，水$_{23}$孔太灰处存在异常。

（4）从钻孔施工的泥浆消耗量观测及岩心情况来看，水$_{23}$在孔深 952.30 ~ 965.67m 段为砂岩层间裂隙发育区，L$_1$ 灰岩底界（999.64m）至 L$_3$ 灰岩底为岩溶裂隙发育区（见图 7.21）；水$_{24}$孔孔深 787.82 ~ 789.02m 段为 7$_2$ 煤顶板裂隙发育区。

任楼煤矿 水23孔 L$_3$灰岩
1009.55~1017.40m
RQD=39%

图 7.21 水$_{23}$钻孔太原组 L$_3$ 灰岩岩心照片

2. Ⅱ5$_1$ 轨道井下钻探探查

1）Ⅱ5$_1$ 轨道上山钻探掩护

在确认隐伏陷落柱存在的基础上，为保证Ⅱ5$_1$系统能安全施工、按期贯通，采用井下瞬变电磁法超前、钻探掩护的方法，在确保超前距的情况下，安全保障巷道施工，积极组织钻探力量，对Ⅱ5$_1$轨道下山进行钻探掩护探查，共完成三组钻探掩护施工，完成 19 个孔，进尺 2457.9m，见图 7.22。

施工的钻孔控制范围内地层层位正常；除个别孔有少量出水且水量较小（0.05 ~ 2.0m^3/h），经水样化验分析为砂岩裂隙水外，其余钻孔未发现明显水文异常。Ⅱ5$_1$轨道上山与运输巷安全贯通。

2）Ⅱ5$_1$ 轨道大巷钻探探查

（1）施工概况

根据上述研究分析和实际探查工作，任楼煤矿设计井下钻探工程，于 2011 年 8 月 16

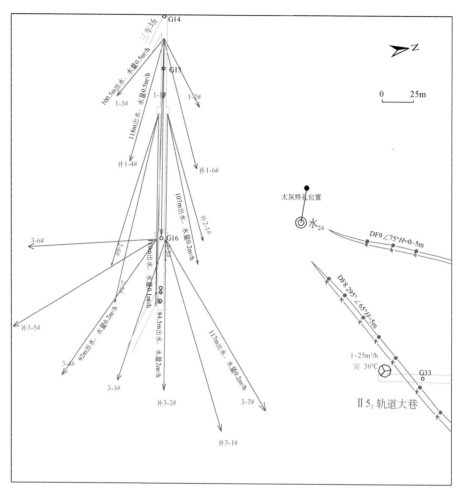

图 7.22　Ⅱ5₁轨道上山钻探掩护施工平面图

日开始对Ⅱ5₁轨道大巷进行井下钻探探查，共设计施工了 6 个钻孔（具体位置见图 7.23）。钻孔施工情况见表 7.11。

表 7.11　钻孔施工情况一览表

孔号	施工地点	开孔位置	开孔孔径/mm	终孔孔径/mm	方位/(°)	角度/(°)	孔深/m	备注
4-1#	Ⅱ5₁轨道大巷	G33退后8.5m	146	73	188	−30	144	见7₂煤终孔，无出水
补4-2#			159		206	−40	112	
4-2#			159		221	−34	48	无出水
4-3#			159		226	−47	46.5	出水2m³/h
补4-3#			159		231	−40	46	出水25m³/h
4-6#			127		231	−10	16	无出水

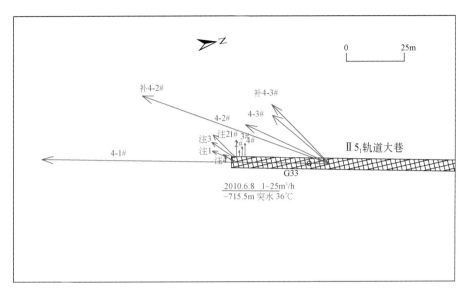

图 7.23　钻孔平面布置图

（2）各钻孔施工情况

a. 4-1#、4-2#、补 4-2#、4-6#均未有明显水文异常。

b. 4-3#施工情况：25m 见 5_1 煤，36m 见 5_2 煤，46.5m 岩层破碎，孔内出水，水量 2m³/h，水温 36℃，经化验全硬度 50.3 德国度，永久硬度 38.9 德国度。随后下二路套管时，因孔内岩粉多，套管脱落终孔。

c. 补 4-3#施工情况：2011 年 9 月 19 日开始施工，26.8～29.2m 见 5_1 煤，施工至 33.5m 孔内出水，水量 1m³/h，35.5～36.8mm 见 5_2 煤，37m 时水量 2m³/h，39.5m 时 5m³/h，41.5m 时水量 7m³/h，停止钻进，孔内压力 2.5MPa，注浆封堵，注浆压力达 8MPa。9 月 27 日中班扫孔并进尺到 43m，42.5m 见煤，孔内出水 7m³/h，随后停止钻进，二次注浆封堵，注浆压力达 11MPa。9 月 29 日夜班扫孔进尺，扫孔 33m 孔底孔内出水 0.2m³/h。44m 孔内出水 4m³/h，45m 孔内出水 5m³/h，42.5～45.5m 为 5_3 煤，45.7～46m 孔内见软，9 月 30 日早上 5 时 20 分孔内有高压水喷出，随即停止钻进，水量 25m³/h，水温 39℃，大巷迎头水量及巷道上帮淋水范围无明显变化；6 时 20 分左右实测水温 41℃，水量大约 40m³/h，大巷迎头出水量明显减少。故决定把钻具遗留在孔内，6 时 50 分开始注浆，浆液水灰比 2：1，7 时 20 分大巷迎头出水量恢复到出水前水量，总注浆用水泥 126 袋，封孔压力 8MPa，迎头及巷道未发现渗浆现象。

（3）探查结果分析

a. 通过钻孔揭 5 煤组情况分析，DF8 断层落差 5m，断层基本不导、含水。

b. 通过钻孔施工情况分析，钻孔控制范围未揭露陷落柱。

c. 通过钻孔施工情况及迎头实见，存在一组走向 160°的导水裂隙。

d. 4-1#、4-2#、补 4-2#未出现水文异常，综合 4-3#、补 4-3#水文异常，及具体出水位置分析，导水通道应位于巷道上帮 30m 以外。

e. 补4-3#与迎头存在水力联系，表明补4-3#更接近水源。

3. 地面定向钻孔探查

由于物探探查的多解性，在物探探查圈定异常区域后，采用钻探验证的方式对物探结果进行核查。一般工程中，多采用普通钻孔进行地面或者井下探查。普通单一钻孔，探查范围有限，单孔利用率低，对于地下超高承压探查钻孔，难度大，危险性高。任楼煤矿创新性地使用了高精度定向钻孔，并采用垂直钻孔+定向水平钻孔的方式，大大增加了单孔的探查范围和精度，提高了探查钻孔的效率，为高效治理岩溶陷落柱提供了技术保障。

1）地面定向钻孔探查方案设计

（1）探查思路

本次治理的技术关键是对隐伏导水陷落柱位置的探查，由于隐伏导水陷落柱埋藏较深，位置不清，可疑区范围较大，给地面探查工作造成了极大的困难。为提高钻探孔使用效率，任楼煤矿设计采用地面施工直孔，直孔内施工定向分支斜孔，必要时施工定向水平分支钻孔的形式，对区域内7煤至灰岩间岩层进行探查施工。在探查到陷落柱位置后，布设钻孔从陷落柱外施工进入陷落柱查清陷落柱四周发育边界等参数，为注浆治理提供依据。

（2）探查钻孔设计

根据探查要求，设计了4个定向钻孔，对隐伏导水陷落柱进行探查。

①探注$_1$孔设计

该孔孔位和钻孔轨迹见图7.24。为保证探测整个陷落柱疑似区域，探注$_1$孔主要分三个阶段施工，具体如下：

A. 直孔

a. 目的：从地面钻进至太灰顶部，主要探测7煤顶板至太灰顶部岩层。

b. 钻孔结构：一开Φ311mm开孔，下入Φ244.5mm×8.94mm套管，预计深度300m；二开Φ215.9mm开孔，预计深度740m；终孔孔径Φ152mm。如探测到陷落柱，则以Φ215.9mm孔径扩孔至陷落柱顶20~40m坚硬岩层位置，下入Φ177.8mm×8.04mm套管，开始注浆；如未探测到陷落柱，则封孔进入下一阶段。

B. 分支孔

a. 目的：分支孔孔底坐标水平偏离孔口坐标30m，增加钻孔辐射范围，探测7煤顶板至太灰顶部岩层。

b. 钻孔结构：以孔径Φ152mm分别从650m位置依次向探注$_{1-1}$、探注$_{1-2}$、探注$_{1-3}$靶点定向钻进，探测陷落柱。如探测到陷落柱，则以Φ215.9mm孔径扩孔至陷落柱顶20~40m坚硬岩层位置，下入Φ177.8mm×8.04mm套管，开始注浆；如未探测到陷落柱，则封孔进入下一工序。

C. 近水平分支孔

a. 目的：施工定向近水平分支孔，在7煤顶板至太灰顶部岩层内近水平钻进50~100m，增加钻孔探查范围。

b. 钻孔结构：以孔径Φ152mm分别从350m位置依次向探注$_{1-4}$、探注$_{1-5}$、探注$_{1-6}$靶点定向钻进，探测陷落柱。

②探注$_2$孔设计

在探注$_1$孔成果揭露落空段后，为确认揭露的落空段是否为陷落柱构造，布设探注$_2$孔和探注$_3$孔进行探查验证，确认是否进入陷落柱体内。其中，探注$_2$孔位于探注$_1$孔与水$_{24}$孔连线上，主要探测陷落柱南部边界；探注$_3$孔位于探注$_1$孔与水$_{23}$孔连线上，主要探测陷落柱南部边界，并分析验证水$_{23}$孔水位异常。探注$_2$孔、探注$_3$孔位置见图 7.24。

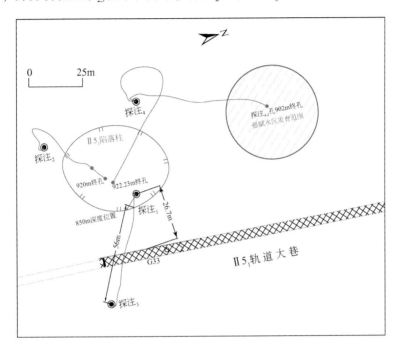

图 7.24　各探注孔平面示意图

a. 孔位设计：为了准确了解陷落柱区域的岩层情况，在探注$_1$孔与水$_{24}$孔的连线中点设计探注$_2$孔（距探注$_1$孔 50m，即能向探注$_1$孔揭露的陷落柱探查，又能与水$_{24}$孔联合切剖面反映地层情况。

b. 钻孔结构设计：以孔径 Φ311mm 开孔，钻进 320m 进入坚硬基岩后下入 Φ244.5 套管并固井，之后以孔径 Φ216mm 从 324m 开始定向钻进，其靶点位置为探注$_1$孔坐标下 8$_2$煤底板下 80m。钻进至 5 煤底板变径为 Φ152mm 继续钻进，如揭露陷落柱，则采用孔径 Φ216mm 钻头扩孔至陷落柱顶 30~50m 坚硬基岩处，下入 Φ177.8mm 套管固管后对陷落柱段取心。

③探注$_3$孔设计

a. 孔位设计：因水$_{23}$孔内水位异常，而探注$_1$孔孔内水位属于哪一含水层不明，在探注$_1$孔与水$_{23}$孔的连线上，沿连线远离探注$_1$孔 56m 设计探注$_3$孔，从而能向探注$_1$孔导斜控制陷落柱具体位置，又能与水$_{23}$孔进行相关试验。

b. 钻孔结构设计：以孔径 Φ311mm 开孔，钻进 320m 进入坚硬基岩后下入 Φ244.5mm

套管并固井,后以孔径 Φ216mm 从 -380m 开始定向钻进,其靶点位置为探注 1 孔坐标下 8_2 煤底板下 50m。钻进至 5 煤底板变径为 Φ152mm 继续钻进,如揭露陷落柱,则采用孔径 Φ216mm 钻头扩孔至陷落柱顶 30~50m 坚硬基岩处,下入 Φ177.8mm 套管固管后采用下行式注浆加固至 8_2 煤下 80m。

④探注$_4$孔设计

a. 孔位设计:探注$_1$、探注$_2$、探注$_3$孔施工完毕后,陷落柱东、南、北边界已经清晰,但西部边界缺乏资料判断,所以在陷落柱西部预想边界外布置探注$_4$孔,用于探查西部边界,同时对可以作为检验孔对陷落柱注浆治理效果进行检验和加固。

b. 钻孔设计:以孔径 Φ311mm 开孔,钻进 310m 进入坚硬基岩后下入 Φ244.5mm 套管并固井,后以孔径 Φ216mm 从 -350m 开始定向钻进,其靶点位置为探注$_2$孔和探注$_3$孔落空段位置连线的中心点,深度为下 8_2 煤底板下 50m。钻进至 5 煤底板变径为 Φ152mm 钻进,钻孔轨迹平面投影接近陷落柱时每 20m 进行一次压水试验,在关键位置取心,以判断是否揭露陷落柱,如揭露陷落柱,则采用直径 Φ216mm 钻头扩孔至陷落柱顶 30~50m 坚硬基岩处,下入 Φ177.8mm 套管固管后采用下行式注浆加固至 8_2 煤下 80m。

⑤探注$_{4.1}$孔设计

a. 孔位设计:在陷落柱西北部 5 煤底板 40~50m 处,物探探查异常,富水性较高,为了对其进行验证,在探注$_4$孔 350m 位置对套管进行开窗,向物探异常区域中心位置定向钻进,验证异常区。

b. 钻孔设计:开窗后以 Φ152mm 钻头钻进至 5 煤底板下 40m 位置,进行压水试验,并取心分析岩层及含水是否异常,之后钻进至 8 煤底板下 80m,探查岩层状况。

2) 地面定向钻孔探查施工情况

(1) 探注$_1$孔施工情况

a. 地层情况:731~734m 取心,取出岩心 1.2m,岩性为泥岩,岩性较完整;788~791m 段取心,取出岩心 0.65m,岩心为花斑状含铝质泥岩,岩性较完整;791~795m 取心,为泥岩及细砂岩,局部含硅质胶结细砂岩碎块,质硬;846~850m 取心,取出岩心 0.25m,岩性为铝质泥岩,破碎,硬度较低。

b. 冲洗液消耗情况:基岩段钻进至 621m 时钻机冲洗液全部漏失,经调稠泥浆,继续钻进至 627m 时,冲洗液重新返出,且基本不漏失,期间返出少量煤粉,分析为 K_3 砂岩段裂隙发育。779m 开始冲洗液全部漏失,钻进至 785m 时发生掉钻,落空段为 785~786.5m,高度为 1.5m,漏失量大于 $72m^3/h$。

c. 进尺速度:627~694m 段钻进进尺较快,钻进速度达 10m/h 左右。

(2) 探注$_2$孔施工情况

a. 地层情况:778~791.5m 取心,取出岩心 0.5m,岩性为泥岩,上部含铝质,下部含鲕粒,较完整;828~832m 取心,取出岩心 0.8m,岩性为细砂岩,较完整;865~871m 取心,岩心破碎未取出;885~888m 取心,取出岩心 0.3m。

b. 冲洗液消耗情况:基岩段钻进至 609m 时钻机冲洗液全部漏失,分析为 K_3 砂岩段裂隙发育;钻进至 773m 时发生掉钻,落空段为 773~775m,高度为 2m;863~865m、865~865.5m 两段全漏,漏失量 $20m^3/h$。

（3）探注$_3$孔施工情况

a. 地层情况：984～986.5m 取心，未取出岩心。

b. 冲洗液消耗情况：在 739m 有轻微渗漏，分析可能钻孔过Ⅱ5_1轨道大巷；在 983m 全漏，后漏失量减小。

（4）探注$_4$孔施工概况

a. 地层情况：795.91～799.91m 取心，取出 1.2m，岩性为细砂岩，较完整；920.23～922.23 取心，岩心未取出。

b. 冲洗液消耗情况：640、680m 分别漏失，约 3～5m³/h；836m 全漏，达 30m³/h，钻进速度较快，分析进入陷落柱体；在 867m 开始岩层破碎，不断塌孔和卡钻。

（5）探注$_{4-1}$孔施工概况

a. 地层情况：853～857m 取心，取出 1.2m，岩性为泥岩，较完整。

b. 冲洗液消耗情况：560m 开始出现轻微渗漏，漏失量约 2m³/h，不影响正常钻进。

各探注孔平面示意图如图 7.24 所示，各探注孔剖面示意图如图 7.25、图 4.5（a）所示。

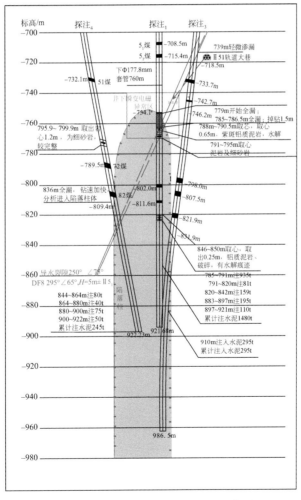

图 7.25　探注$_4$-探注$_1$-探注$_3$剖面示意图

4. 陷落柱判断分析

根据以上分析和开展的探注工程，结合实测资料，对陷落柱发育特征进行综合分析，以查明陷落柱的空间形态特征。

1）探查资料分析

（1）岩心特征

注浆治理前取心位置主要有三段，分别为探注$_1$孔钻孔深度 731~734m 和 788~791m，探注$_2$孔深度 778~791.5m。具体如下：

a. 探注$_1$孔 731~734m 取心段岩心长度 1.2m，取心率约为 34.3%，岩心致密，为坚硬泥岩，未见明显水解及破碎异常；

b. 探注$_1$孔 788~791m 段，取心率约为 26%，岩心致密和完整，岩性为坚硬泥岩，岩性和层位未见明显异常；

c. 探注$_2$孔 778~791.5m 段取出岩心 0.5m，岩性为泥岩上部含铝质，下部含鲕粒，岩性和层位未见明显异常。

（2）水位特征

探注$_1$孔钻进至 786.5m 时，钻井液全部漏失，之后开始观测水位，具体数据见表 7.12。

表 7.12　探注$_1$孔水位观测表

日期（2010 年）	时间	深度/m	备注
2 月 20 日	18：00	37.5	井下放水阀门关闭
	19：00	60.5	
	20：00	81.5	
	22：00	108.5	
2 月 21 日	06：00	120.5	井下放水阀门打开
	07：00	121.5	
2 月 25 日	23：00	>300	未观测到水位
3 月 1 日	19：00	>300	
3 月 2 日	08：00	279	井下放水阀门关闭
3 月 2 日	12：00	271	
3 月 2 日	19：00	265	
3 月 3 日	08：00	256	
3 月 3 日	12：00	251	
3 月 3 日	19：00	244	

经观测，在井下放水阀门关闭前，水位稳定在深度 121m 左右，阀门打开后，水位明显下降，阀门关闭后水位开始缓慢上升，说明钻孔与 II5,轨道大巷有水力联系，且其稳定水位接近太灰水位，钻孔与太灰相互沟通，水位变化缓慢表明钻孔与太灰含水层连通不顺

畅，其原因应为陷落柱未经过采矿扰动和压力释放，陷落柱体和裂隙内有大量填充物，裂隙导水能力较差。

因为此区域做过多种物探，且三维地震密度较大，均未发现大构造和断裂，所以钻孔内水位与太灰含水层和II5₁轨道大巷有水力联系表明，钻孔揭露陷落柱的可能性较大，只有陷落柱才能把太灰水导通到其上120m。

（3）落空和漏失特征

探注₁孔钻进至785m时发生掉钻，落空段为785~786.5m，高度为1.5m，探注₂孔钻进至773m时发生掉钻，落空段773~775m，高度为2m，且均伴随冲洗液全部漏失现象，漏失量大于72m³/h。见图7.26、图7.27。

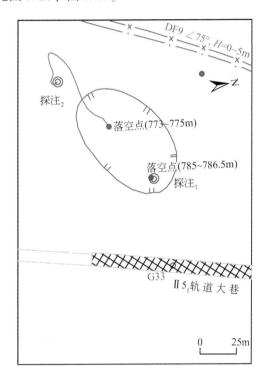

图7.26　探注孔落空段位置平面图

以往资料显示此区域地层在773~788m深度岩层不具有如此明显异常，且能产生大于70m³/h的消耗量，分析为陷落柱和大裂隙的可能性较大。

（4）进尺速度特征

探注₂孔在穿过落空段后进尺异常，从778m施工至803m只用2h，进尺较快。

2）水₂₃孔水位分析

由于水₂₃孔水位为+4m，接近奥灰水位，而附近的探注₁孔和水₂₄孔均未反映到奥灰水位，所以需要对水₂₃孔进行水位分析试验，以确定水₂₃孔的真正水位，并作为探查陷落柱的参考资料。

2011年2月7日，采用TBW260注浆泵向孔内灌注清水，灌注流量为10m³/h，持续

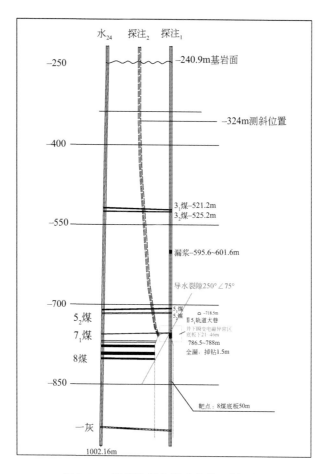

图 7.27　陷落柱落空段垂直位置剖面图

灌注 4h，稳定 12h 后观测水位为 +4.35m，因灌注前水位为 +4.75m，所以水位基本没有变化。

2 月 8 日，继续采用 TBW260 泥浆泵向孔内灌水，灌注流量加大至 15m³/h，持续灌注5h，灌注完毕后立即观测水位，水位为 +2.65m，12h 后观测水位，水位恢复至 +4.50m，接近奥灰水位，表明水₂₃孔与奥灰含水层导通良好，孔内水位即为奥灰水位。

3）注浆情况

探注₁孔揭露落空段后，为了方便继续向下钻进，对落空段进行注浆填充，之间主要有以下情况：

（1）封堵钻孔与Ⅱ5₁轨道大巷间的联通裂隙

3 月 24 日开始注浆，注浆比重为 1.3～1.4g/cm³，采用单 390 注浆泵 4 档注浆，同时井下Ⅱ5₁轨道大巷跟班观测，27 日上午 7 时 45 分Ⅱ5₁轨道大巷 5 号管开始出水泥浆，9 时30 分关闭 5 号管，28 日探注₁孔孔口有 0.5MPa，29 日升至 3MPa，同时探注₂孔孔口向外溢水，30 日凌晨 1 时停止注浆，累计注水泥 935t。注浆期间，当孔口起压后，Ⅱ5₁轨道大巷的放水阀门水量明显增大，且之后有水泥浆从阀门流出，表明探注$_1$孔与Ⅱ5$_1$轨道大巷联通良好。之后关闭阀门，继续注浆至达到注浆结束标准后，Ⅱ5$_1$轨道大巷放水阀门打开后，水量衰减至2m^3/h，基本为巷道顶板砂岩裂隙水，陷落柱与Ⅱ5$_1$轨道大巷的过水通道已被封堵。

（2）探注$_1$孔和探注$_2$孔的落空段联通良好

探注$_1$孔注浆期间，探注$_2$孔停止钻进，在探注$_1$孔注浆封堵落空段和与Ⅱ5$_1$轨道大巷间的联通裂隙后，探注$_2$孔继续钻进至落空段深度后，落空段已经被水泥浆液填充完毕，表面两孔的落空段沟通良好，应为同一陷落柱的顶部。

综合掉钻、冲洗液漏失、水位、钻进速度、注浆情况等资料分析，探注$_1$孔和探注$_2$孔落空段应为陷落柱顶部，初步探查阶段完成，进入详细探查与注浆治理阶段。

7.4.4　陷落柱预防性注浆治理

1. 治理思路

由于陷落柱的具体位置、直径、形态和发育高度等参数尚未完全查清，任楼煤矿采用边探查、边研究、边治理的思路，继续探查陷落柱，为注浆治理提供依据。采用一孔多用的原则，利用前期施工地面高精度定向导斜探注孔进行注浆，制定注浆方案，对陷落柱进行治理。

对陷落柱的注浆加固改造，已经有了较丰富的治理经验。常规的注浆治理，一般利用注浆孔针对陷落柱建造堵水塞进行封堵。由于任楼煤矿陷落柱具有高承压性，建造止水塞存在不能有效治理的可能性。因此，任楼煤矿提出了巷道封堵联合地面定向钻孔注浆的方式进行综合治理。在井下，通过建造内外挡墙并在墙内填充的方式对Ⅱ5$_1$轨道大巷实施巷道封堵，保证矿井安全的同时，避免浆液的流失；地面注浆通过高精度导斜定向钻孔通过倒梯形的注浆方式，对陷落柱垂向上进行整体注浆加固，以减少不必要的浆液扩散，提高浆液的利用率。通过对陷落柱进行预防性注浆治理，切断奥灰含水层水进入主采煤层的过水通道，解除奥灰含水层通过此陷落柱对矿井安全生产的威胁。

2. 治理方案

（1）为确保矿井安全，为Ⅱ5$_1$陷落柱地面探查与治理创造条件，设计对Ⅱ5$_1$轨道大巷进行封堵。

（2）探注$_1$孔和探注$_2$孔成功探测到陷落柱，探注阶段完成，进入注浆治理阶段，由于陷落柱的具体形态、直径和发育高度等参数不清，需在治理过程中继续探查，陷落柱治理的总体思路是边探查边治理：①主要治理目的是保证8煤的安全开采，加固深度为8煤底板下80m；②探注$_1$孔和探注$_2$孔采用下行式分段注浆法加固至设计深度，每段20m，浆液控制在1.2~1.3t/m^3，孔口结束压力控制在3MPa；③施工探注$_3$、探注$_4$孔，探查陷落柱东、西边界，在进入陷落柱后采用下行式注浆法对陷落柱进行加固。

3. Ⅱ5₁轨道大巷封堵工程

1）巷道封堵情况

为确保矿井安全，为Ⅱ5₁陷落柱地面探查与治理创造条件，决定对Ⅱ5₁轨道大巷进行封堵，巷道于2011年11月8日开始封堵。设计封堵总长度189m，其中里段159m用矸石充填，累计充填矸石3040m³，按设计要求预埋7趟管路（图7.28）。外段30m前后施工两座挡墙，内外挡墙间用C30混凝土浇筑，用黄砂285t，石子483t，水泥307t。Ⅱ5₁轨道大巷里段累计注浆751.85t水泥。

(a) Ⅱ5₁轨道大巷埋管平面示意图

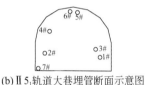

(b) Ⅱ5₁轨道大巷埋管断面示意图

图7.28　Ⅱ5₁轨道大巷埋管示意图

2）巷道围岩加固情况

（1）内外挡墙间围岩加固情况

内外挡墙前后5m范围内的巷道采用注浆锚杆全断面进行加固，累计施工注浆锚杆128根，注水泥38.4t。另用钻机施工了4排26个注浆钻孔，对挡墙之间巷道周围10m范围进行加固，累计注水泥23.9t。

（2）封堵墙外围岩加固情况

Ⅱ5₁轨道大巷里段注浆后，封堵墙外顶板及右帮底板出水，水量5m³/h。经研究决定对封堵墙外30m巷道围岩进行加固，共施工14组注浆锚杆计57个孔，共注水泥6.4t。巷道淋水明显减小。为进一步对大巷围岩进行加固，确保封堵质量，又在外挡墙施工4组26个注浆钻孔，累计注浆量91.3t水泥。

注浆后5、6号注浆孔关闭情况下，压力5.0MPa，大巷淋水3m³/h，达到封堵效果。5、6号注浆孔留作观察孔。

4. 地面钻孔注浆工程

1）注浆方式

采用孔口止浆、静压分段下行式注浆法。考虑到任楼煤矿隐伏导水陷落柱的超高承压特性，注浆采用倒梯形方式进行，对陷落柱进行高低位控制、错位注浆，在保证注浆效果的同时，控制注浆量。

2）注浆材料

水泥采用 42.5R 普通硅酸盐水泥，粉煤灰细度达 3 级及以上。

3）建立注浆站系统及配套设施

在矿内平整一块能建设注浆站和水泥罐车停放的场地。建立散装水泥螺旋机自动上料、二次机械搅拌集中造浆站。包括：散装水泥储灰罐、螺旋机、蓄水池、射流系统、搅拌机、泥浆泵，配备孔口封闭器或专用高压灌浆塞混合器、压力表，以及注浆站配有波美度计、比重称、量筒等常用仪器等。配套设施有供电设施、供水设施、输浆设施和办公设施等。

4）注浆工艺流程

（1）水泥–粉煤灰混合浆：在陷落柱落空段和较大裂隙发育区，宜采用混合浆对空洞和裂隙进行大规模充填，节约治理成本。水泥与粉煤灰配置比例为 1∶1，在搅拌池内混合，搅拌均匀后由注浆泵输送至钻孔进入待充填段。

（2）水泥单液浆：适用于裂隙、孔隙型受注层段，特别是在注浆中后期钻孔升压后的升压注浆阶段加固注浆阶段，为巩固前期注浆效果，进一步提高堵水率，主要以水泥单液浆为主。单液浆水灰比主要为 0.7∶1~2∶1。

5）注浆施工

（1）每次注浆前，均要进行压水。主要目的是疏通注浆管路及孔内岩石裂隙、测定单位受注层段吸水率。压水试验成果以吸水率 q 表示。

（2）根据压水试验结果，确定浆液类型及其浓度。一般来讲，需先用稀浆进行试注，了解该孔吃浆量大小及孔口压力情况，观测临孔是否串浆等情况调整浆液浓度。

（3）每次注浆结束后，均要向孔内压水，压水量为管路与孔内体积之和的两倍，之后及时下钻具扫孔至孔底。

（4）要对压水试验及注浆过程进行详细记录。按照注浆班报记录表的格式如实测定并记录每罐浆液的比重、泵量、泵压、孔口压力等参数；及时汇总注浆量资料、注浆前后压水试验资料，绘制观测孔水位、注浆量历史曲线，分析注浆效果，为下一步施工提供依据。

6）单孔结束标准

当注浆压力达到结束标准后，应逐次换档降低泵量，直至泵量达到 50L/min，并维持 30min。之后进行压水试验（试验压力为结束压力的 80%），测得单位吸水率 q 不大于 0.01L/(min·m·m) 时，即可认为该段达到注浆结束标准。否则，要求复注直至达到结束标准为止。

7）注浆阶段

本次注浆工程大体可以划为以下三个阶段：

（1）充填注浆阶段：注浆孔主孔前期注浆阶段，本阶段的主要特点大量灌注水泥浆、充填陷落柱内大的空洞或裂隙，浆液以高浓度单液浆为主。注浆在静水、孔口无压状态中定量、间歇反复进行，力求尽快封堵陷落柱空洞、空隙和较大裂隙，采用倒梯形的通道堵截方式，先注浆形成外围，再对内部注浆，以控制注浆量、防治串浆，形成主体架构。

（2）升压注浆阶段：各注浆孔中期注浆阶段，以单液水泥浆为主，以封堵较大的裂隙、溶隙为主，以巩固前期注浆成果。注浆是在静水、孔口逐渐升压的过程中进行，一般情况下，注浆时孔口无压，但压水时已有不大于2MPa的孔口压力。

（3）加固注浆阶段：主要指所有注浆孔的后期注浆阶段，注浆时孔口压力开始显现，通过高压钻孔注浆，封堵注浆孔间残留小裂隙，增加"堵水塞"强度。另外，分支钻孔需穿透陷落柱四周环状导水裂隙带，封堵陷落柱陷落柱四周环状导水裂隙。

5. 探查资料分析

1）陷落柱确定

根据探注孔的探测资料，综合分析，确定了陷落柱发育情况。

（1）岩心情况

探注$_1$孔在深度847~850m取心，岩心破碎，成分杂乱，且有轻微水解现象。其他层段岩心除取心率较低外未见明显异常。

（2）压水试验结果

钻孔每次注浆加固前，均进行压水试验（表7.13），确定浆液水灰比、注浆压力等参数。

表7.13　压水试验孔口压力统计表

钻孔编号	注浆段深度/m	压水试验孔口压力/MPa	开始注浆孔口压力/MPa	备注
探注$_1$孔	785~791	0	0	
	791~820	0	0	
	820~842	0	0	
	842~862	1.8		探注$_2$孔串浆前
	842~862	3.5		探注$_2$孔串浆后
	862~883	1.0	0	
	883~897	0	0	
	897~921	1.2	0	
探注$_2$孔	773~803	2.5		
	803~835	0	0	
	835~855	1.5		
	855~865	0	0	冲洗液全漏
	865~885	1.0	0	
	885~905	0	0	
	905~920	1.8	0.5	探注$_4$孔串浆

续表

钻孔编号	注浆段深度/m	压水试验 孔口压力/MPa	开始注浆 孔口压力/MPa	备注
探注₃孔	880	2.0		
	910	1.8	0.6	
	986	0		进入灰岩
探注₄孔	799~820	2.0		
	836	0	0	冲洗液全漏
	836~844	0		探注₂孔串浆前
	836~844	2.0		探注₂孔串浆后
	844~864	1.2	0	
	864~880	1.5	0	塌孔严重
	880~900	2.1	0.8	
	900~922	1.8	0.5	

钻孔进入陷落柱后，符合在陷落柱中钻进时冲洗液无明显消耗而能注入大量浆液（压水试验孔口无压力）的特征。

（3）串浆情况

探注₁孔和探注₂孔落空段相互连通；探注₁孔深度862m钻进时浆液从探注₂孔835m处串入；探注₁孔深度920m时浆液从探注₂孔865m处串入，在探注₁孔封孔后，探注₂孔继续注浆时浆液串入探注₃号孔；探注₂孔深度900m时浆液从探注₄孔836m串入；探注₄孔深度844m时浆液从探注₂孔920m串入。其他还有多次小型串浆情况，不一一注明。

串浆情况表明，陷落柱体内裂隙沟通良好，岩石强度低，在压力增大的情况下，岩层在压力释放处易发生破坏形成导水裂隙。

（4）探注₃孔水位

探注₃孔钻进至986m时，出现冲洗液全部漏失现象，水位稳定在深度21.3m，与奥水水位接近，经两次灌水试验，水位均缓慢恢复至21.3m左右，此深度为一灰顶部，已与奥灰含水层沟通。结合水₂₃孔水位，表明陷落柱附近太灰与奥灰含水层沟通良好。

综合压水试验和串浆情况等资料分析，确认4个钻孔揭露地层为非正常地层，确实发育陷落柱构造。

（5）地面三维地震时间剖面

由地面三维地震时间剖面可知，5煤层位连续正常，7煤层位明显发生错断，与地面探查情况相吻合。

2）陷落柱边界圈定

根据探注₁、探注₂、探注₃、探注₄孔钻进时的落空和冲洗液漏失情况，结合井下钻孔探查出水资料及探注₃孔测井资料，可以圈定陷落柱边界如图7.29所示。

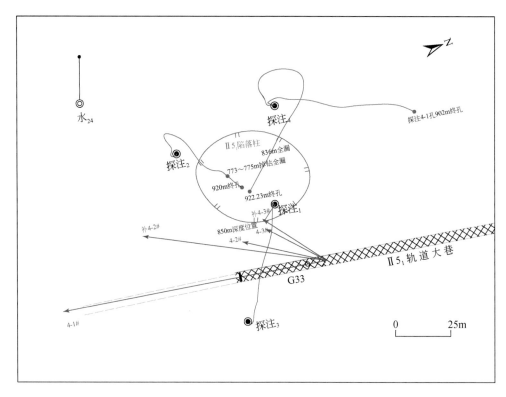

图 7.29   任楼矿Ⅱ5₁陷落柱发育边界

3）陷落柱注浆加固

4 个钻孔均采用孔口止浆、静压分段下行式注浆法对陷落柱进行加固，浆液采用水泥单液浆，比重控制在 1.2～1.3t/m³，注浆压力稳定在 3MPa 以上。各探注孔注浆情况见表 7.14。

表 7.14   治理阶段各个钻孔注浆量分段统计表

钻孔编号	注浆段深度/m	注浆量/t	注浆结束压力/MPa	备注
探注₁孔	785～791	935	3	
	791～820	81	3	
	820～842	159	3	
	842～862	0		探注₂孔串浆
	862～883	0		
	883～897	195	4	
	897～921	110	4.5	
	小计	1480		

钻孔编号	注浆段深度/m	注浆量/t	注浆结束压力/MPa	备注
探注₂孔	773~803	445	3	
	803~835	245	3.5	
	835~855	290	3.5	
	855~865	280	3.8	
	865~885	130	3.5	
	885~905	70	4	
	905~920	460	4.5	探注₄孔串浆
	小计	1920		
探注₃孔	880	0		
	910	295	3.5	
	986	0		
	小计	295		
探注₄孔	836~844	0		探注₂孔串浆
	844~864	80	4.0	
	864~880	40	3.5	
	880~900	75	3.5	
	900~922	50	4.5	
	小计	245		
合计		3940		

6. 物探异常区探查

陷落柱治理完毕后，从探注₄孔 350m 处开窗向物探异常区钻进，对异常区进行验证。探查情况如下：

（1）600m 深度有轻微渗漏，漏失量 8~10m³，封堵后继续钻进，其他层段未见明显异常。

（2）853~857m 深度取心，岩心长度为 1.8m，岩性为砂岩，岩心完整。

（3）857m 做压水试验，孔口压力 3MPa，900m 深度压水试验，孔口压力 2.5MPa。

（4）共注入水泥 85t，孔口结束压力为 4MPa。

（5）测井资料显示岩层层序和深度正常。

综合以上资料，物探异常区岩层与以往资料相符，岩心完整，压水孔口压力较高，未见明显异常现象。

7. 注浆效果分析

1）陷落柱与Ⅱ5_1轨道大巷间的联通裂隙封堵

经过对探注$_1$孔落空段进行注浆充填，Ⅱ5_1轨道大巷的放水阀门出水量在注浆后衰减至 2m^3/h，且基本为巷道顶板砂岩裂隙水，陷落柱与Ⅱ5_1轨道大巷的过水通道已被封堵。

2）单孔结束标准

注浆加固工程经过高压注浆已经把陷落柱内裂隙和空隙封堵完毕，且每孔和每个注浆段都严格按照注浆结束标准执行，根据注浆泵压、吸水段长度等计算单位吸水率 q，当计算结果不大于 0.01L/（min·m·m）时，才能结束钻孔注浆施工。

每个钻孔在结束前全部进行压水试验，确定是否继续注浆，根据任楼矿实际条件，流量 Q 和孔口压力 p 取压水试验记录数据，试验段段长 L 取进入陷落柱深度位置至孔底的距离，计算的单位吸水率值见表 7.15。根据单位吸水率均小于标准值 0.01L/（min·m·m），初步判断此陷落柱内空隙及裂隙已达到充填加固，切断了奥灰及太灰水进入煤层的通道。

表 7.15　钻孔压水试验结果计算表

孔号	试验段段长 /m	孔口压力 /MPa	孔内水位埋深 /m	流量 /（L/min）	单位吸水率 /［L/（min·m·m）］
探注$_1$孔	135	4.5	300	60	0.000987654
探注$_2$孔	147	4.5	300	60	0.000907029
探注$_3$孔	80	3.5	300	60	0.002142857
探注$_4$孔	84	4.5	300	60	0.001587302
探注$_{4-1}$孔	570	4.0	300	60	0.000263158

3）探注$_4$孔注浆效果分析

探注$_4$孔作为检查加固孔，进入陷落柱后注入水泥量共计 245t，相比探注$_1$孔注入的 1480t 和探注$_2$孔的 1920t，明显减少，表明陷落柱内裂隙和空隙大部已经被探注$_1$孔和探注$_2$孔充填，充填效果良好。

4）陷落柱内跨孔电阻率 CT 探测

对探注$_1$、探注$_2$、探注$_3$三个探查孔进行孔间电阻率 CT 探测。根据勘探电阻率剖面分析（图 7.30），高低阻差异显著，分界面清晰，说明测区范围内确实存在陷落柱，陷落柱注浆后表现为低阻特征。孔间探测显示浆液在陷落柱内扩散良好，有效的充填了陷落柱内裂隙与空隙。

8. 小结

陷落柱突水是导致历史上几次重特大水害事故的主要原因之一。由于陷落柱的隐伏性强，探查难度大，致灾后损失严重。任楼煤矿历史上已有两次陷落柱突水事故，经水文地

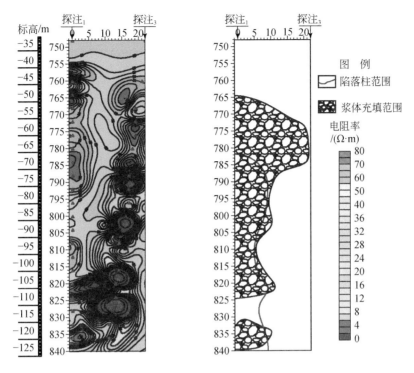

图 7.30　跨孔电阻率 CT 探测成果地质解析图（探注$_1$孔—探注$_3$孔）

质分析井田内具有陷落柱发育的条件。针对Ⅱ5$_1$轨道大巷的出水情况，采取了"地质预判、水质预警、物探定位、钻探控制"的治理思路，在前期判断隐伏陷落柱存在的基础上，积极采取预防性治理。采用综合物探查明陷落柱位置后，通过井下巷道封堵联合地面高精度导斜定向钻孔多孔联合错位注浆，实现了超高承压隐伏陷落柱的预防性治理，防止了重特大突水事故的发生，解放了煤炭资源，具有重要推广意义。

7.5　近陷落柱开采工作面出水隐伏陷落柱"探查与封堵阶梯式"治理技术
——以淮北朱庄煤矿Ⅲ63采区陷落柱探查与治理为例

7.5.1　Ⅲ631 工作面突水概况

1. 突水工作面概况

1）工作面位置

朱庄煤矿Ⅲ631 工作面外段位于Ⅲ63 采区上部，为该采区右翼首采面。该面左以Ⅲ63采区轨道下山为界，右至宋庄保护煤柱线；其上区段为Ⅲ617 工作面，因地质构造复杂，断层较多，未布置回采。下区段为Ⅲ633工作面，尚未准备。工作面机、风巷底板标高分别为-482.1m~-457.6和-436.9m~-397.1。工作面走向长412.5m，倾斜宽180m。地面标高为+32.0m。

2）工作面地质概况

Ⅲ631工作面外段开采二叠系山西组6煤层，煤层厚度2.1~3.0m，平均2.8m。工作面煤层整体走向NW45°，倾向SW。煤层倾角16°~18°，平均17°。工业储量29.9万t，可采储量28.4万t。该面地质条件复杂，整体呈单斜构造。工作面共揭露断层13条，其中风巷8条，切眼3条，机巷2条，落差在0.6~4.0m之间。其中FⅢ63-5断层在风巷和机巷均有揭露，落差分别为3.0m和1.8m。

3）工作面水文地质概况

（1）6煤顶、底板砂岩裂隙含水层

6煤层顶板岩性多为砂质泥岩、粉砂岩、中细粒砂岩，砂岩厚度一般45~50m；底板为砂质泥岩、中、细粒砂岩和泥岩，砂岩厚度约40m。砂岩裂隙不发育，据24_2孔抽水试验，水位降深$S=23.9$m，单位涌水量$q=0.028$L/(s·m)，渗透系数$K=0.054$m/d，富水性较弱。

（2）6煤层底板太原组岩溶裂隙含水层

本组上自K_1灰岩，下至本溪组底部，总厚度171~203m，平均180m，以薄层灰岩与泥岩互层为主，包括本溪组在内，一般含12~14层薄层灰岩，灰岩累计厚度约69m，占该组总厚度的35.8%，单层厚度较大的有三、四、十一、十二灰等。

太灰上段含水组（一灰至四灰）是本矿6煤开采的间接充水含水层，该段平均厚约40m，灰岩厚15.51~32.8m，平均25.35m。该段含水组含水空间以溶蚀裂隙为主，溶洞次之。太灰含水层富水性较强，钻孔单位涌水量$q=0.016~2.338$L/(s·m)，大部分大于1.0L/(s·m)，渗透系数$K=0.128~97.16$m/d，水质类型为$HCO_3-Ca·Mg$型，矿化度0.35~4.0g/L，pH值7.1~7.5，总硬度16~20德国度。通过测量，Ⅲ63-水$_1$孔水压为5.2MPa，该孔观测处的标高为-545m，换算出太灰水水位为-25m。

（3）工作面断层水文地质特征分析

Ⅲ631工作面外段机、风巷共揭露断层13条，在巷道掘进过断层期间均无出水现象，说明断层富水性较弱，导水性较差。

2. 突水情况及井下治理概况

1）突水情况分析

2012年11月19日Ⅲ631外段工作面115架开始出水，出水后在Ⅲ631风巷通过钻探引水、钻探注浆等手段进行治理。在工作面内治水期间，向Ⅲ631工作面风巷外侧施工补7孔。当钻进至三灰地层时，钻孔出水约400m³/h，水为黄色。钻孔出水量大，为一个太灰富水异常区。同时，钻孔出水后，发现太灰水位与奥灰水位降升变化同步性很好。综上，推测钻孔附近一定范围内可能存在构造薄弱带导通太灰含水层和奥灰含水层，造成两者水位变化异常，水力联系紧密。

2）井下治理概况

根据工作面突水情况分析，治水工作转入三水平东大巷，共设计 3 个钻场 15 个探查孔，其中一号钻场 4 个孔，分别为探 1、探 2、探 3 和探 11；二号钻场 6 个孔，分别为探 4、探 7、探 9、探、探 14、和探 15；三号钻场 5 个孔，分别为探 5、探 6、探 8、探 10 和探 12。在三水平东大巷治水期间，当探 8 孔施工至 40m 时，钻孔出水约 80m³/h，且钻孔冲出物中含有发育较好的黄铁矿及方解石，推测周围可能存在陷落柱。此后，围绕探 8 孔终孔落点位置，分别施工探 11 孔、探 13 孔、探 14 孔、探 15 孔，探查陷落柱的发育高度和范围（图 7.31）。

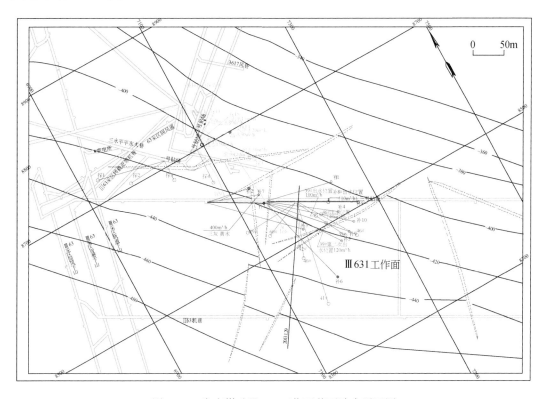

图 7.31　朱庄煤矿Ⅲ631 工作面井下治水平面图

在三水平东大巷一号钻场施工探 11 孔作为二号钻场掩护孔及异常区探查孔，在保障二号钻场安全后，以探 8 孔方位为轴，分散布置钻孔对异常区进行探查。探 11 孔施工至 64m（即二号钻场下方）时，对钻孔进行压水试验，压水试验压力达到 8.0MPa，并持续 30min，说明陷落柱发育范围未至二号钻场，因此二号钻场可以施工探查孔。

在三水平东大巷二号钻场施工探 13 孔时，出水量约 300m³/h，且钻孔冲出岩粉同探 8 孔岩粉相似，水颜色为黄色。探 15 孔在施工过程中钻进速度时快时慢，与正常地层钻进时速度差距较大。探 14 孔施工时未出现异常，通过该 5 个钻孔的施工及测斜资料综合分析（见表 7.16），圈定陷落柱预想范围边界。

表7.16　井下探查孔施工情况表（三水平东大巷）

钻场	孔号	方位/(°)	倾角/(°)	套管长度/直径	孔深/m	终孔层位	出水情况	注浆量	备注
一	探11	100	43	15m/Φ127mm 38m/Φ108mm	99	三灰	150m³/h	136t	
二	探13	59	38	15m/Φ127mm 38m/Φ108mm	76.5	三灰	300m³/h	100t	水为黄色，冲出岩粉类似探8孔冲出物
二	探14	87	40	15m/Φ127mm 38m/Φ108mm	102	四灰	50m³/h	102t	
二	探15	80	40	15m/Φ127mm 34m/Φ108mm	83	三灰	15m³/h	48t	钻进过程中时快时慢，地层完整性差

　　根据井下探8孔、探13孔、探11孔、探14孔、探15孔等钻探测斜等资料大体上可以控制陷落柱北西侧以及南侧的边界，但陷落柱的大小、形态、发育高度等情况均尚未完全探明（图7.32）。该隐伏陷落柱对矿井安全生产存在着极大的水患威胁，考虑到矿井的生产安全，必须对隐伏陷落柱进行探查和治理。然而井下探查和治理存在较大的风险和难度，为此需要在地面布设探查孔继续探查陷落柱的形态及发育特征，并通过地面注浆的方式对该陷落柱进行注浆改造，以确保井下安全生产。

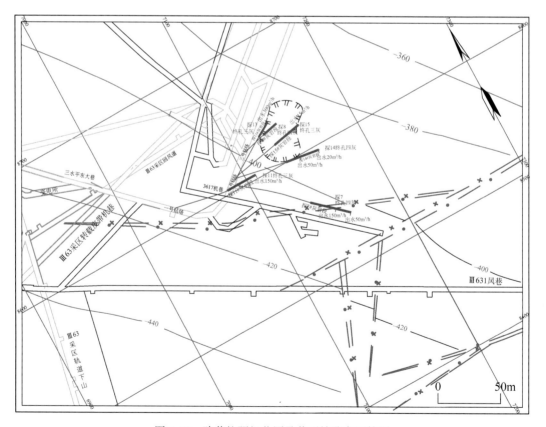

图7.32　陷落柱预想范围及井下钻孔布置简图

　　通过对Ⅲ631 工作面概况、突水情况及井下治理情况的分析，经过地面现场情况勘察，提出淮北朱庄煤矿Ⅲ63 采区陷落柱治理方案。

7.5.2　治理方案的制定和设计

1. 治理方案的基本思路

　　本次探查治理的基本思路为："探查"和"注浆封堵"阶梯式并行。结合井下现有探查结果，并考虑到陷落柱发育靠近巷道，高压注浆可能对巷道造成破坏等不利因素，先在靠近巷道一侧，布设 3 个探查孔，查清隐伏导水陷落柱西半侧边界的发育高度及范围，并通过地面钻孔注浆，对陷落柱西侧进行注浆改造。封堵的同时，东半侧敞口，布设 3 个探查孔，跟进探查陷落柱的东侧边界的发育高度、范围等形态特征，根据施工实际情况及进度等，依次从陷落柱东半侧直至整体进行注浆改造。

2. 治理工程技术难点和技术路线

　　1）治理工程技术难点

　　本次隐伏陷落柱探查治理工程的技术难点是：

　　（1）由于场地局限，设计孔口坐标和落点坐标距离较远，且导斜段短，定向难度大，钻探施工技术要求高。

　　（2）陷落柱发育形态特征尚未探明，采取探查和注浆阶梯并行的方式施工，对钻探和注浆之间的协同配合和情况分析判断要求极高。

　　（3）预计陷落柱发育较高，且距离巷道近。在注浆过程中，高压注浆可能破坏巷道壁甚至巷道结构。

　　（4）该陷落柱尚未出水导致淹井，井下生产正常进行。地面注浆可能对井下水文地质条件造成扰动，破坏岩体的水力平衡条件，甚至导致井下出水，造成人员以及财产的损失，注浆施工难度极高。

　　2）技术关键

　　本次治理的技术关键有两点：一是对隐伏陷落柱发育位置及大小、高度等形态特征的探查；二是注浆封堵过程中保证井下巷道系统的安全。

　　3）技术路线

　　（1）由于场地局限、陷落柱埋藏较深、大小不明、位置不清、可疑区范围较大，给地面探查工作造成了一定困难，采用常规钻探手段工程量大，时间长。本工程采用地面施工定向斜孔，必要时采用孔内施工定向分支斜孔的方法进行探查。

　　（2）地面注浆可能对井下水文地质条件造成扰动，破坏岩体的水力平衡条件，甚至导致井下出水，造成人员以及财产的损失，注浆施工难度高。拟采用"探查"和"注浆封堵"阶梯式并行的方式进行治理。

3. 治理工程方案设计

1）钻探工程设计

（1）钻孔布置

本次陷落柱探查治理工程沿圈定陷落柱范围共布置 6 个钻孔，根据探 8、探 13、探 11 以及探 14 孔探查结果，首先在陷落柱预测范围的西半侧布置 3 个探查孔。根据探 15、探 14 孔的探查结果在陷落柱预测范围的东半侧布置 3 个探查孔。考虑到隐伏陷落柱发育形态多样，目前尚不能确定陷落柱的具体形态特征，需要设计 6 个分支斜孔用于进一步探查和治理陷落柱。

（2）钻孔结构

钻孔结构采用三开形式，下套管的具体孔深因各孔开孔标高及终孔标高而异。

a. 0~80m：孔径 Φ311mm，下入 Φ244.5×8.94mm 孔口管，下至基岩层段，隔离第四系表土地层。

b. 0~470m：孔径 Φ216mm，下入 Φ178×8.05mm 通天套管，考虑到探查孔的技术特点，套管深度依据探查结果而定。设计钻进过 6 煤底板之后换径，若继续钻进探查到陷落柱，套管下至换径处；若未见陷落柱，则封孔导斜继续探查，结构与以前相同。直至探查到陷落柱，下入换径深度的套管。

c. 470~550m：孔径 Φ152mm，为裸孔段。钻孔延伸至四灰以下 20m。

（3）钻探技术与工艺要求

a. 钻孔实地测量放点，钻机就位后必须校核坐标。

b. 提出单孔设计，对直孔段深度、起始偏斜深度、水平偏斜距、偏斜段垂高、偏斜方位等参数作出规定。

c. 做好钻探原始记录工作。如实记录岩性（岩粉判层），定时记录冲洗液消耗量变化。发现大量漏水、掉钻、埋钻、吸风、涌水等现象要详细记录其深度、层位和耗水量。

d. 钻孔进入采空区后推荐用清水钻进，其他层段可泥浆钻进。

e. 按照钻孔设计参数施工，根据钻孔设计要求，直孔段水平偏斜距不得大于 2m，偏斜方位不得大于 1 度，每 20m 测斜一次，及时绘制钻孔轨迹曲线，发现孔斜超标要采取措施及时纠偏。

f. 所有地面钻孔终孔后须进行不小于 30min 的压水洗孔，之后观测终孔静止水位。

g. 直孔段冲洗液漏失，不要着急采用重泥浆堵漏，而是采用清水或稀泥浆继续钻进，判断是否进入陷落柱。

2）注浆工程

（1）注浆方式

采用孔口止浆、静压分段下行式注浆法。

（2）注浆材料

水泥采用 42.5 R 普通硅酸盐早强水泥，不得使用受潮结块的水泥或过期的水泥。

（3）注浆工艺流程

水泥单液浆适用于裂隙、小型岩溶及孔隙型受注层段，特别是在注浆中后期钻孔升压后的升压注浆阶段加固注浆阶段，为巩固前期注浆效果，进一步提高堵水率，主要以水泥单液浆为主。

（4）注浆施工

a. 每次注浆前，均要进行压水。主要目的是疏通注浆管路及孔内岩石裂隙、测定单位受注层段吸水率。

b. 根据压水试验结果，确定浆液类型及其浓度。一般来讲，需先用稀浆进行试注，了解该孔吃浆量大小及孔口压力情况，观测临孔是否串浆等情况调整浆液浓度。

c. 每次注浆结束后，均要向孔内压水，压水量为管路与孔内体积之和的两倍，之后及时下钻具扫孔至孔底。

d. 要对压水试验及注浆过程进行详细记录。按照注浆班报记录表的格式如实测定并记录每罐浆液的比重、泵量、泵压、孔口压力等参数；及时汇总注浆量资料、注浆前后压水试验资料，绘制观测孔水位、注浆量历史曲线，分析注浆效果，为下一步施工提供依据。

（5）单孔结束标准

a. 注浆总压：注浆压力的大小直接影响到浆液的扩散距离与有效的充填范围。为使浆液有适当的扩散范围，既不可将压力定得过低，造成漏注，也不可将压力定得太高，致使浆液扩散太远，甚至扩大原有裂隙通道，出现新的突破口，增加涌水量。注浆总压是由孔内浆柱自重压力和注浆泵所产生的压力两部分组成。根据本次注浆工程实际情况，设计孔口压力 4MPa，持续 15～30min。即当孔口压力达到以上值时，即可认为该受注层段注浆已达到压力结束标准。

b. 全孔单位吸水率标准：当注浆压力达到结束标准后，应逐次换挡降低泵量，直至泵量达到 40～60L/min，并维持 30min。之后进行压水试验（试验压力为结束压力的80%），测得单位吸水率 q 不大于 $0.01L/(min \cdot m \cdot m)$ 时，即可认为该段达到注浆结束标准。

7.5.3　陷落柱治理工程施工

1. 钻探工程施工

1）钻孔施工布置

本次陷落柱治理工程共设计 6 个钻孔用于探查陷落柱发育特征，并对其进行注浆改造。后新增3-2#钻孔用于探查Ⅲ616 石门探查孔三灰出水点情况并加以治理，新增 2-3#钻孔补充检查陷落柱治理效果，共计施工 8 个地面钻孔。各钻孔施工布置情况见图 7.33。

2）钻孔施工情况

2013 年 4 月 5 日第一台钻机进场，4 月 7 日 1#孔正式开钻，至 2013 年 6 月 28 日 2-3#

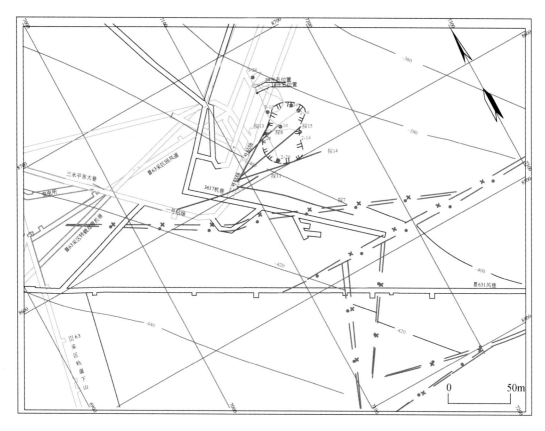

图 7.33　朱庄煤矿Ⅲ631 工作面陷落柱治理工程地面钻孔施工布置图

钻孔完钻，本工程钻探部分共持续 81d，完成 8 个地面钻孔，总进尺为 3638m（包括定向直孔进尺 808m 和定向斜孔进尺 2830m）。各孔施工简要情况详见表 7.17。

表 7.17　朱庄煤矿注浆堵水工程地面各钻孔施工情况一览表

钻孔编号	开孔日期 终孔日期	终孔孔深/m	定向直孔/m	定向斜孔/m	稳定水位/m	终孔层位	见煤情况	漏水/中靶情况
1#	2013.4.07 2013.4.17	550	130	420	-29.3	七灰	112m 见煤 424m 见煤 430m 见岩石	115~120m 大漏，158~163m 全漏，226m 后消耗量渐小，531m 大漏
2#	2013.4.13 2013.5.01	548	548	0	-54.79	六灰	421m 见煤 427m 见岩石	170~220m 段部分消耗，其他段未见明显消耗
2-1#	2013.5.09 2013.5.14	545	0	405	-30.39	五灰	421m 见煤 427~428m 见岩石	535~545m 灰岩段有少量消耗
2-2#	2013.5.19 2013.5.28	542	0	402	-38.99	五灰	425m 见煤 431m 见岩石	530~545m 灰岩段有少量消耗

钻孔编号	开孔日期 终孔日期	终孔孔深/m	定向直孔/m	定向斜孔/m	稳定水位/m	终孔层位	见煤情况	漏水/中靶情况
2-3 #	2013.6.17 2013.6.28	523	0	383	−25.47	四灰	418.5m 见煤 423m 见岩石	未见明显消耗
3 #	2013.4.24 2013.5.12	545	130	415	−20.3	五灰	425m 见煤 432m 见岩石	240m 出现大漏，至 246m 全漏，426～460m 出现 消耗，520m 有少量消耗
3-1 #	2013.5.19 2013.5.23	544	0	404	−24.3	五灰	427m 见煤 432m 见岩石	未见明显消耗
3-2 #	2013.5.31 2013.6.05	541	0	411	−40.3	六灰	421m 见煤 425m 见岩石	未见明显消耗
合计		4338	808	2830				

3) 钻孔测井

本工程除3#孔外，每个钻孔钻探施工结束之后，均进行测井工作。包括对灰岩层位和钻孔轨迹，水位等的测量。每个钻孔均进行了钻孔轨迹测量，测量结果与钻机随钻测斜结果相符。其中1#孔、2#孔、3-2#孔和2-3#孔进行了层位测量。详见表7.18，图7.34。从钻孔测井得出的灰岩层位区段埋深曲线图上可以看出，一灰至四灰层位较为稳定，突水通道应当以构造裂隙为主，未见发育有规模较大的岩溶空洞。

表7.18　地面各钻孔测井得出灰岩层位埋深

钻孔编号		1 #孔	2 #孔	2-1 #孔	2-2 #孔	2-3 #孔	3-1 #孔	3-2 #孔
孔深/m		550	548	545	542	523	544	541
测深/m		525	546	545	540	522	540	535
一灰	顶板深/m	479.85	483.10			478.35		472.65
	底板深/m	481.75	484.75			479.80		474.55
二灰	顶板深/m	485.90	489.35			484.25		479.95
	底板深/m	489.75	492.80			487.45		483.85
三灰	顶板深/m	496.75	499.75	未测	未测	494.50	未测	490.45
	底板深/m	506.10	508.75			503.70		499.95
四灰	顶板深/m	509.35	511.80			506.85		503.10
	底板深/m	523.00	524.70			520.15		517.10
五灰	顶板深/m		530.05					522.55
	底板深/m		537.00					529.45
六灰	顶板深/m		542.75					534.75
	底板深/m		545.70					538.15

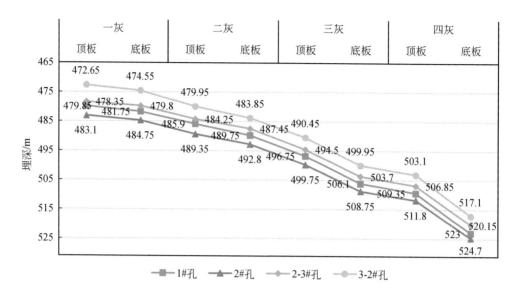

图 7.34　钻孔完钻测井得一灰至四灰层位区段埋深（m）曲线图

2. 注浆工程施工

1）注浆施工工程概况

朱庄煤矿Ⅲ63采区陷落柱水害治理工程中，地面布设 8 个探注孔。其中 3-2#孔用于探查封堵Ⅲ616 石门内原有出水钻孔，同时探查该处四灰及以下地层、地质构造等情况；2-3#孔用于陷落柱治理效果检验。其余探注孔均用于陷落柱探查治理和检查加固。自 2013 年 4 月 18 日至 2013 年 7 月 11 日，共向各探注孔注入水泥 11680t，浆液比重平均为 1.4t/m³，合计 19505.6m³。完成了陷落柱注浆改造的目标。各钻孔注浆量概况见表 7.19，各钻孔注浆用水泥量及比例见图 7.35。

表 7.19　各探注钻孔注浆概况统计表

钻孔编号	注浆起止时间（月/日-月/日）	受注段深度/m	注浆量		终孔终压	
			水泥/t	浆液/m³	压力/MPa	档位/档
1#	4/18-4/20	483~550	620	1035.4	4.0	2
2#	5/02-5/06	106~548	910	1519.7	2.7	2
2-1#	5/15-5/16	106~545	180	300.6	4.0	2
2-2#	5/28-5/30	106~542	380	634.6	4.0	2
2-3#	6/28-7/11	106~523	2710	4525.7	3.0	2
3#	5/04-5/17	115~545	1250	2087.5	2.5	3
3-1#	5/23-5/28	115~544	830	1386.1	2.0	2
3-2#	6/06-7/01	115~541	4800	8016.0	3.5	3
合计	4/18-7/11		11680	19505.6		

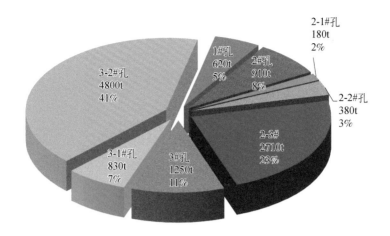

图 7.35　各单孔注浆用水泥量比例图

　　3#孔、3-1#孔、3-2#孔和 2-3#孔在注浆后期均出现向地面返浆的现象。地面返浆之后，压力由高变低，逐渐泄压。减挡后，地面返浆量明显减少，孔压也相应降低，压力以及返浆量与泵量有较好的相关性。综上，可以确定孔底灰岩段裂隙已经被完全封堵，在高压作用下，浆液从上部塌陷区影响带内的裂隙发育带向上压裂扩散直至地表。2#孔因 3#孔第一次注浆造成地面返浆，被迫停注。其余钻孔均达到压力结束标准。2-3#孔作为陷落柱治理效果检查孔，孔口压力最高达到 4.5MPa。孔底被封堵完成后，在高压注浆作用下，向浅部压裂扩散，造成泄压。

　　从注浆量上来看，用于探查封堵原 3616 石门探查孔出水的 3-2#孔注浆量最大，为4800t，占总注浆量的 41%。2-3#孔注浆量为 2710t，占总注浆量的 23%。3#孔经历两次注浆，注浆量 1250t，占总注浆量的 11%。其余钻孔注浆量均较小，不到总量的 10%。

　　2)　注浆阶段特征及规律

　　整个注浆工程基本上按照充填、升压、加固三个阶段逐次完成。充填注浆阶段水泥浆液以纵向扩散为主，钻孔之间无相互串浆现象。以压水试验孔口起压为标志，表明钻孔充填注浆阶段结束进入升压注浆阶段。由于充填阶段浆液向陷落柱有效扩散，充填结束之后转为升压注浆。

　　在升压注浆阶段，注浆时孔口无压或者压力时有时无，但注前压水孔口压力一般在1.0~2.0MPa 不等。

　　在升压阶段后期，随着注浆工程的进行，地层裂隙不断被充填，裂隙规模由大变小，数量由多变少，吸浆量逐渐降低，孔内浆柱高度不断上升。当孔内完全充满浆液，注浆时孔口开始有压力显示时，标志着该孔已进入加固注浆阶段。在加固注浆阶段，注前压水孔口压力一般在 2MPa 以上，随着注浆压力的上升，钻孔压水压力也不断上升，当注浆压力达到 2MPa 时，压水时孔口压力一般在 3MPa 以上，这时可进行压水试验，检查钻孔是否达到注浆结束标准。

在充填注浆阶段，注浆孔之间基本上无串浆现象，进入升压注浆阶段以后，注浆孔之间的相互串浆与涌水现象越来越多。当其中一个孔在注浆时，其他孔孔内水位会上升，若其中部分孔注浆，其他注浆孔会被堵死，这些现象标志着浆液已由充填阶段的垂向扩散演化为升压阶段的横向扩散，钻孔之间的裂隙通道得到充填，说明了以垂向为主的大空洞与裂隙通道已逐渐被封堵，以各个注浆孔为中心的水泥浆液固结体也不再孤立，而是相互交叉重叠逐步连接为一个整体。在加固注浆阶段，钻孔内水位出现一定变化。说明钻孔之间较大裂隙通道已被封堵，进入小裂隙或微细裂隙注浆阶段，在较高的注浆压力下，残存于小裂隙之中的水被挤出，通过其他未注浆钻孔排出，客观上起到了对小裂隙的加固注浆作用。

7.5.4　治理效果评价

1. 注浆单孔结束标准

根据本次注浆工程实际情况，设计单孔结束标准为孔口压力4MPa，持续30min以上。即当孔口压力达到以上值并持续规定时间后，可认为该受注层段注浆已达到压力结束标准。表7.20显示朱庄煤矿Ⅲ63采区陷落柱治理地面钻孔注浆结束压力。表7.21显示各探注孔受地面返浆影响情况。

1#孔、2-1#孔、2-2#孔终孔终压均达到结束标准。2#孔因3#孔首次注浆发生跑浆被迫停注，终孔时压力为2.7MPa。3#孔发生地面返浆后，扫孔延伸未见明显消耗，第二次注浆，注浆压力最高达到3.7MPa，后降挡停注。3-1#孔发生地面返浆，被迫停注。3-2#孔和2-3#孔注浆中期压力最高达到4.5MPa。注浆过程中，在孔底新的裂隙通道均被压密压实之后，压力开始稳步上升，在高压作用下，浆液从浅部薄弱带返至地面，用高浓度浆液封孔。

表7.20　朱庄煤矿Ⅲ63采区陷落柱治理地面钻孔注浆结束压力

钻孔编号	注浆起止时间（月/日-月/日）	受注段/m	注浆量		终孔终压		
			水泥/t	浆液/m³	压力/MPa	档位/档	持续时间/min
1#	4/18-4/20	483~550	620	1035.4	4.0	2	>30
2#	5/02-5/06	106~548	910	1519.7	2.7	2	>30
2-1#	5/15-5/16	106~545	180	300.6	4.0	2	>30
2-2#	5/28-5/30	106~542	380	634.6	4.0	2	>30
2-3#	6/28-7/11	106~523	2710	4525.7	3.0	2	>30
3#	5/04-5/17	115~545	1250	2087.5	2.5	3	>30
3-1#	5/23-5/28	115~544	830	1386.1	2.0	2	>30
3-2#	6/06-7/01	115~541	4800	8016.0	3.5	3	>30
合计	4/18-7/11		11680	19505.6			>30

表 7. 21　朱庄煤矿Ⅲ63 采区陷落柱治理地面钻孔注浆受地面返浆影响情况

孔号	注浆起止时间（月/日—月/日）	受注段/m	注浆过程概况
1#	4/18-4/20	483~550	达到结束标准，未受影响
2#	5/02-5/06	106~548	5 月 6 日 3#孔地面返浆，被迫停注
2-1#	5/15-5/16	106~545	达到结束标准，未受影响
2-2#	5/28-5/30	106~542	达到结束标准，未受影响
2-3#	6/28-7/11	106~523	注浆中期压力达到 4MPa，后期地面返浆，停注
3#	5/04-5/17	115~545	5 月 6 日地面返浆，延伸后继续注浆，经协商后停注
3-1#	5/23-5/28	115~544	5 月 28 日地面返浆后，被迫停注
3-2#	6/06-7/01	115~541	7 月 1 日鱼塘内出现少量返浆，停注

本次注浆工程中，多个钻孔发生地面返浆现象。2#孔、3#孔及 3-1#孔注浆压力均未达到单孔结束标准。新增 2-3#孔作为陷落柱治理效果地面验证孔。2-3#孔钻探、水位及注浆验证情况如下：

（1）钻进过程中，全段未见明显消耗，灰岩段地层完整性好，层位正常稳定。

（2）钻孔水位稳定，为-25.79m ~ -25.47，与区内奥灰水水位差别较大，前期注浆形成的"止水塞"已基本切断 6 煤底板灰岩地层与奥灰地层之间的水力联系。

（3）注浆初期即有压力显现，且压力上升很快，迅速升至 4MPa 以上。表明裂隙通道已经基本被充填压密。注浆中期压力在 2~3MPa 范围内起伏变化，浆液不断开辟新的裂隙通道辐射至钻孔四周较远的区域，进行升压加固注浆阶段。后期所有裂隙通道均被压密压实之后，压力开始稳步上升。在高压作用下，浆液从浅部薄弱带返至地面，最终采用高浓度浆液封孔。

综上所述，地面注浆总体达到压力结束标准，质量合格。

2. 全孔单位吸水率

地面注浆治理工程中的注浆施工经过充填、升压和加固三个阶段，已经将陷落柱空间充填加固完毕，且严格按照注浆结束标准执行，根据注浆泵压、吸水段长度等计算单位吸水率 q，当计算结果不大于 0.01L/（min·m·m）时，才能结束钻孔注浆施工。

Q 和 p 取最后封孔注浆的记录数据，L 取受注段段长，计算的单位吸水率值见表 7.22。表中显示地面注浆治理工程中的 8 个钻孔的单位吸水率均小于 0.01L/（min·m·m），达到单孔结束标准。图 7.36 显示各钻孔单位吸水率，均远小于结束标准的 0.01L/（min·m·m）。

表 7. 22　陷落柱水害治理工程中各钻孔单位吸水率计算结果

孔号	试验段段长 L/m	孔口压力/MPa	浆液压力/MPa	水柱压力/MPa	总压力 p/MPa	流量 Q/(L/min)	单位吸水率 q/[L/(min·m·m)]
1#	67	4.0	8.8	4.9	7.9	90	1.70E-03
2#	442	2.7	8.8	4.7	6.8	90	3.01E-04

续表

孔号	试验段段长 L/m	孔口压力/MPa	浆液压力/MPa	水柱压力/MPa	总压力 p/MPa	流量 Q/(L/min)	单位吸水率 q/[L/(min·m·m)]
2-1#	439	4.0	8.7	4.8	7.9	90	2.59E-04
2-2#	436	4.0	8.7	4.7	8.0	90	2.59E-04
2-3#	416	3.0	8.4	4.6	6.7	40	1.43E-04
3#	430	2.5	8.7	4.9	6.3	160	5.92E-04
3-1#	429	2.0	8.7	4.9	5.8	90	3.60E-04
3-2#	426	3.5	7.0	4.7	5.8	160	6.43E-04

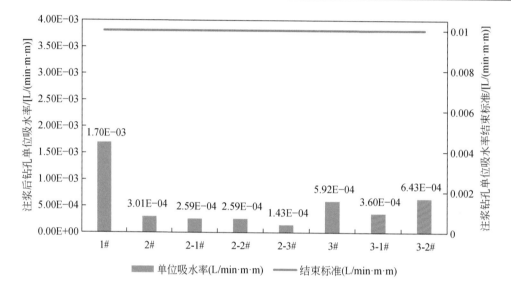

图 7.36　陷落柱水害治理工程各钻孔单位吸水率柱状图

综上，从单位吸水率指标来看，各钻孔均达到结束标准，质量合格。

3. 井下钻孔验证

地面治理后期，通过在井下三水平东大巷及Ⅲ631风巷施工钻孔对地面治理效果进行验证，共施工钻孔 3 个，透孔 1 个，具体参数见表 7.23。

表 7.23　井下验证孔施工情况

钻场	孔号	方位/(°)	倾角/(°)	套管长度/直径	孔深/m	终孔层位	出水量/(m³/h)	备注
Ⅲ631风巷	探18	320	45	32m/Φ108mm	117	三灰	2	
三水平东大巷	探10	59	38	30m/Φ108mm	153	四灰	10	
	探16	215	57	32m/Φ108mm	108	三灰	2	
	探8	102	62	34m/Φ108mm	90	四灰	0	透孔进尺

探 8 孔透孔无水后，继续钻进至四灰，未见出水。探 10、探 16、探 18 孔出水量均较小。通过这 4 个井下钻孔注浆前后资料对比分析，地面钻孔注浆有效地改造了原定陷落柱发育区域以及区域以外一定范围内的构造薄弱带。在该区域一定范围内形成自 6 煤底板至四灰以下约 120m 厚度的 "止水塞"，"止水塞" 有效阻隔了灰岩段与奥灰含水层的水力联系。

根据注浆单孔结束标准、全孔单位吸水率，以及地面验证钻孔和井下验证钻孔的施工及注浆情况分析，注浆形成的阻水体结构稳定，效果良好，有效阻隔了奥灰含水层和太灰含水层的水力联系，对隐伏陷落柱的水害隐患进行了有效治理。该工作面已安全回采结束，残余涌水量未见明显变化。

7.6 巷道揭露（疑似）陷落柱探查与治理技术——以淮北桃园煤矿 1041 陷落柱为例

7.6.1 1041 轨道巷揭露陷落柱情况

桃园煤矿 1041 工作面位于四采区第一阶段，所采 10 煤层厚 3.55m，煤岩层倾角 30°，轨道巷标高 −387m ~ −382。该地段新生界松散层厚 282m，四含厚 21.5m，弱含水。2000年 9 月 29 日，当 1041 轨道巷施工到 10 号测点前 7m 时，迎头顶帮淋水，水量 1m³/h，煤层突然消失，出现以大块为主、块度大小不一、杂乱无章、棱角明显的 10 煤层上部岩石堆积物（图 7.37），其中所含铝质泥岩、紫色泥岩为 10 煤上 50 ~ 60m 层位的岩石，岩块已强烈风化，堆积物中含大量黄铁矿，在与煤层接触处形成黄铁矿脉，周围煤岩层向堆积物方向有 3° ~ 5°倾斜，边缘的煤层发育有走向平行于柱面切线方向的张性裂隙。当时，初步判定为一陷落柱，冒落岩块中没有见到擦痕，但由于进入煤层异常段的范围较小，不能排除有断层存在的可能。

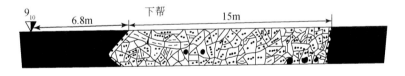

图 7.37 1041 轨道巷陷落柱素描图

7.6.2 陷落柱探查

1. 井下钻探

巷道见陷落柱后，立即停头，用岩石电钻在巷道迎头施工了 3 个探查孔（图 7.38）。1 号钻孔深 21.5m，由于漏水，加之冒落岩石风化成黏土，糊钻严重。2 号孔深度 17m 未见正常煤岩。3 号钻孔钻进至 31m 时，出现大量黄铁矿，并有少量煤屑，推测应接近陷落柱边缘。这些探查说明，陷落柱的范围较大，在轨道巷前方陷落柱不含水。

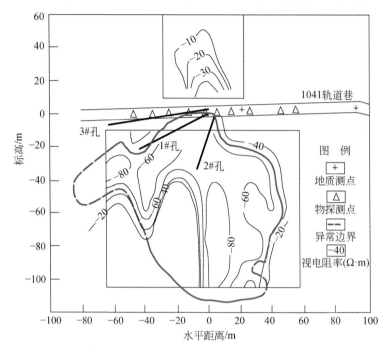

图 7.38　1041 轨道巷井下侧帮探测平面图

2. 巷探

打钻后，轨道巷定向向前继续掘进，支护形式由原锚杆支护改为 11 号工字钢梯形棚支护，棚距 0.6m。巷道上帮施工 10m，下帮施工 15m 后，穿过陷落柱，见正常煤层。

在机巷及其附近的机轨巷施工时煤岩层均正常，没有发现断层。根据两帮揭露陷落柱的长度分析，陷落柱中心应在轨道巷下帮侧。

3. 井下物探

轨道巷穿过陷落柱后，采用高分辨率电测探方法对其进行探测。仪器使用 DZ-ⅡA 型防爆数字直流电法仪，该方法可探测巷道两帮 50m 内的平面分布范围和底板下 55m 范围内的电阻异常。探测结果见图 4.20（b）。

通过电法探测查明：①该陷落柱直径约 50～70m，呈不规则圆形；②从剖面上看，低阻异常呈直立状，在 1041 轨道巷宽 12～14m，在低阻异常区内显示出两侧异常值比中间更低，这表明深部水有沿陷落柱边缘向上导升的趋势，与相邻的任楼矿突水淹井的陷落柱所测的电法异常相似，这进一步证明了陷落柱存在的可信性。

4. 地面钻探

为确定陷落柱发育高度及对上覆 8 煤层的影响，在陷落柱中心施工了地面探查注浆孔

1 个。孔深 281.5m 见基岩，381.2m 见陷落柱顶，这指示了陷落柱的冒落高度，据此排除了陷落柱直接导通四含水的可能性。该孔终孔深度 486.75m，未见深部水向上导升迹象（图 7.39）。

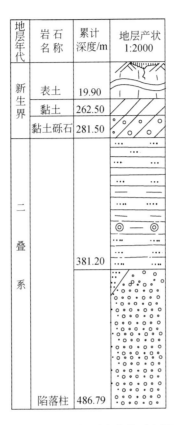

图 7.39 钻孔揭露陷落柱示意图

5. 探查结果分析

（1）确认 1041 轨道巷所见异常带为一陷落柱。

（2）查明陷落柱在 10 煤段的直径约 50~70m，呈不规则圆形（图 7.40）。

（3）陷落柱发育高度−365.6m，没有达到四含，排除了陷落柱直接导通四含水的可能性及对 8 煤层开采的影响。

7.6.3 陷落柱的综合治理

1. 地面钻孔注浆

利用地面探查孔，对陷落柱进行边钻边注，注浆方式采用分段下行式，陷落柱内分 5 个段次进行注浆。

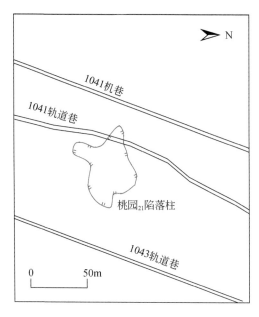

图 7.40　1041 陷落柱范围示意图

（1）钻孔结构：用 $\Phi188mm$ 钻头钻至完整基岩后，下置 $\Phi146mm$ 套管，用水泥封闭并检查止水效果。套管下置深度 296.1m，再用 $\Phi91mm$ 钻头裸孔施工至终孔。

（2）钻进方式：松散层采用普通泥浆护壁，三隔以上采用机械回转泥浆正循环无心钻进，三隔以下至终孔采用取心钻进方式，以了解地层情况及松散层与基岩的接触关系。钻进过程要求进行简易水文观测。

（3）注浆材料：采用 525 号普通硅酸盐水泥，添加 2% ~ 5% 35Be 水玻璃，水灰比按 1∶1 ~ 0.6∶1 逐级加浓。

（4）注前压水：疏通受注层裂隙，检查注浆系统，并确定受注层单位吸水量，以便选择合适的水灰比，压水量为钻孔体积与管路体积的 2 倍左右。

（5）注浆结束标准：注浆终压为不小于受注点静水压力的 1.5 倍，即孔口压力为 2.5 ~ 3.0MPa；最终吸浆量不大于 40L/min；最终浆液比重不高于 1.4 ~ 1.5；注浆结束进行全注段压水试验，孔口压力 4MPa，稳定时间为 30min。

地面钻孔共注水泥 83.35t、水玻璃 3t，基本封堵了深部水通过陷落柱向上导升的通道，为矿井开采加大了安全系数。通过压水试验和简易水文观测，证明该陷落柱导水性较差，为井下安全注浆提供了依据。

2. 井下注浆

为确保工作面安全回采，防止水沿巷道薄弱地带或沿裂隙导入工作面，结合工作面底板电法探测资料，在轨道巷、机巷对底板和陷落柱进行注浆加固。采用 75 型和 150 型钻机打钻，注水泥单液浆进行加固。机巷布置 4 个注浆孔，轨道巷布置 8 个注浆孔（其中有 4 个钻孔落在陷落柱柱内），孔深 50m 左右，单孔注入水泥量 0.25 ~ 2.15t，共注入水泥

13.2t，注浆终压 8～10MPa。

7.6.4　效果分析

（1）通过地面、井下打钻注浆等综合治理手段，消除了桃园煤矿 1041 工作面安全隐患。

（2）通过井下打钻、巷探、物探、地面打钻等综合探查手段，查清了 1041 工作面所遇陷落柱的平面范围、冒高和含水情况。

（3）井下电法探测是一种无损探测，其安全度高，成本低，速度快，但它具有多解性，岩层含水情况的不同，岩性变化均可能造成低阻异常。因此，物探必须与巷探、钻探相结合。

（4）井下防治水工作必须坚持"有疑必查、有疑必治"的原则，尤其对陷落柱等导水通道，必须进行综合勘探，查明水文地质条件，有针对性地进行治理，用较高的安全系数来保证安全生产。

7.7　采场下隐伏陷落柱水平孔钻进与高压注浆超前探查与治理技术
——以淮北桃园煤矿Ⅱ1026 工作面隐伏陷落柱治理为例

桃园煤矿通过三维地震勘探和地面探查验证，确定Ⅱ2 采区右翼发育 1 个导水陷落柱，为避免突水事故，受陷落柱影响的Ⅱ1026 工作面暂停回采，采用水平孔钻进与高压注浆相结合的探查治理技术（王威，2016），对其进行了超前治理。

7.7.1　Ⅱ2 采区及Ⅱ1026 工作面地质及水文地质情况

1. Ⅱ2 采区基本情况

Ⅱ2 采区位于桃园井田中部，开采水平 -800～-520m，整体呈倾向东的单斜构造，平均地层倾角 25°，断层、褶皱不甚发育。开采二叠系下统山西组 10 煤层，煤厚平均 3.6m，采区中部 10 煤层有一古河流冲刷煤层变薄区，局部无煤。三维地震探查，在 04-4 孔与 5-6-11 孔附近发现一疑似陷落柱（D2），在 10 煤层中该疑似陷落柱长轴为 NEE 向，长 278m，短轴为 SN 向，长 162m。顶部发育至 8 煤层。见图 7.41。

2. Ⅱ1026 工作面概况

1）工作面采掘工程基本情况

Ⅱ1026 工作面位于Ⅱ2 采区右翼，工作面标高 -675.5～-576.1m，上区段为Ⅱ1024 工作面采空区，下为 10 煤层未开拓区域，左以Ⅱ2 轨道上山保护煤柱为界，右至Ⅱ2 与Ⅱ4 采区边界。工作面于 2014 年 10 月 25 日开始试采，采煤方法为走向长壁式、综采、顶板

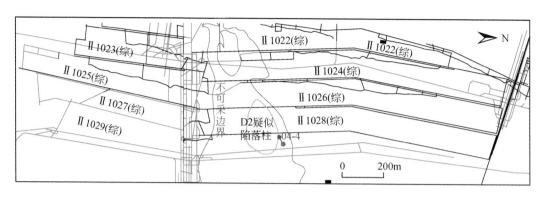

图 7.41　Ⅱ2 采区工作面布置平面图

自由垮落式管理，回采 450m 时停采，对 D2 疑似陷落柱进行探查治理。

2）工作面地质情况

工作面为一走向 NNE、倾向 SEE 的单斜构造。可采走向长 1180m，倾斜长 135m，煤层倾角 25°，平均煤厚 3.6m，可采储量 69.1 万 t。工作面外段为古河流冲刷变薄区，影响走向长约 256m（图 7.41）。该工作面内三维地震资料解释和揭露的断层共有 10 条，落差在 0.4~6.0m。其中 F17、DF12、F4 落差较大，对工作面回采影响较大。

7.7.2　D2 疑似陷落柱历史探查情况

（1）桃园煤矿于 2007 年完成了Ⅱ2 采区三维地震，并进行了精细解释，曾解释Ⅱ2 采区右翼 D2 疑似陷落柱发育高度至 8_2 煤层，从地震时间剖面和瞬时相位剖面上看，地质异常体在剖面上表现为上小下大的锥体，锥体内地震同相轴基本连续，说明锥体内的煤系地层保存较为完好，地质异常体在切片方向上表现为椭圆形，其塌陷层位依次为：8 煤、10 煤、太灰、奥灰，塌陷角在 65°~75°，地质异常体的长轴为 NEE 向，短轴为 SN 向（图 4.14a），其几何特征参数见表 7.24。

表 7.24　地质异常体几何特征参数

地层	长轴/m	轴/m	截面积/m²
8 煤层	80	70	4466
10 煤层	278	162	32405
太灰	330	200	45958
奥灰	403	237	70960

（2）针对三维地震发现的疑似陷落柱，2007 年该矿在对应地面位置 1km² 范围进行了瞬变电磁和大地音频电法探测，显示该区域 10 煤底板至一灰为高阻。在Ⅱ4 皮带大巷掘进期间，对该疑似陷落柱施工了 3 个井下探查取心钻孔，工程量 300m，钻孔取心层位 10 煤下 20m，岩心完整，无水。结合地面电法资料初步判断陷落柱没有发育到一灰以上，但一

灰以下有无陷落柱尚不确定。

（3）2014 年，桃园煤矿在 Ⅱ 2 采区又进行了高精度三维地震勘探，探查结果显示，D2 疑似陷落柱区域陷落柱特征明显，从时间剖面看往深部方向，塌陷高度逐渐增大，发育高度至 10 煤层（图 7.42），其平面位置见图 7.43。

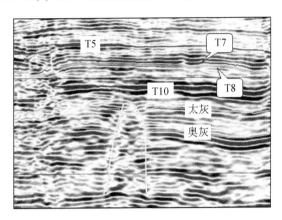

图 7.42　D2 疑似陷落柱在时间剖面上反映

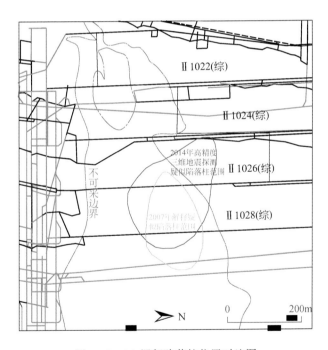

图 7.43　D2 疑似陷落柱位置对比图

（4）D2 疑似陷落柱周边采掘活动揭露情况。①Ⅱ1024 工作面于 2013 年 1 月 26 日回采结束，该工作面回采前采用物探异常区注浆加固二灰的方法进行了底板灰岩水害防治，共施工了 45 个底板加固孔，其中有 5 个钻孔在灰岩段出水，最大出水量 20m³/h，共注入水泥94.7t，工作面回采期间未出现底板灰岩突水，工作面正常涌水量5～10m³/h。②Ⅱ2采区有4条巷道从D2疑似陷落柱范围内穿过，其中Ⅱ1026机巷、Ⅱ1028机巷为沿10煤层掘进巷道，Ⅱ2皮带大巷、Ⅱ2轨道大巷为10煤层底板下20m掘进岩巷，该四条巷道在D2疑似陷落柱范围掘进期间，揭露地层完整、连续，未出现异常涌水等情况。说明D2陷落柱发育高度在10煤底板20m以下。

（5）2014年7月，在Ⅱ2采区进行了放水试验，在Ⅱ4皮轨联巷内布置了3个放水孔，终孔三灰，单孔涌水量80～120m³/h，水压7.4～7.6MPa；共布置了4个井下水压观测孔，9个地面水位观测孔。于2014年7月18日开始放水，本次放水试验采用定流量非稳定流方式进行，由小到大二次定流量放水，至2014年8月2日结束，总历时360h，共取得各类试验观测数据约45000个，累计放水量约36000m³，放水过程相关水量、水位变化曲线见图7.44。

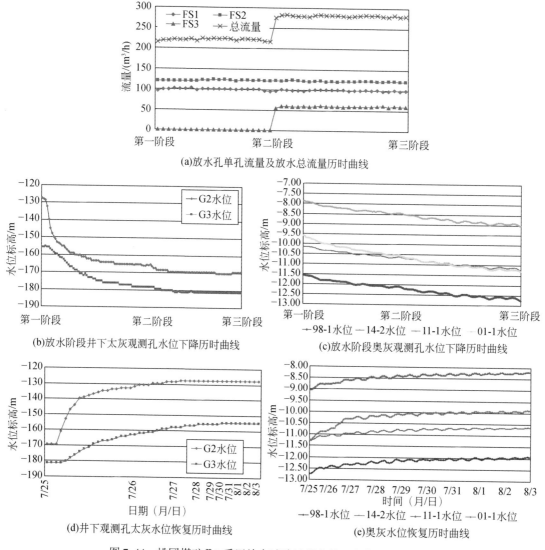

(a)放水孔单孔流量及放水总流量历时曲线

(b)放水阶段井下太灰观测孔水位下降历时曲线

(c)放水阶段奥灰观测孔水位下降历时曲线

(d)井下观测孔太灰水位恢复历时曲线

(e)奥灰水位恢复历时曲线

图7.44　桃园煤矿Ⅱ2采区放水试验过程水量、水位变化曲线图

放水试验成果表明：三灰岩溶发育，含水丰富，钻孔单孔涌水量 50～100m³/h 以上；水压高，放水孔位置达 7.6MPa，显示出高水位异常现象；井下观测孔水位下降稳定快，恢复也很快，矿井奥灰水位普遍下降 1m 左右，同时相邻的祁南、祁东两矿奥灰水位也有所下降，说明本区太灰含水层与奥灰水之间存在较密切的联系，接受奥灰水的补给，两者之间应存在垂直导水通道。

7.7.3　D2 疑似陷落柱地面超前探查与治理方案及施工过程

1. 探查治理目的与思路

1）治理目的

确定陷落柱是否存在，探查其平面位置、发育高度等参数，同时对其进行注浆治理，改善周边水文地质环境，消除其对矿井生产的安全威胁；对 10 煤底板太灰进行注浆加固，确保Ⅱ1026 工作面安全回采。

2）治理思路

（1）采用边探查边治理的总体路线查清治理陷落柱；

（2）地面定向孔与垂直孔相结合探查陷落柱发育参数；

（3）地面定向三灰顺层钻进高压注浆，对底板太灰含水层进行改造；

（4）地面钻孔查治与井下钻孔验证相结合检验治理效果。

3）总体方案

（1）利用 D2#钻孔和 D1#钻孔实施 10 煤底板薄层灰岩隐蔽灾害探查治理，同时探查陷落柱平面位置和形态，为注浆治理提供设计参数和依据；

（2）设计施工 Z1、Z2 孔，利用已有的Ⅱ1026-3 瓦斯孔探查陷落柱发育高度和范围等参数；

（3）查清陷落柱发育特征，在三灰顺层孔高压注浆充填结束后，利用 D2#、D1#钻孔施工四灰顺层钻孔检查分析注浆效果。利用 Z2 孔做压水试验，检查四灰及以上岩层注浆效果；

（4）利用Ⅱ1026 工作面风巷，施工 3 个井下探查孔至三灰，检验分析陷落柱治理效果。

2. 探查治理工程设计

1）钻探设计

为尽快查清陷落柱参数，完成陷落柱查治任务，在原有 D2#、D1#钻孔的基础上增加了 2 个地面探查钻孔和变更 1 个瓦斯抽放孔，其主要设计有如下几个方面：

（1）D2#、D1#地面定向孔

依照治理目的和思路，D2#、D1#钻孔在实施Ⅱ2 采区 10 煤底板薄层灰岩隐蔽灾害探查治理项目时，承担陷落柱探查治理任务。

　　钻孔从地面开孔，过冲积层进入基岩后下入一开套管，过 10 煤底板 30m 后下入二开套管，进入三开后在合适深度呈扇形发散施工多个一级和二级分支孔，沿三灰岩层向前钻进，终孔水平间距控制在 50m 左右，完成Ⅱ2 采区 10 煤底板薄层灰岩隐蔽灾害探查治理项目的同时，依据钻井液漏失情况、岩粉情况和进尺速度等参数对陷落柱进行分析，探查陷落柱平面边界。

　　（2）Ⅱ1026-3 瓦斯孔

　　D2 疑似陷落柱刚揭露时，根据 D2#主孔和 D2-1#分支孔对陷落柱边界进行了初步划定，Ⅱ1026-3 瓦斯孔正好位于其边界附近，为确定陷落柱是否发育至Ⅱ1026-3 瓦斯孔处和探查陷落柱发育高度，对Ⅱ1026-3 瓦斯孔设计进行了变更，增加钻孔孔深至四灰底板，从 10 煤底板开始全段取心，对钻孔进行测井分析。

　　（3）Z1 孔和 Z2 孔（地面定向立孔）

　　为了探查陷落柱发育高度和对受 D2 疑似陷落柱威胁的煤炭资源进行可采安全评价，在疑似陷落柱中心区域布设一个地面定向探查孔 Z1 孔，通过水文观测、取心、测井和压水试验等技术手段判定陷落柱发育高度。

　　Z1 孔施工时，通过对高精度三维地震勘探中间资料进行再次分析，D2 疑似陷落柱区域陷落柱特征明显，往深部方向，塌陷高度逐渐增大，平面位置发育至Ⅱ1028 工作面，且发育高度超过 10 煤顶板，另外 D1-2#分支孔施工时岩粉带出水泥颗粒的深度与地震资料相互对应。为确定陷落柱的准确边界和发育高度，在三维地震解释的陷落柱区域和地面探查的陷落柱区域重合地带内增加了一个地面定向探查孔 Z2 孔，通过水文观测、取心、测井和压水试验等技术手段判定陷落柱发育高度。

　　D2 疑似陷落柱探查治理钻孔布置如图 7.45 所示。

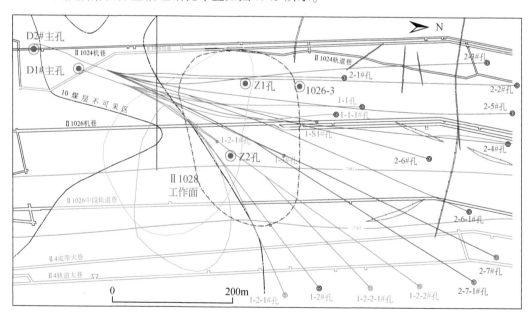

图 7.45　D2 疑似陷落柱探查治理钻孔平面布置图

2）注浆设计

（1）本次注浆工程采用分段下行式、孔口封闭静压注浆法进行注浆，注浆目的层位是三灰。注浆材料主要为水泥，要求为普通硅酸盐 PO42.5 水泥，在注浆量较大的层位，采用水泥+粉煤灰混合浆。

（2）注浆工艺流程：注浆使用射流搅拌系统，可连续制浆和注浆。本次注浆以水泥单液浆或水泥+粉煤灰混合浆为主，水泥浆比重控制在 $1.2 \sim 1.6 \mathrm{kg/cm^3}$。

（3）孔口压力：注浆压力的大小直接影响到浆液的扩散距离与有效的充填范围。根据以往陷落柱注浆治理经验，注浆总压应大于开采煤层最大静水压力的 2 倍。本区 10 煤底板承受静水压力约为 4.5MPa，注浆总压定为静水压力的 2 倍，即大于 9MPa，孔内太灰水位标高约-190m，水泥浆比重按 $1.3 \mathrm{kg/cm^3}$ 计算，孔口压力应大于 6MPa。

（4）注浆结束标准：当注浆压力达到结束标准后，应逐次换挡降低泵量，直至泵量达到 90L/min，并维持 30min。之后进行压水试验（试验压力为结束压力的 80%），测得单位吸水率 q 不得大于 $0.01 \mathrm{L/(min \cdot m \cdot m)}$。否则，要求复注直至小于标准值为止。

3. 探查治理工程施工情况

施工 2 个地面水平钻孔单元，完成了 2 个主孔、13 个分支孔，终孔间距不大于 50m，完成钻探进尺 8303.47m，三灰层段 3743.7m，累计注入水泥 39887t，粉煤灰 18084t。施工的地面定向探查孔 Z1 孔和 Z2 孔共完成了钻探进尺 1557.5m，取心 80m，测井 2 次。变更设计的 II1026-3 瓦斯孔完成了取心 95m，测井 1 次。其主要情况分述如下。

1）地面定向孔钻孔单元

（1）D2#孔

一开孔深 332m，套管下深 329m，二开孔深 753m，套管下深 740.6m，进入三开后钻进至 870m 深度开始冲洗液漏失，漏水量约 5m³/h，1031.5m 冲洗液漏失加大，1036m 全漏，钻至 1041m 提钻注浆。其中 681～685m 深度为 10 煤段，822～827m 深度为一灰段，856～903m 为二灰段，1027 进入三灰段。

2015 年 1 月 4 日至 1 月 23 日共注入水泥 3810t，粉煤灰 2958t，其中 0～6MPa 孔口压力下注入水泥 855t，6～10MPa 注入水泥 2879t，粉煤灰 2958t，10～15MPa 注入水泥 76t。

（2）D2-1#分支孔

为缓解井下回采与地面治理的时间紧张关系，D2#主孔剩余段暂不施工，直接施工 D2-1#分支孔，从 733m 深度处开始侧钻，868m 进入三灰岩层段，钻进至 1158m，其间有 4 个明显的漏失层段，分别如下：

a. 886m～905m：孔深 886m 开始漏失，漏失量约 35m³/h，延伸至 905m，漏失量约 20m³/h；

b. 966～970m：孔深 966m 开始漏失，至 970m 漏失量稳定在 50～55m³/h；

c. 980～996m：孔深 980m 开始渗漏，至 990 漏失量约 35m³/h，延伸至 992m 全漏，钻至 996m 提钻，钻进过程进尺及钻压无明显异常，测水位期间孔内传出剧烈类似放炮声响，间隔 2～3s，持续约 30min；

d. 1010～1158m：孔深1010m开始漏失，漏失量约20～30m³/h，顶漏钻至1158m漏失量约35m³/h。

4个漏失段除第三次漏失段均注入了大量的水泥和粉煤灰，吃浆量较大。至3月6日4个漏失段共注入材料27610t，其中水泥16295t，粉煤灰11315t。

（3）D2-2#分支孔

由于D2-1#孔扫孔至1000m塌孔发生卡钻事故，无法按照原计划完成D2-1#孔，为保证工作面正常开采，直接施工D2-2#孔。

D2-2#终孔孔深1449m，进尺709m，一灰段786～792m，二灰段805～821m，三灰段835～1449m；岩粉显示835～1125m含大量水泥颗粒，钻进过程无明显消耗，稳定水位-192.6m，注水泥302t，终孔压力8MPa。

（4）D2-3#分支孔

D2-3#孔深1400m，进尺660m，三灰段970～1400m；钻进至1100m出现少量渗漏，至1224m钻井液明显漏失，漏失量30～35m³/h，顶漏钻进至终孔，终孔时漏失量降至约20m³/h，同时，顶漏钻进过程中，在停泵接单根时，孔口有少量钻进液返出（认为与D1-1#串通）；岩粉显示970～1038m含大量水泥颗粒，1039～1110m水泥颗粒较少，之后很少见到；稳定水位-33.6m，注水泥201t，注粉煤灰151t，终孔压力6MPa。

（5）D2-4#分支孔

D2-4#孔深1540m，三灰段997～1450m，钻进至1230m时与D1-1#孔串浆，等待D1-1#孔处理完事故继续钻进，其中1035～1260m岩层较硬，此段225m共更换4次钻头，且钻头磨损严重，进尺约50～80m更换一次钻头。

D2-4#孔钻至设计孔深后，钻井液消耗量小于2m³/h，稳定水位-68m，经灌水试验测试，D2-4#孔水位与D1-1#孔水位相互沟通。水位稳定后，D2-4#孔与D1-1#孔联合注浆，注入水泥4678t，粉煤灰782t，终孔压力12MPa。

（6）D2-5#分支孔

D2-5#孔终孔孔深1444m，设计进尺684m，三灰段1061～1158m和1164～1444m，钻孔全程无明显漏失，水位-57.6m，注水泥1875t，终孔压力12MPa。

（7）D2-6#分支孔

D2-6#孔终孔孔深1322m，钻至1050m开始有少量消耗，约3m³/h，至1100m漏失量约5m³/h，至1160m，漏失量增至约15m³/h，顶漏钻进至终孔，稳定水位-35m，累计注水泥272t，粉煤灰90t，终孔压力12MPa。

（8）D2-6-1#分支孔

D2-6-1#孔终孔孔深1418m，钻至1250m开始有少量消耗，约3m³/h，至1290m漏失量增至约10m³/h，顶漏钻至设计孔深，漏失量未变，稳定水位-20.2m，累计注水泥460t，终孔压力12MPa。

（9）D2-7#分支孔

D2-7#孔设计孔深1492.87m，6月22日钻至870m发现与D1-2#孔轻微串浆，钻至966m起钻换钻头，起至900m轻微卡钻，6月23日下钻至890～900塌孔，且与D1-2#孔串浆，起钻封孔口憋压等待D1-2#孔注浆结束继续钻进，7月4日扫孔至井深880m时，发生孔内埋钻事故。

（10）D1-1#分支孔

为加快陷落柱探查治理速度，减少对矿井采煤的影响，设计增加了 D1#钻孔。为保证采煤安全，先施工Ⅱ1026 工作面内的分支孔 D1-1#孔。

D1-1#孔 4 月 30 日开始钻进，钻进过程中钻至 462m 全漏（5 煤采空区），注浆封后效果不佳（用水泥 100t），顶漏钻至 716m 下二开套管。D1-1#孔终孔孔深 1147m，三开钻进至 970m 全漏，水位−315.4m，未稳定，注水泥 265t，粉煤灰 245t；扫孔至 787m 出新孔，钻至 1117.5m 发现孔口返水泥浆，起钻注浆，注水泥 287t，粉煤灰 293t。下钻钻至 1147m 卡钻，提钻再次下钻至 1000m 卡钻，且与 D2-4#孔串浆，后与 D2-4#孔联合注浆，累计进尺 1147m，累计注水泥 930t，注粉煤灰 538t，终孔压力 6MPa。

（11）D1-1-1#分支孔

D1-1-1#孔设计孔深 1406.27m，钻进至 964m 与 D2-4#孔串浆，提钻注浆，注水泥 505t，扫孔至 750m 出新眼，钻至 1124m 与 D2-5#串浆，且塌孔致无法钻进，后与 D2-5#孔联合注浆，该孔累计注水泥 1622t，终孔压力 12MPa。

（12）D1-2#分支孔施工情况

D1-2#分支孔终孔孔深 1247m，钻至 980m 开始少量漏失，漏失量约 8m³/h，至终孔漏失量不变。1110m 之前岩粉中不同程度含有水泥颗粒，1110m 后基本没有水泥颗粒。稳定水位−95.6m，累计注水泥 9442t，粉煤灰 2250t，终孔压力 12MPa。

（13）D1-2-1#分支孔施工情况

D1-2-1#分支孔设计孔深 1357.82m，钻进至 910m 时发生埋钻事故，处理至 752m 后无法继续打捞，处理期间孔内返出 1.5m³ 泥岩岩粉。

（14）D1-S1#分支孔施工情况

为检查四灰岩层的注浆情况，设计了 D1-S1#孔，设计孔深 1098m，一灰 783~795m，二灰 803~813m，二灰中间夹有 2m 泥岩，三灰 847~882m，892m 开始漏失，漏失量 20m³/h，900m 全部漏失，漏失量 52m³/h，水位标高−171.8m，注入水泥 185t，粉煤灰 10t，注浆过程中孔口压力从无压突然升高至 12MPa，疑似孔内出现塌孔状况。

地面水平孔钻进、水位和注浆情况见表 7.25 和表 7.26。

2）地面定向探查孔

（1）Ⅱ1026-3 瓦斯孔

过 10 煤层后开始全孔取心钻进，一灰岩层深度 682.9~685.5m，二灰岩层深度 689.89~694.05m，三灰岩层深度 704.51~709.99m，四灰岩层深度 713.28~724.43m，终孔深度为 725.51m。Ⅱ1026-3 孔全孔段岩层岩性、层序和间距未见明显异常。

（2）Z1 孔

揭露 D2 疑似陷落柱后，为探查陷落柱发育高度，为陷落柱治理和评价提高依据，施工地面定向探查孔 Z1 孔，主要任务为探查陷落柱的发育高度。

表 7.25　地面定向钻孔钻进数据统计

| 钻孔单元 | 钻孔编号 | 孔深/m | 进尺/m | 钻孔进入三灰段情况 | | 穿层率/% |
				间隔/m	段长/m	
2#钻孔单元	D2#孔	1041	1041	1027～1041	14	100
	D2-1#孔	1158	417	868～905	102	100.0
				905～970	65	
				970～996	26	
				996～1158	162	
	D2-2#孔	1449	709	835～1449	614	100.0
	D2-3#孔	1400	660	970～1400	430	86.0
	D2-4#孔	1450	710	1021～1450	429	95.3
	D2-5#孔	1444	684	1061～1158	97	84.9
				1164～1444	280	
	D2-6#孔	1322	554	945～1322	377	100.0
	D2-6-1#孔	1418	518	937～1418	481	100.0
	D2-7#孔	966	216	962～966	4	100.0
1#钻孔单元	D1-1#孔	507	507			100
		970	463	888～970	82	
		1117.5	147.5	970～1117.5	147.5	
		1147	29.5	1117.5～1147	29.5	
	D1-1-1#孔	964	231			100
		1124	374	1022～1124	102	
	D1-2#孔	1247.7	514.7	981～1247.7	266.7	100
	D1-2-1#孔	910	155			
	D1-S1孔	1087.77	372.77	847～882	35	
合计			8303.47		3743.7	

表 7.26　地面定向钻孔水位和注浆数据统计

钻孔单元	钻孔编号	孔深/m	水位（孔深）/m	注水泥/t	粉煤灰/t	水泥+粉煤灰/t	终压/MPa
2#钻孔单元	D2#孔	1041		3810	2958	6768	
	D2-1#孔	905	-210（905）	2596	2760	5356	15
		970	-198.4（970）	2755	1978	4733	15
		996	-187.8（996）	226	240	466	15
		1158	-188.9（1158）	10718	6337	17055	10/封孔
	D2-2#孔	1449	-192.6（1449）	302	0	302	8
	D2-3#孔	1400	-33.6（1400）	201	151	352	6

续表

钻孔单元	钻孔编号	孔深/m	水位（孔深）/m	注水泥/t	粉煤灰/t	水泥+粉煤灰/t	终压/MPa
2#钻孔单元	D2-4#孔	1450	−68.1（1450）	4678	782	5460	12
	D2-5#孔	1444	−57.6（1444）	1875	0	1875	12
	D2-6#孔	1322	−35（1322）	272	90	362	12
	D2-6-1#孔	1418	−20.2（1418）	460		460	12
1#钻孔单元	D1-1#孔	507		100		100	堵漏
		970		265	245	510	
		1117.5		287	293	580	6
		1147		278		278	
	D1-1-1#孔	964		505		505	6
	D1-1-1#孔（新）	1124	−47.3（1124）	1117		1117	12
	D1-2#孔	1247.7	−95.6m（1247.7）	9442	2250	11692	12
	D1-S1孔	1087.77	−171.8m（900）	185	10	190	
		1087.77	−158.6（1087.77）	83			
合计				39887	18084	57971	

一开孔径 Φ311mm 钻进至 295m 下入 Φ244.5mm 套管 294.5m，钻进至 432m 时钻井液漏失量较大，原因是经过 8 煤采空区，堵漏后钻进至 640.6～644.5m 见 10 煤层，680m 开始取心钻进，一灰岩层深度 704.39～704.74m，二灰岩层深度 711.41～714.95m，三灰岩层深度 727.73～733.51m，四灰岩层深度 737.43～749.75m，终孔深度为 750.91m。

二灰以上岩层岩性、层序和间距未见异常，二灰底发现大量黄铁矿，其下 2m 泥岩较破碎，并有泥化现象且夹有黄铁矿，三灰下、四灰下泥岩也有不同程度的泥化现象，初步判断陷落柱顶部为二灰底。

（3）Z2 孔

一开孔径 Φ311mm 钻进至 331m 下入 Φ244.5mm 套管 328m，钻至 685m 全漏，漏失量约 60m³/h，堵漏后 717～719m 见 10 煤层，一灰岩层深度 781.7～784.3m，二灰岩层深度 792.2～796.4m。

二灰以上岩层岩性、层序和间距未见异常，二灰下部也发现有黄铁矿二灰下泥岩较破碎，且岩心裂隙中明显含有水泥块，判断为陷落柱顶部。

Z1 孔、1026-3 瓦斯孔、Z2 孔 3 个孔灰岩间层序、层厚、间距详细数据见表 7.27。

表 7.27 地面立孔各层灰岩厚度及灰岩间层间距数据统计表

项目		孔号		
		Z1	1026-3	Z2
层厚/m	10 煤底板	662.69	661.10	719.00
	一灰	2.43	2.85	2.50
	二灰	3.65	4.55	4.00
	三灰	5.95	6.00	5.47
	四灰	12.70	12.21	11.83
间距/m	10 煤——一灰	64.36	61.15	65.10
	一灰——二灰	4.81	4.80	8.20
	二灰——三灰	13.17	11.45	11.58
	三灰——四灰	4.04	3.59	2.27

7.7.4 陷落柱探查分析及其发育特征

1. 陷落柱判定分析

1）钻井液漏失

根据陷落柱发育特征，即使陷落柱内岩层整体塌落，岩层受扰动较小，裂隙不发育，但陷落柱顶部裂隙在发育过程中难以得到及时有效的填充，钻进过程中会发生冲洗液大量漏失，且陷落柱边缘部位的环状裂隙多为张性裂隙，发育较好，且一般与顶部裂隙相互连通。根据冲洗液的漏失与相邻钻孔相比较，如出现较大异常，可判定是否进入陷落柱内。

本工程中 D2#孔、D2-1#分支孔和 D1-1#分支孔均揭露了钻井液全部漏失岩层段，且漏失量大于泥浆泵的流量，漏失量大于 $72m^3/h$。其中 D2-1#分支孔钻进过程漏失次数多且密，岩层出现明显异常。具体钻井液漏失情况见表 7.28。

2）异常声响

根据陷落柱发育特征，柱体内岩层受过扰动，岩层完整性和整体强度较原岩差，在岩层受到新的扰动时，岩层内应力受到影响易产生重新分布，致使岩层内部分岩体或岩块发生错动、断裂、挤压等现象，伴随产生异常声音。

D2-1#分支孔钻进至孔深 992m 时钻井液全漏，钻至 996m 提钻，钻进过程进尺及钻压无明显异常，测水位期间孔内传出剧烈类似放炮声响，间隔 2~3s，持续约 30min。

表 7.28　陷落柱内钻井液漏失情况统计表

孔号	序号	漏失段/m	漏失量/(m³/h)	备注
D2#孔		1036～1041	全部漏失	钻进至 870m 深度开始冲洗液漏失，漏失量约 5m³/h，1031.5m 冲洗液漏失加大，1036 全漏
D2-1#分支孔	1	886～905	20～35	孔深 886m 开始漏失，漏失量约 35m³/h，延伸至 905m，漏失量约 20m³/h
	2	905～970	50～55	孔深 966m 开始漏失，至 970m 漏失量稳定在 50～55m³/h
	3	970～996	全部漏失	孔深 980m 开始渗漏，至 990 漏失量约 35m³/h，延伸至 992m 全漏
	4	996～1158	20～35	孔深 1010m 开始漏失，漏失量约 20～30m³/h，顶漏钻至 1158m 漏失量约 35m³/h
D1-1#分支孔		970～974	全部漏失	钻进至 970m 全漏，水位-315.4m，未稳定

3）水位

陷落柱按导水类型可分为不导水陷落柱、弱导水陷落柱（边缘裂隙导水陷落柱）和强导水陷落柱，不管探查研究中的陷落柱属于哪一类型，均处于现代地下水强径流带上，底部富水性较强，特别弱导水陷落柱和强导水陷落柱在钻孔揭露时，钻孔内水位与奥灰水位会出现相应的联系。研究分析探查孔内水位与奥灰含水层和周围岩层间的关系是判断陷落柱的一个重要指标。

D2#钻孔单元钻孔钻进中，D2-1#分支孔的多处漏失点和 D2-2#分支孔均为太灰水位，水位正常，其余的钻孔水位明显异常，接近奥灰水位或处于奥灰与太灰水位之间，水位较高。

D1#钻孔单元钻孔钻进中，D1-1-1#分支孔和 D1-2#分支孔水位异常，接近奥灰水位或处于奥灰与太灰水位之间，水位较高。

多个钻孔的高水位表明此处有隐伏的导水构造，连通奥灰与太灰岩层，但水位不是稳定的奥灰水位，表明连通性较弱。

水位情况见表 7.29。

4）岩屑资料

D1-2#孔施工工程中，1100m 深度前岩粉中含有明显的水泥凝固体颗粒，1100m 深度后岩粉中水泥凝固体颗粒变得难以发现，由此推断出 1100m 位置是水泥浆扩散的边界点。1100m 距离最近已经注过浆的钻孔为 D2-6#孔，与 D1-2#孔法向距离为 170.2m。由此表明浆液在陷落柱柱体内扩散范围较大，并且高压下能有效地充填陷落柱内空隙和裂隙。

5）串浆

陷落柱内岩层经过扰动，裂隙和空隙较多，治理过程中高压注浆时相比正常岩层容易发生串浆现象，这是陷落柱治理的一个典型特征。

表 7.29　D2#、D1#钻孔单位水位观测数据统计表

钻孔单元	钻孔编号	孔深	三灰段	水位标高 /m	太灰正常水位/m	奥灰正常水位/m	备注
2#钻孔	D2#孔	1041	1027～1041				
	D2-1#孔	1158	868～905	−210	−206.6	−10	
			905～970	−198.4	−206.6	−10	
			970～996	−187.8	−206.6	−10	
			996～1158	−188.9	−206.6	−10	
	D2-2#孔	1449	835～1449	−192.6	−206.6	−10	
	D2-3#孔	1400	970～1400	−33.6	−206.6	−10	
	D2-4#孔	1450	1021～1450	−68.1	−206.6	−10	
	D2-5#孔	1444	1061～1158	−57.6	−206.6	−10	未稳定
			1164～1444				
	D2-6#孔	1322	945～1322	−35	−206.6	−10	
	D2-6-1#孔	1418	937～1418	−20.2	−206.6	−10	
	D2-7#孔	966	962～966				钻孔事故，未测
D1#孔	D1-1#孔	970	888～970	−351.4	−206.6	−10	
		1147	970～1147				串浆，未测
	D1-1-1#孔	1124	1022～1124	−47.3	−206.6	−10	
	D1-2#孔	1247.7	981～1247.7	−95.6	−206.6	−10	
	D1-2-1#孔	910					钻孔事故，未测
	D1-S1孔	1087.77	847～882	−171.8m	−206.6	−10	

本次陷落柱探查治理项目共安排了两个钻机，在施工过程中发生了多次串浆现象，比较明显的有如下 4 次：

（1）D2-4#孔与 D1-1#孔

D2-4#孔深钻进至 1224m 时钻井液约漏失量 30～35m³/h，顶漏钻进过程中，在停泵接单根时，孔口有少量钻进液返出，此时 D1-1#孔钻进至 1000m 深度，出现明显的卡钻现象和钻井液漏失现象，当 D1-1#孔停止钻进时，D2-3#孔口返钻井液现象消失。

（2）D2-5#孔与 D1-1-1#孔

D2-5#孔钻进至 1165m，D1-1-1#孔钻进至 970m 时，D2-5#孔的钻井液从 D1-1-1#孔孔口返出，且两孔测水位时，同时灌满至孔口，两孔水位下降速率基本相同，观测 6h 后，水位标高均在−50m 附近。

（3）D2-7#孔与 D1-2#孔

D2-7#孔钻进至 870m 时，D1-2#孔正在注浆，水泥浆液从 D2-7#孔孔口返出，且返出流量较大。

（4）D2-7#孔与 D1-2-1#孔

7 月 4 日，D2-7#孔正常钻进时发生埋钻事故，开始处理时采取高压返浆技术，对孔

内冲入高压水流，带出孔内岩粉。7月5日，D1-2-1#孔施工至910m时，发生埋钻事故，且D2-7#孔内高压冲入的泥浆从D1-2-1#孔孔口返出。

6）岩心

陷落柱内岩层经过错动和扰动后，其岩性和胶结度都会发生一定程度的变化，且越靠近奥陶系灰岩，其岩性越破碎，根据岩心的岩性、胶结度和破碎程度可作为陷落柱判断的参考依据。

为探查陷落柱的顶界面，施工了 Z1 孔，从 10 煤底板下 40m 至四灰进行了全段取心，在二灰底板至三灰间岩层出现了明显异常，735～737m 处岩心为破碎的泥岩块［图 4.22（a）］，硬度较低，其上下岩层均较为正常，且黄泥块上部岩心中夹杂有明显的黄铁矿［图 4.22（b）］。

Z2 孔取心至二灰底板时同样遇到破碎的泥岩块［图 4.22（c）］，强度较低，取心率也较低，且其间夹有明显的水泥浆凝固体［图 4.22（d）］。

7）钻井事故

陷落柱内岩层经过错动和扰动后，其岩性和胶结度都会发生一定程度的变化，其明显特征为柱体内岩性较破碎或裂隙较多，钻进时易发生孔内事故。

钻进过程中明显的钻孔孔内事故共有 6 次，见表 7.30。

表 7.30　D2#、D1#钻孔孔内事故统计表

序号	孔号	深度/m	时间	事故原因	处理情况
1	D2-1#孔	1000	4 月 4 日	塌孔	卡钻，钻具提出，施工新孔
2	D1-1#孔	1147	4 月 28 日	串浆	卡钻，钻具提出，重新扫孔
3	D1-1#孔	1000	5 月 5 日	串浆	卡钻，钻具提出，施工新孔
4	D1-1-1#孔	970	5 月 21 日	塌孔	卡钻，钻具提出，施工新孔
5	D2-7#孔	900	7 月 4 日	塌孔	埋钻，正在处理
6	D1-2-1#孔	910	7 月 5 日	塌孔	埋钻，钻具提出至 752m，剩余无法打捞，施工新孔

8）陷落柱的判定

综合钻探情况、水位、串浆、岩心和录井资料等多种资料，判定此区域发育一陷落柱构造，为桃园煤矿揭露的第 3 个陷落柱，编号为桃$_{23}$。

2. 陷落柱发育特征

陷落柱治理前或治理过程中，需查清陷落柱的大小、位置、边界和发育高度等参数，作为陷落柱治理工程布置的依据。

1）边界

其判断的依据主要有以下几个方面：

（1）钻井液漏失情况

陷落柱内岩层破坏情况不同，一般未发生突水的陷落柱柱心岩石杂乱，但充填有泥质物，导水性能一般，边缘裂隙发育较多，导水性能较好。钻孔揭露边缘裂隙带时会发生明显的漏失现象。

D2-1#从886m开始出现漏失现象，作为进入陷落柱的南部边界点，到达1010m后漏失量未发生明显的变化，把1010m深度作为北部的边界点。见图7.46。

（2）巷道破坏情况

D2-1#孔高压浆时，Ⅱ1026工作面风巷f5-f8测量点之间区域发生明显的底鼓现象，剖面相对应位置正是D2-1#分支孔漏失平面位置，表明陷落柱已经发育到风巷附近，但Ⅱ1024工作面回采时又未发生明显的陷落柱引起的异常现场，判断陷落柱未发育过风巷，所以把Ⅱ1026工作面风巷作为陷落柱西部边界线。见图7.46。

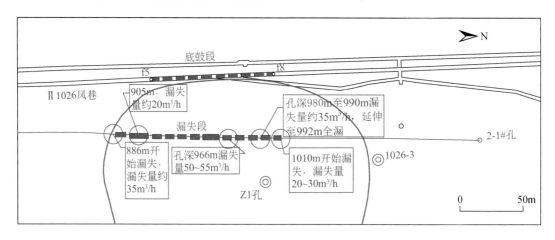

图7.46　风巷底鼓区域与钻孔漏失区域平面关系图

（3）Ⅱ1026-3瓦斯孔

Ⅱ1026-3瓦斯孔从10煤底板到四灰岩层进行全段取心，未发现明显的岩性和钻井液漏失异常，表明陷落柱未发育到此位置，所以把Ⅱ1026-3瓦斯孔作为北部的一个边界点。

（4）岩屑

D1-2#孔施工过程中，在1100m深度前岩粉中能发现明显的水泥块，且含量较多，从1100m后难以发现水泥碎屑，所以把D1-2#孔1100m深度作为西北部的边界点。

综上，通过钻探、岩心和地震等多种技术手段，基本确定了陷落柱的边界，其综合判定因素如表7.31所示，边界如图7.47所示。

表7.31　陷落柱边界判定因素统计表

序号	边界位置	判定因素	资料来源	备注
1	南边界	钻井液漏失	D2-1#孔钻探	孔深886m开始漏失，漏失量约35m³/h
2	西边界	Ⅱ1026风巷底鼓	巷道观测	风巷f5-f8点底鼓40cm，底鼓位置剖面上对应钻孔漏失区域（上部Ⅱ1024工作面已经完成回采）

续表

序号	边界位置	判定因素	资料来源	备注
3	西北边界	钻井液漏失	D2-1#孔钻探	孔深 1010m 开始漏失，漏失量约 20～30m³/h，此后漏失量未见明显变化
4	东北边界	岩层层序	Ⅱ1026-3 瓦斯孔取心、测井	岩层岩性和层序未见明显异常
5	西北边界	岩粉中水泥块含量	D1-2#孔钻探	1100m 前后水泥块含量变化明显

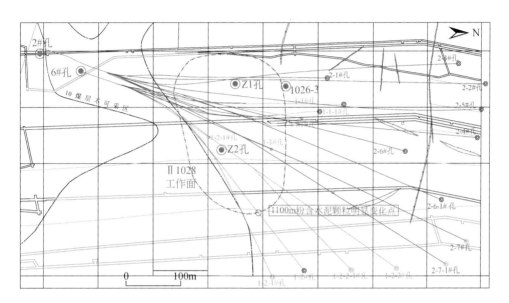

图 7.47　陷落柱边界和基本形态平面图

2）高度

通过 Z1、Z2 孔的岩心和测井资料来看，二灰及以上地层层序及间距正常，岩心完整，二灰底板下泥岩出现离层，泥化明显，岩心破碎，泥化物中含有角砾，且夹有黄铁矿，另外 Z2 孔二灰底板下出现水泥注层。三灰和四灰底板下泥岩也见离层和泥化现象，判断陷落柱的发育顶界为二灰底板。

综合以上资料，圈定出陷落柱的边界、高度，陷落柱在三灰岩层内为一个长轴近 EW 向，长度约 290m，短轴近 SN 向，长度约 200m 的近椭圆体，发育顶界为二灰底板。

7.7.5　陷落柱治理关键技术与效果验证

1. 陷落柱治理关键技术

1）水平孔发散状钻进注浆治理

在地面共布置两个钻孔，分别为 D1#孔和 D2#孔，D1#孔负责覆盖陷落柱北部区域，

D2#孔负责覆盖陷落柱南部区域，钻孔从地面开孔，过冲积层进入基岩后下入一开套管，过 10 煤底板 30m 后下入二开套管，进入三开后在合适深度呈扇形发散施工多个一级和二级分支孔，沿三灰和四灰岩层向前钻进，终孔水平间距控制在 50m 左右，终孔穿过陷落柱边界 30～50m。

施工顺序为由柱体中部向两边扩散，柱体中部钻孔主要作用为通过充填注浆充填柱体内的较大空隙和裂隙，柱体周边钻孔为检查加固孔，检查注浆效果，通过高压注浆封堵剩余的微裂隙，使柱体形成一个强度较高的阻水塞。

2）双岩层同步注浆治理

桃园煤矿 10 煤层开采主要受底板太灰水害威胁，太灰有 11 层薄层灰岩组成，按突水系数计算威胁 10 煤开采的主要为上部四层灰岩，分别命名为一灰至四灰，其中一灰和二灰岩层较薄，富水性较小，易于疏干，对矿井危害较小，三灰和四灰厚度为 80m 和 12m，富水性较好，工作面开采中遇到垂向构造时，突水量较大，易形成突水事故。

该陷落柱发育高度为二灰底板，柱体内三灰和四灰裂隙发育，注浆易于充填和扩散，是理想的治理层位，且治理后隔水层厚度能满足煤矿突水系数要求（如选取三灰和四灰中的一层治理，浆液垂向扩散高度无法估算，致使阻水塞厚度不能满足防治水要求，所以本次陷落柱治理选取三灰和四灰两个层位同时治理，通过高压注浆使浆液在水平扩散的同时，也能垂向扩散一定距离，增加阻水塞的厚度。进入三灰和四灰岩层的钻孔间隔布置，其中 D1-2#孔、D1-4#孔、D2-1#孔、D2-3 孔、D2-5 孔沿四灰岩层钻进，其余钻孔沿三灰岩层钻进。通过间隔布置钻孔，减少钻探工作量。

3）高压注浆充填治理

本次注浆工程采用分段下行式，孔口封闭静压注浆法进行注浆。注浆目的层位是三灰和四灰，钻探中漏失量小于 $10m^3/h$ 时顶漏钻进，若漏失量大于 $10m^3/h$，则向前钻进 10m 后提钻注浆。注浆材料主要为水泥单液浆，在前续孔充填注浆时如注浆量较大，可使用粉煤灰作为辅助注浆材料，和水泥混合搅拌后注入孔内（后期高压注浆封堵细微裂隙时，则全部采用水泥单液浆）。

为保证较大的水平和垂向扩散距离，终孔孔口压力不低于 15MPa，注浆工艺采用双泵接替技术工艺，压力小于 10MPa 充填注浆时使用泥浆泵，单位时间注浆量大，注浆效率高，压力大于 10MPa 注浆时使用聚能泵，单位时间注浆量小，注浆压力大。通过高压注浆治理，在陷落柱上中部形成了一个强度较高的阻水塞，切断了煤层与四灰下含水层的水力联系。

2. 陷落柱治理效果与验证

1）陷落柱治理效果分析

（1）工程前后期钻孔漏失与注浆量

陷落柱治理工程一般分为多个步骤，其中钻孔有前序孔和后序孔之分，前序孔主要作用为探查陷落柱内裂隙发育情况，通过注浆对裂隙进行大量充填，短时间内把陷落柱改造为一个隔水层；后序孔主要作用为检查陷落柱加固效果，并对陷落柱剩余裂隙和空隙进行补强加固。

　　按照进入陷落柱的顺序和揭露陷落柱区域的不同，把工程中的 D2#孔、D2-1#孔、D2-4#孔和 D1-2#孔作为前序孔，D2-2#孔、D2-3#孔、D2-5#孔、D2-6#孔、D2-6-1#孔、D1-1#孔和 D1-1-1#孔作为后序孔。陷落柱前序孔和后序孔钻孔漏失与注浆量统计见表 7.32、表 7.33。

表 7.32　陷落柱前序孔和后序孔钻孔漏失量统计表

孔序	孔号	漏失段/m	漏失量/(m³/h)	漏失位置	备注
前序孔	D2#孔	1036~1041	全部漏失	柱体内	钻进至 870m 深度开始冲洗液漏失，漏失量约 5m³/h，1031.5m 冲洗液漏失加大，1036m 全漏
	D2-1#孔	886~905	20~35	柱体内	孔深 886m 开始漏失，漏失量约 35m³/h，延伸至 905m，漏失量约 20m³/h
		905~970	50~55	柱体内	
		970~996	全部漏失	柱体内	孔深 980m 开始渗漏，至 990 漏失量约 35m³/h，延伸至 992m 全漏
		996~1158	20~35	柱体内	孔深 1010m 开始漏失，漏失量约 20~30m³/h，顶漏钻至 1158m 漏失量约 35m³/h
	D2-4#孔	全孔	2	柱内无漏失	消耗量小于 2m³/h，但与 D1-1#孔水位相互沟通
后序孔	D2-2#孔	全孔	无消耗	柱内无漏失	
	D2-3#孔	1224~1400	30~35	柱体外	1224m 钻井液明显漏失，漏失量 30~35m³/h，顶漏钻至终孔，终孔时漏失量降至约 20m³/h，与 D1-1#孔水位相互沟通
	D2-5#孔	全孔	无消耗	柱内无漏失	
	D2-6#孔	1050~1322		柱体边缘	1050m 开始有少量消耗，约 3m³/h，至 1100m 漏失量约 5m³/h，至 1160m，漏失量增至约 15m³/h，顶漏钻进至终孔
	D2-6-1#孔	1250~1418	10	柱体外	1250m 开始有少量消耗，约 3m³/h，至 1290m 漏失量增至约 10m³/h，顶漏钻至设计孔深
	D1-1#孔	970~974	全部漏失	柱体内	970m 全漏，水位-315.4m
	D1-1-1#孔	全孔	无消耗	柱内无漏失	

　　从表中可以看出，工程前期的 D2#孔和 D2-1#孔施工时漏失点多，漏失量大，对应的注浆量特别大，对陷落柱进行了初步充填。工程中后期的 D2-2#孔、D2-3#孔、D2-5#孔、D2-6#孔和 D2-6-1#孔钻井液漏失量和注浆量均相对较小（其中 D2-4#孔与 D1-1#孔串浆，大量浆液可能流入陷落柱东部区域，且 D2-4#孔首次探查陷落柱东部区域），表明陷落柱内大裂隙和大空隙已经得到有效充填。特别是结合 D2-2#孔和 D2-3#孔的漏失和注浆情况，表明陷落柱西部区域充填效果良好。工程中后期的 D1-1#孔、D1-1-1#孔和 D1-2#孔注浆量

较大，表明陷落柱东部区域需要继续充填和治理。

表 7.33 陷落柱前序孔和后序孔注浆量统计表

项目名称	钻孔编号	孔深/m	注水泥/t	粉煤灰/t	水泥+粉煤灰/t	终压/MPa
前序孔	D2#孔	1041	3810	2958	6768	
	D2-1#孔	905	2596	2760	5356	15
		970	2755	1978	4733	15
		996	226	240	466	15
		1158	10718	6337	17055	10/封孔
	D2-4#孔	1450	4678	782	5460	12
	D1-2#孔	1247.7	9442	2250	11692	12
小计			34225	17305	51530	
后序孔	D2-2#孔	1449	302	0	302	8
	D2-3#孔	1400	201	151	352	6
	D2-5#孔	1444	1875	0	1875	12
	D2-6#孔	1322	272	90	362	12
	D2-6-1#孔	1418	460		460	12
	D1-1#孔	507	100		100	堵漏
		970	265	245	510	
		1117.5	287	293	580	6
		1147	278		278	
	D1-1-1#孔	964	505		505	6
	D1-1-1#孔（新）	1124	1117		1117	12
小计			5662	779	6441	

（2）注浆层段钻孔单位吸水率

注浆加固工程经过高压注浆已经把陷落柱内裂隙和空隙封堵完毕，且每孔和每个注浆段都严格按照注浆结束标准执行，根据注浆泵压、吸水段长度等计算单位吸水率 q，当计算结果不大于 0.01L/（min·m·m）时，才能结束钻孔注浆施工。

每个钻孔在结束前全部进行单孔吸水率计算，确定是否继续注浆，根据桃园矿实际条件，Q 和 p 取注浆记录数据，L 取进入陷落柱深度位置至孔底的距离，计算的单位吸水率值见表 7.34，单位吸水率均小于标准值 0.01L/（min·m·m），初步判断此陷落柱内空隙及裂隙已达到充填加固，切断了奥灰及太灰水进入煤层的通道。

（3）浆液扩散范围

浆液的扩散范围与注浆压力、裂隙的优势方向有关，钻孔揭露陷落柱后，浆液在高压下顺着陷落柱内的空隙和裂隙向周边扩散，并充填陷落柱周边裂隙带。钻孔施工过程中根据不同距离发现前期注浆充填的水泥凝固体来分析注浆扩散范围和陷落柱的发育范围。

表 7.34　钻孔单位吸水率计算统计表

孔号	试验段段长 L/m	孔口压力 p/MPa	孔内水位埋深/m	流量 Q /(L/min)	单位吸水率 q/[L/(min·m·m)]
D2#孔	301	15	221.5	90	0.00014094
D2-1#孔	418	10	231.5	90	0.000131971
D2-2#孔	709	8	214.1	90	0.0000897669
D2-3#孔	660	6	55.1	90	0.000129242
D2-4#孔	710	12	89.6	90	0.000075024
D2-5#孔	704	12	79.1	90	0.0000761366
D2-6#孔	582	12	56.5	90	0.000093353
D2-6-1#孔	678	12	41.7	90	0.0000808573
D1-1#孔	437	6	372.9	90	0.000150011
D1-1-1#孔	414	6	68.8	90	0.000203398
D1-2#孔	538	12	117.1	90	0.0000974237

D1-2#孔施工工程中，1100m 深度前岩粉中含有明显的水泥凝固体颗粒，1100m 深度后岩粉中水泥凝固体颗粒难以发现，则 1100m 位置是水泥浆扩散的边界点，此点距离最近已经注过浆的钻孔为 D2-6#孔，其法向距离为 170.2m（图 7.48），表明浆液在陷落柱柱体内扩散范围较大，高压下能有效地充填陷落柱内空隙和裂隙。

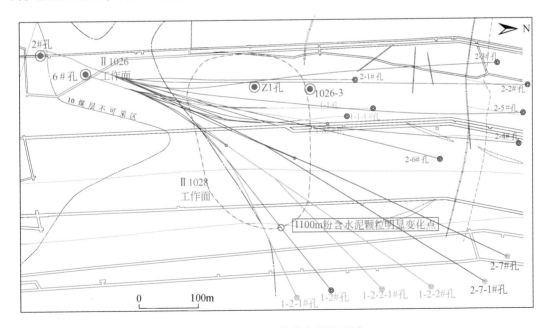

图 7.48　水平向扩散范围平面图

Z2 孔取心钻进至二灰底板时，在疑似陷落柱顶界面取出岩心中含有明显的水泥凝固体，Z2 孔取心显示二灰底板至三灰底板间距为 11.67m，表明浆液在高压下沿裂隙向上充填陷落柱顶部，在柱体内垂向扩散距离大于 11.67m。

通过研究注浆在高压下在水平和垂向的扩散范围，分析陷落柱柱体内空隙和裂隙充填情况，判定陷落柱治理效果，水平和垂向都发现明显的水泥凝固体颗粒，表明陷落柱得到了有效主体充填。

2）陷落柱治理效果验证

（1）地面验证

为检查四灰岩层的注浆情况，设计了 D1-S1#孔，在三灰 847~882m 层位中冲洗液没有漏失。但进入四灰层位，至 892m 开始漏失，漏失量 20m³/h，900m 全部漏失，漏失量 52m³/h，水位标高−171.8m，注入水泥 185t，粉煤灰 10t，注浆过程中孔口压力从无压突然升高至 12MPa，疑似孔内出现塌孔状况。

注浆后重新扫孔钻进，完钻 1087.77m，冲洗液无消耗，四灰段 894~1087.77m，水位标高−159.6m，注入水泥 83t，终压 12MPa。

（2）井下验证

在Ⅱ1026 工作面风巷设计施工 2 个陷落柱治理效果检验孔，Z检1、Z检3 孔，该两孔用 Φ94mm 钻头开孔，下 30m Φ89mm 孔口管，然后用 Φ75mm 钻头钻进至底，终孔三灰底。其中，Z检3 终孔出水 4m³/h，其中二灰出水 1m³/h，三灰出水 3m³/h，水压 2.8MPa；Z检1 终孔三灰出水 1.5m³/h，水压 3MPa，钻孔位置见图 7.49。两个钻孔资料表明陷落柱内灰岩含水层出水量较小，水压较低，已切断了煤层通过陷落柱与奥灰间的水力联系。

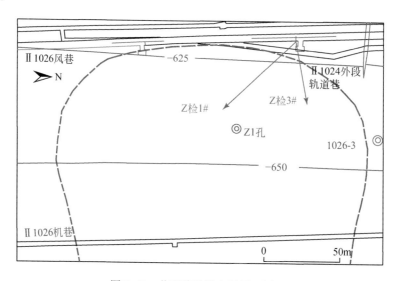

图 7.49　井下检验孔布置平面图

3）陷落柱探查治理效果评价

（1）通过地面Ⅱ1026-3 瓦斯孔、Z1 孔和 Z2 孔探查，结合顺层孔钻探、水位、串浆、岩屑和地震等多种资料，综合分析判定 D2 疑似陷落柱为陷落柱构造，命名为桃$_{23}$陷落柱，陷落柱在三灰层位的基本形态为一个长轴 290m，短轴 200m 的近椭圆体，查明陷落柱顶界发育至二灰底板。

（2）水平孔顺层治理陷落柱，可克服地面场地局限，减少钻探工作量。选择两个岩层同时高压注浆治理，有效地增大了水平和垂向扩散距离，最终增加了阻水塞厚度。

（3）经过治理，单孔终孔压力和终孔注浆量达到了设计标准，后续钻孔在经过三灰及以上岩层时均未见异常消耗，表明柱体内三灰及其上岩层的大裂隙和空隙已经得到有效充填，陷落柱治理工程切断了煤层通过陷落柱与奥灰间的水力联系，改善了区域水文地质条件，确保了Ⅱ1026 工作面的安全回采。

参 考 文 献

鲍学英，李海连，王起才．2016．基于灰色关联分析和主成分分析组合权重的确定方法研究．数学的实践
　　与认识，46（9）：129-134．

毕雅静．2006．滕北矿区水文地质特征及岩溶陷落柱发育规律研究．青岛：山东科技大学．

曹代勇，占文锋，李焕同，等．2020．中国煤矿动力地质灾害的构造背景与风险区带划分．煤炭学报，45
　　（7）：2376-2388．

曹鹤．2017．白羊岭煤矿岩溶陷落柱发育规律及成因探讨．徐州：中国矿业大学．

曹阳勃．2016．岩溶陷落柱的形成条件——以范各庄矿为例．地下水，38（5）：171-172．

陈富勇，吴基文，范景坤，等．2009．宿县-临涣矿区地质构造特征及其形成机理．科技资讯，7（6）：
　　78-79．

陈陆望，许冬清，刘延娴，等．2017a．宿县矿区主要突水含水层水文地球化学模拟．安徽理工大学学报
　　（自然科学版），37（6）：27-33．

陈陆望，许冬清，殷晓曦，等．2017b．华北隐伏型煤矿区地下水化学及其控制因素分析——以宿县矿区主
　　要突水含水层为例．煤炭学报，42（4）：996-1004．

陈尚平．1993．河北峰峰地区岩溶陷落柱成因探讨．中国岩溶，12（3）：52-63．

陈耀杰．2015．司马煤矿底板陷落柱阻隔水机理研究．徐州：中国矿业大学．

陈占清，王路珍，孔海陵，等．2014．变质量破碎岩体非线性渗流试验研究．煤矿安全，45（2）：15-
　　17，21．

陈招宣，吴玉华．1998．任楼矿井突水与治理简介．煤矿设计，2：18-20．

啜晓宇，滕吉文．2017．强导（含）水隐伏陷落柱底板突水机理研究．地球物理学报，60（1）：430-440．

代群力．1991．岩溶矿区地面塌陷成因新说——共振论．中国煤田地质，3（3）：66-68．

邓雪，李家铭，曾浩健，等．2012．层次分析法权重计算方法分析及其应用研究．数学的实践与认识，42
　　（7）：93-100．

董昌伟，蔡东红，赵开泉，等．2005．刘桥一矿陷落柱发育规律及其成因探讨．能源技术与管理，5：
　　25，104．

董君．2015．层次分析法权重计算方法分析及其应用研究．科技资讯，13（29）：218，220．

段东升，杨德义．2005．潞安矿区构造演化对煤田陷落柱发育的影响．商场现代化，34（11）：174-175．

段中稳．2004．任楼煤矿隐伏导水陷落柱的快速判识与探查．西安科技大学学报，24（3）：268-270，335．

范书凯．2012．华北型煤田南部底板突水评价与对策．北京：中国矿业大学（北京）．

方沛，王海龙．2008．岩溶陷落柱成因分布规律浅析．煤炭工程，11：84-85．

方婷．2017．安徽淮北煤田构造特征和形成机制．南京：南京大学．

方向清，傅耀军，王红燕，等．2013．华北型煤田岩溶充水矿床充水模式及特征．中国煤炭地质，25（9）：
　　32-36．

冯书顺，武强．2016．基于 AHP-变异系数法综合赋权的含水层富水性研究．煤炭工程，48（S2）：
　　138-140．

葛家德，王经明．2007．任楼煤矿导水陷落柱的化学预警研究．煤炭工程，34（9）：85-88．

桂和荣．2005．皖北矿区地下水水文地球化学特征及判别模式研究．合肥：中国科学技术大学．

桂和荣，陈陆望．2007．矿区地下水水文地球化学演化与识别．北京：地质出版社．

桂辉，杨志斌，韩翔旭．2017．皖北矿区岩溶陷落柱导水性差异原因研究．煤炭科学技术，45（6）：165-169．

贺可强，王滨，郭璐，等．2017．中国北方与南方岩溶塌陷对比研究．河北地质大学学报，40（1）：57-64．

贺志宏．2012．双柳煤矿陷落柱发育特征及突水机理研究．北京：中国矿业大学（北京）．

侯恩科，夏玉成，番怀仁，等．1994．矿井陷落柱的成因分析及其预测．西北地质，15（2）：18-22．

胡宝林，宋晓梅．1997．淮北煤田深部岩溶洞穴及陷落柱形成机制．中国煤田地质，9（2）：47-49．

胡彦博．2020．深部开采底板破裂分布动态演化规律及突水危险性评价．徐州：中国矿业大学．

黄大兴，王永功．2005．刘桥一矿陷落柱发育规律及含水性研究．中国煤田地质，17（4）：35-37．

姜涛，姜波，黄涵彬．2014．淮北煤田五沟煤矿构造特征及其演化．中国煤炭地质，26（4）：11-16．

蒋勤明．2008．葛泉岩溶陷落柱发育分布规律及预测研究．华北科技学院学报，5（2）：13-15．

琚宜文，卫明明，薛传东．2011．华北盆山演化对深部煤与煤层气赋存的制约．中国矿业大学学报，40（3）：390-398．

开滦矿务局．1986a．奥灰岩溶陷落柱特大突水灾害的治理（上）．煤炭科学技术，14（01）：6-14，64．

开滦矿务局．1986b．奥灰岩溶陷落柱特大突水灾害的治理（下）．煤炭科学技术，14（02）：7-10，13．

孔一凡，杨本水．2012．隐伏导水陷落柱水害预防与超前探查治理技术．安徽建筑工业学院学报，20（5）：24-28．

李成．2015．阳泉矿区陷落柱分布特征与褶皱、断层及地震的关系探讨．太原：太原理工大学．

李定龙．1998．皖北奥陶系灰岩古岩溶地球化学特征及其成因模式研究．徐州：中国矿业大学．

李法浩．2019．华北板块东南缘徐淮弧形构造带的物理模拟研究．南京：南京大学．

李金凯，周万芳．1989．华北型煤矿床陷落柱作为导水通道突水的水文地质环境及预测．中国岩溶，8（3）：192-199．

李俊杰，郭英海，车灿辉，等．2010．西山煤田古交矿区陷落柱特征及其导水性分析．中国煤炭地质，22（4）：40-44．

李连崇，唐春安，左宇军，等．2009．煤层底板下隐伏陷落柱的滞后突水机理．煤炭学报，34（9）：1212-1216．

李苗，马卫林，于雪松．2016．定向钻进技术在陷落柱地面探查治理中的应用．机械管理开发，（2）：94-95，106．

李佩．2015．淮北祁东煤矿构造煤中微量元素迁移聚集的构造控制．徐州：中国矿业大学．

李涛，李文平，高颖，等．2010．杨庄矿 6 煤底板深部岩溶裂隙水体特征研究．采矿与安全工程学报，27（1）：94-99．

李永军，程绍强．2015．地面综合物探在探查潘三井田陷落柱中的应用．煤炭技术，34（1）：104-106．

李永军，彭苏萍．2006．华北煤田岩溶陷落柱分类及其特征．煤田地质与勘探，34（4）：53-57．

李振华，李见波，贺志宏．2014．双柳煤矿陷落柱发育特征及突水危险性分析．采矿与安全工程学报，31（1）：84-89．

李振华，徐高明，李见波．2009．我国陷落柱突水问题的研究现状与展望．中国矿业，18（4）：107-109．

梁红书，秦万能．2016．磁西一号超千米深井煤层开采底板突水危险性分析．中国矿业，25（8）：108-111．

刘春梅．2013．基于 GIS 和 AHP 的农业水资源空间分析．武汉：华中师范大学．

刘德民，尹尚先，连会青．2019．煤矿工作面底板突水灾害预警重点监测区域评价技术．煤田地质与勘探，47（5）：9-15．

刘军．2017．淮北矿区构造演化及其对矿井构造发育的控制作用．徐州：中国矿业大学．

刘延娴. 2019. 基于水文地球化学特征的濉肖矿区主要充水含水层水循环模式研究. 合肥工业大学.

刘莹昕, 刘飒, 王威尧. 2014. 层次分析法的权重计算及其应用. 沈阳大学学报 (自然科学版), 26 (5): 372-375.

刘志新, 刘树才, 于景邨. 2008. 综合矿井物探技术在探测陷落柱中的应用. 物探与化探, 32 (2): 212-215.

罗金辉, 杨永国, 陈玉华. 2010. GIS 在矿区岩溶陷落柱位置圈定中的应用. 吉林大学学报 (地球科学版), 40 (06): 1385-1389.

马杰, 桂和荣, 孙林华, 等. 2015. 淮北煤田地应力场分布特征及其构造演化研究. 煤炭工程, 47 (10): 97-99, 103.

马占国, 缪协兴, 陈占清, 等. 2009. 破碎煤体渗透特性的试验研究. 岩土力学, 30 (4): 985-989.

孟文强. 2012. 基于 GIS 和层次分析法的地质灾害危险性评价研究. 西安: 长安大学.

牛磊. 2015. 华北型煤田岩溶陷落柱突水机理及危险性评价. 北京: 中国矿业大学 (北京).

潘文勇. 1982. 华北型岩溶煤田的灰岩分布规律与岩溶发育特征. 煤炭学报, 7 (3): 48-56.

彭凌日, 舒良树, 张育炜. 2017. 华北陆块东南缘徐淮推覆-褶皱带构造变形特征研究. 高校地质学报, 23 (2): 337-349.

彭涛. 2015. 淮北煤田断裂构造系统及其形成演化机理. 淮南: 安徽理工大学.

钱学溥. 1988. 石膏喀斯特陷落柱的形成及其水文地质意义. 中国岩溶, (4): 70-74.

乔伟. 2011. 矿井深部裂隙岩溶富水规律及底板突水危险性评价研究. 徐州: 中国矿业大学.

师皓宇, 田多. 2018. 陷落柱赋存特征与导水性模拟研究. 华北科技学院学报, 15 (1): 15-20.

施龙青, 刘佳, 马小伟, 等. 2015. 滕南矿区岩溶陷落柱分布特征及其控制因素分析. 中国科技论文, 10 (13): 1530-1534.

时国. 2010. 南华北地区奥陶系层序地层与层序格架内古岩溶研究. 成都: 成都理工大学.

司海宝. 2005. 岩溶陷落柱岩体结构力学特征及其突水风险预测的研究. 淮南: 安徽理工大学.

司海宝, 杨为民, 吴文金. 2004. 岩溶陷落柱发育的地质环境及导水类型分析. 煤炭工程, 31 (10): 52-55.

宋卫华, 邸春雷, 闫万俊, 等. 2019. 大断面矩形巷道过陷落柱构造带支护技术. 采矿与安全工程学报, 36 (6): 1178-1185, 1192.

宋晓洪, 王经明. 2008. 刘桥二矿陷落柱识别地震资料的再处理技术. 华北科技学院学报, 5 (1): 1-4.

宋晓梅, 张永泰, 李全. 1997. 淮北煤田奥陶系灰岩岩溶类型及陷落柱成因分析. 淮南矿业学院学报, 17 (3): 6-10.

隋旺华, 王丹丹, 孙亚军, 等. 2019. 矿山水文地质结构及其采动响应. 工程地质学报, 27 (1): 21-28.

孙浩, 李永军, 李琛. 2014. 陷落柱导富水性综合探测技术. 华北科技学院学报, 11 (9): 31-37.

唐攀, 吴仕强, 于炳松, 等. 2015. 古岩溶塌陷的成因特点与研究手段. 现代地质, 29 (3): 675-683.

田景春, 时国, 陈辉, 等. 2009. 南华北地区奥陶系古喀斯特特征及其储层前景. 成都理工大学学报 (自然科学版), 36 (6): 598-604.

童世杰, 段中稳, 张乃宏. 2004. 任楼井田岩溶陷落柱成因研究. 淮南职业技术学院学报, 4 (1): 27-29.

童世杰, 甄战战, 徐智敏. 2015. 高承压隐伏导水陷落柱的超前探控与综合识别. 煤矿安全, 46 (7): 166-168.

万天丰, 任之鹤. 1999. 中国中、新生代板内变形速度研究. 现代地质, 13 (1): 83-92.

王桂梁, 曹代勇. 1992. 华北南部的逆冲推覆伸展滑覆与重力滑动构造——兼论滑脱构造的研究方法. 徐州: 中国矿业大学出版社.

王桂梁, 姜波, 曹代勇, 等. 1998. 徐州-宿州弧形双冲-叠瓦扇逆冲断层系统. 地质学报, 72 (3):

228-236.

王汉斌．2017．基于 ArcGIS 的首旺煤矿突水水害危险性评价．北京：中国地质大学（北京）．

王浩．2013．宿县矿区太原组灰岩岩溶发育特征与控溶机理研究．淮南：安徽理工大学．

王家臣，杨胜利．2009．采动影响对陷落柱活化导水机理数值模拟研究．采矿与安全工程学报，26（2）：
　140-144.

王经明，刘文生，关永强，等．2007．华北煤田陷落柱的地下水内循环形成机理——以峰峰矿区为例．中
　国岩溶，16（1）：11-17.

王盼盼，王陆超，汪吉林，等．2012．徐宿弧形构造对袁庄矿矿井构造的影响机制．煤田地质与勘探，
　40（3）：18-22.

王如猛．2018．基于优化组合赋权法的底板岩溶陷落柱突水危险性评价研究．青岛：山东科技大学．

王首同，白玉，王恒，等．2010．华北煤田陷落柱区域成因探讨．河南理工大学学报，29（4）：479-483.

王威．2016．水平孔钻进结合高压注浆治理导水陷落柱技术．内蒙古煤炭经济，16：99-100.

王心义，赵伟，刘小满，等．2017．基于熵权-模糊可变集理论的煤矿井突水水源识别．煤炭学报，42
　（9）：2433-2439.

王彦仓，焦勇，汪剑，等．2010．浅谈沁水盆地郑庄区块陷落柱形成机理及分布规律．石油地质，15（2）：
　45-48，85.

吴基文，严家平，徐冰寒．1998．皖北刘桥一矿岩溶陷落柱特征及成因探讨．西安科技学院学报，18
　（4）：315-319.

吴俊松，吴玉华，傅昆岚．2004．祁东煤矿地应力测量成果分析．淮南职业技术学院学报，4（3）：32-34.

吴诗勇，胡宝林，姚多喜，等．2010．祁东煤矿地质构造特征及演化规律．兰州大学学报（自然科学版），
　46（S1）：64-67.

吴文金．2006a．刘桥一矿地质构造特征及断裂构造导水性分析．煤炭工程，38（5）：46-48.

吴文金．2006b．刘桥一矿岩溶陷落柱导水性分析．中国煤炭，32（4）：40-42，50.

吴玉华，郑世田，段中稳，等．1998．任楼煤矿矿井突水灾害的综合分析与治理技术．煤炭科学技术，26
　（1）：26-29.

武强，樊振丽，刘守强，等．2011．基于 GIS 的信息融合型含水层富水性评价方法——富水性指数法．煤
　炭学报，36（7）：1124-1128.

武昱东．2010．两淮煤田构造—热演化特征及煤层气生成与富集规律研究．北京：中国科学院大学．

谢文苹．2016．采动影响下矿区充水含水层水化学时空演化机理研究．合肥：合肥工业大学．

谢志钢，刘启蒙，柴辉婵，等．2019．煤层底板隐伏陷落柱突水预测及采前注浆加固评价．中国安全生产
　科学技术，15（5）：105-110.

解国爱，张庆龙，姚素平，等．2014．皖北矿区地质构造规律研究．南京：南京大学．

胥翔，吴基文，汪宏志．2014．淮北煤田太原组灰岩沉积学特征研究．中州煤炭，36（11）：102-105.

徐冰寒．2004．刘桥一矿陷落柱发育特征及成因机制的研究．北京工业职业技术学院学报，3（4）：
　49-52.

徐德金．2009．基于 VisualModflow 煤层底板灰岩水疏放性研究．淮南：安徽理工大学．

徐德金，邵德盛，聂建伟，等．2013．两淮煤田矿井水害类型特征初步研究——以离层水害和陷落柱水害
　为例．现代矿业，29（11）：72-75，79.

徐胜平．2014．两淮煤田地温场分布规律及其控制模式研究．淮南：安徽理工大学．

徐卫国，赵桂荣．1990．华北煤矿区岩溶陷落柱形成机理与突水的探讨．水文地质工程地质，17（6）：
　41-43.

许冬清．2017．宿县矿区地下水化学演化特征与控制因素研究．合肥：合肥工业大学．

许光泉, 孙丰英, 刘丽红, 等. 2016. 淮南潘谢矿区岩溶类地质异常体演化过程及预测. 煤田地质与勘探, 44 (1): 62-68.

许海涛, 李永军, 康庆涛. 2014. 陷落柱发育规律及其地球物理特征研究. 中国矿业, 23 (8): 119-122.

许进鹏. 2006. 陷落柱活化导水机理研究. 青岛: 山东科技大学.

许进鹏, 桂辉. 2013. 构造型导水通道活化突水机理及防治技术. 北京: 中国矿业大学出版社.

许进鹏, 宋扬, 程久龙. 2006. 顶空型与顶实型陷落柱的成因分析与导水性能的差异. 水文地质工程地质, 33 (1): 76-79.

许庆青, 许进鹏. 2012. 淮北矿区太原组灰岩含水层富水性与埋深和构造的关系研究. 中国煤炭, 38 (7): 29-31, 80.

薛晓峰, 许进鹏, 齐跃明, 等. 2012. 岱庄陷落柱柱体成分与其导水性关系分析. 中国煤炭, 38 (2): 42-45.

杨巍然. 2006. 地球表层系统与中国区域大地构造的研究发展. 地学前缘, 13 (6): 102-110.

杨为民, 周治安, 李智毅. 2001. 岩溶陷落柱充填特征及活化导水分析. 中国岩溶, 20 (4): 34-38.

杨为民, 范春学, 张秀冰. 2005a. 刘桥一矿岩溶陷落柱成因特征及岩体力学条件. 北京工业职业技术学院学报, 4 (4): 1-5, 9.

杨为民, 司海宝, 吴文金. 2005b. 岩溶陷落柱导水类型及其突水风险预测. 煤炭工程, 32 (8): 60-63.

杨志. 2016. 临涣矿区深部太灰岩溶发育及富水性特征研究. 淮南: 安徽理工大学.

姚炳光, 周维博. 2017. 基于 DEM 和 ArcGIS 的浐灞流域水文特征提取研究. 水资源与水工程学报, 28 (6): 8-13.

姚孟杰. 2019. 煤层底板灰岩岩溶发育程度定量判别及突水危险性评价. 焦作: 河南理工大学.

尹奇峰, 潘冬明, 于景邨, 等. 2012. 煤矿陷落柱地震识别技术研究. 地球物理学进展, 27 (5): 2168-2174.

尹尚先, 王尚旭. 2003. 陷落柱影响采场围岩破坏和底板突水的数值模拟分析. 煤炭学报, 28 (3): 264-269.

尹尚先, 武强, 王尚旭. 2004a. 华北煤矿区岩溶陷落柱特征及成因探讨. 岩石力学与工程学报, 23 (1): 120-123.

尹尚先, 武强, 王尚旭. 2004b. 华北岩溶陷落柱突水的水文地质及力学基础. 煤炭学报, 29 (2): 182-185.

尹尚先, 武强, 王尚旭. 2005. 北方岩溶陷落柱的充水特征及水文地质模型. 岩石力学与工程学报, 24 (1): 77-82.

尹尚先, 吴文金, 李永军, 等. 2008. 华北煤炭岩溶陷落柱及其突水研究. 北京: 煤炭工业出版社.

尹尚先, 徐斌, 刘德民, 等. 2016. 我国华北煤田岩溶陷落柱预测研究. 煤炭科学技术, 44 (1): 172-177.

尹尚先, 连会青, 刘德民, 等. 2019. 华北型煤田岩溶陷落柱研究 70 年: 成因·机理·防治. 煤炭科学技术, 47 (11): 1-29.

於波. 2018. 临涣矿区岩溶发育特征及地下水流场数值模拟. 淮南: 安徽理工大学.

于绍波, 李昭水, 姜化举, 等. 2017. 采煤工作面内隐伏陷落柱的综合探测与治理技术. 矿业安全与环保, 44 (1): 91-93.

郁光奎. 1998. 刘桥一矿岩溶陷落柱发育规律探讨. 煤矿开采, 2 (1): 11-15.

袁道先. 1988. 论岩溶环境系统. 中国岩溶, 7 (3): 9-16.

曾文. 2017. 宿南矿区地下水系统演化规律模拟研究. 合肥: 合肥工业大学.

翟晓荣. 2015. 矿井深部煤层底板采动效应的岩体结构控制机理研究. 淮南: 安徽理工大学.

詹金明. 2020. 岩溶陷落柱探查范围确定及其特征分析——以淮南煤田顾北矿为例. 地下水, 42 (3):

32-33，127.

张勃阳，白海波，张凯．2016．采动影响下陷落柱的滞后突水机理研究．中国矿业大学学报，45（3）：447-454.

张继坤．2011．安徽省煤田构造及构造控煤作用研究．北京：中国矿业大学．

张敬凯．2009．山西曹村井田岩溶陷落柱发育规律研究．邯郸：河北工程大学．

张丽红．2012．桃园矿区陷落柱及其富水性地球物理识别方法．北京：中国矿业大学（北京）．

张连福，龚世龙．2003．陷落柱的探查与综合治理实践．煤田地质与勘探，31（6）：32-34.

张茂林，尹尚先．2007．华北型煤田陷落柱形成过程研究．煤田地质与勘探，35（6）：26-29.

张茜凤．2016．萧县地区奥陶系碳酸盐岩微相和米级旋回层序研究．徐州：中国矿业大学．

张瑞钢．2008．基于GIS的潘一矿地下水环境特征分析及突水水源判别模型．合肥：合肥工业大学．

张书林，张子敏，王运革，等．2011．潞安常村井田陷落柱分布规律与成因初探．河南理工大学学报，30（3）：283-287.

张伟杰，李术才，魏久传，等．2014．岩溶泉域煤矿奥灰顶部相对隔水性及水文地质特征研究．岩石力学与工程学报，33（2）：349-357.

张鑫．2017．覆盖型岩溶塌陷模型试验与数值模拟研究．合肥：合肥工业大学．

张永双，谭卓英，吕朋菊．1998．华北型煤田岩溶陷落柱分类探讨．煤炭工程师，25（5）：20-22，25，52.

张永双，曲承新，刘国林，等．2000．华北型煤田岩溶陷落柱某些问题研究．工程地质学报，8（1）：35-39.

张永泰，胡宝林，张广好，等．2006．安徽省刘桥一井田北部断裂构造导水特征分析．中国煤炭，32（1）：40-42.

赵成喜．2015．淮北矿区深部岩溶突水机理及治理模式．徐州：中国矿业大学．

赵金贵，郭敏泰．2013．太原东山大窑头煤系层间构造与岩溶陷落柱群发育模式．煤炭学报，38（11）：1999-2006.

赵金贵，郭敏泰．2014．平顺老马岭岩溶陷落柱的发现及形成时段探讨．煤炭学报，39（8）：1716-1724.

赵金贵，郭敏泰，李文生．2020．西山煤田岩溶陷落柱柱体形态与组构特征．煤炭学报，45（7）：2389-2398.

赵庆彪，赵昕楠，武强，等．2015．华北型煤田深部开采底板"分时段分带突破"突水机理．煤炭学报，40（7）：1601-1607.

赵苏启，郭启文，陈晓国．1997．皖北局任楼矿陷落柱特大水害快速钻探和注浆技术．中州煤炭，5：15-17.

赵苏启，武强，郭启文，等．2004．导水陷落柱突水淹井的综合治理技术．中国煤炭，30（7）：25-27.

郑士田．2018．两淮煤田煤层底板灰岩水害区域超前探查治理技术．煤田地质与勘探，46（4）：142-146，153.

郑士田，马培智．1998．陷落柱中"止水塞"的快速建立技术．煤田地质与勘探，26（6）：51-53.

种丹．2019．基于Floyd算法的矿井避险路线决策系统的设计与实现．徐州：中国矿业大学．

周锦涛．2017．掘进条件下陷落柱活化导水数值模拟及探测研究．青岛：山东科技大学．

周垒．2011．浅谈导水陷落柱突水淹井综合治理．水力采煤与管道运输，4：39-41.

Antonellini M，Nannoni A，Vigna B，et al. 2019. Structural control on karst water circulation and speleogenesis in a lithological contact zone：The Bossea cave system（Western Alps，Italy）. Geomorphology，33（345）：106832.1-106832.21.

Balsamo F，Bezerra F H R，Klimchouk A B，et al. 2020. Influence of fracture stratigraphy on hypogene cave development and fluid flow anisotropy in layered carbonates，NE Brazil. Marine and Petroleum Geology，

114: 104207.

Bo Y Z, Hai B B, Kai Z, et al. 2016. Seepage characteristics of collapse column fillings. International Journal of Mining Science and Technology, 26: 333-338.

Chen L, Feng X, Xu D, et al. 2018. Prediction of water inrush areas under an unconsolidated, confined aquifer: the application of multi-information superposition based on GIS and AHP in the Qidong Coal Mine, China. Mine Water and the Environment, (37): 786-795.

Ennes S R A, Bezerra F H R, Nogueira F C C, et al. 2016. Superposed folding and associated fracturing influence hypogene karst development in Neoproterozoic carbonates, São Francisco Craton, Brazil. Tectonophysics, 666 (1): 244-259.

Frumldn A, Zaidner Y, Na´Aman I, et al. 2015. Sagging and collapse sinkholes over hypogenic hydrothermal karst in a carbonate terrain. Geomorphology, 229 (Jan. 15): 45-57.

Georg K, Douchko R. 2016. Structure and evolution of collapse sinkholes: combined interpretation from physico-chemical modelling and geophysical field work. Journal of Hydrology, 540 (1): 688-698.

Gui H, Xu J. 2017. A numerical simulation of impact of groundwater seepage on temperature distribution in karst collapse pillar. Arabian Journal of Geosciences, 10 (1): 1-11.

Gui H, Xu J, Zhang D. 2017. Relationship between hydraulic conductivity of karst collapse column and its surrounding lithology. Environmental Earth Sciences, 76 (5): 215.

Hatzor Y H, Talesnick M, Tsesarsky M. 2002. Continuous and discontinuous stability analysis of the bell-shaped caverns at Bet Guvrin, Israel. Int J Rock Mechanical Min Science, 39 (7): 867-886.

He K, Jia Y, Min Z, et al. 2012. Comprehensive analysis and quantitative evaluation of the influencing factors of karst collapse in groundwater exploitation area of Shiliquan of Zaozhuang, China. Environmental Earth Sciences, 66 (8): 2531-2541.

He K, Zhang S, Wang F, et al. 2010. The karst collapses induced by environmental changes of the groundwater and their distribution rules in North China. Environmental Earth Sciences, 61 (5): 1075-1084.

Jennings J N. 1971. Karst. Cambridge: MIT Press: 24-28.

Klimchouk A, Auler A S, Bezerra F H R, et al. 2016. Hypogenic origin, geologic controls and functional organization of a giant cave system in Precambrian carbonates, Brazil. Geomorphology, 30 (253): 385-405.

Li G, Mou L, Zhou W. 2015. Paleokarst crust of Ordovician limestone and its utilization in evaluating water inrushes in coalmines of North China. Carbonates and Evaporites, 30 (4): 365-371.

Li Y J, Peng S P, Li P Q, et al. 2008. Internal thermal origin mechanism of Karstic collapse column with no smoothly extrinsic cycle. Journal of coal science and engineering (China), 2 (14): 230-234.

Liang Y, Gao X, Zhao C, et al. 2018. Review: Characterization, evolution, and environmental issues of karst water systems in Northern China. Hydrogeology Journal, 26 (5): 1371-1385.

Lny B, Tveranger J, Pennos C, et al. 2020. Geocellular rendering of cave surveys in paleokarst reservoir models. Marine and Petroleum Geology, 122 (104652): 1-17.

Luo J H, Yang Y G, Chen Y H. 2012. A case study of karstic collapse columns delimitation in coal mine by GIS spatial analysis. Advances in computational environment science: 1-7.

Ma D, Bai H, Miao X, et al. 2016. Compaction and seepage properties of crushed limestone particle mixture: an experimental investigation for Ordovician karst collapse pillar groundwater inrush. Environmental Earth Sciences, 75 (1): 11-19.

Ma D, Wang J, Li Z. 2019. Effect of particle erosion on mining-induced water inrush hazard of karst collapse pillar. Environmental Science and Pollution Research, 26 (19): 1-10.

Ma T, Wang Y, Guo Q, et al. 2009. Hydrochemical and isotopic evidence of origin of thermal karst water at Taiyuan, northern China. Journal of Earth Science, 20 (5): 879-889.

Martinezj D, Johnson K S, Neal J T. 2011. Sinkholes in evaporaterocks. American Scientist, 86 (1): 39-52.

Márton V. 2020. Karst Types and Their Karstification. Journal of Earth Science, 31 (3): 621-634.

Miao X, Cui X, Wang J, et al. 2011a. The height of fractured water-conducting zone in undermined rock strata. Engineering Geology, 120 (1): 32-39.

Miao X, Li S, Chen Z, et al. 2011b. Experimental study of seepage properties of broken sandstone under different porosities. Transport in Porous Media, 86 (3): 805-814.

Osipov V I, Baryakh A A, Sanfirov I A, et al. 2017. Hydrogeomechanical conditions of karst sinkhole formation in the area of potassium mines in Berezniki T Perm Krai. Water Resources, 44 (7): 963-967.

Palmer A N. 1991. Origin and morphology of limestone caves. Geological Society of America Bull, 103: 1-21.

Santo A, Budetta P, Forte G, et al. 2017. Karst collapse susceptibility assessment: a case study on the Amalfi Coast (Southern Italy). Geomorphology, 285 (1): 247-259.

Sevil J, Gutiérrez F, Zarroca M, et al. 2017. Sinkhole investigation in an urban area by trenching in combination with GPR, ERT and high-precision leveling. Mantled evaporite karst of Zaragoza city, NE Spain. Engineering Geology, 231 (1): 9-20.

Shu L, Yin H, Faure M, et al. 2017. Mesozoic intracontinental underthrust in the SE margin of the North China Block: insights from the Xu-Huai thrust-and-fold belt. Journal of Asian Earth Sciences, 141: 161-173.

Silva O L, Bezerra F H R, Maia R P, et al. 2017. Karst landforms revealed at various scales using LiDAR and UAV in semi-arid Brazil: consideration on karstification processes and methodological constraints. Geomorphology, 295 (1): 611-630.

Siska P P, Goovaerts P, Hung I K. 2016. Evaluating susceptibility of karst dolines (sinkholes) for collapse in Sango, Tennessee, USA. Progress in Physical Geography, 40 (4): 579-597.

Song K I, Cho G C, Chang S B. 2012. Identification, remediation, and analysis of karst sinkholes in the longest railroad tunnel in South Korea. Engineering Geology, 135-136 (1): 92-105.

Sweeting M M. 1973. Karst Landforms. Londom: Macmillan Publ CO: 56-60.

Terzaghi K. 1922. Der Grundbruch an Stauwerken und seine Verhuetung. Die Wasserkraft, 17 (01): 445-449.

Venturi S, Tassi F, Vaselli O, et al. 2018. Active hydrothermal fluids circulation triggering small-scale collapse events: the case of the 2001–2002 fissure in the Lakki Plain (Nisyros Island, Aegean Sea, Greece). Natural Hazards, 93 (2): 601-626.

Walkden G M. 1974. Paleokarstic surfaces in Upper Visean (Carboniferous) limestones of the Derbyshire Block. England, Jour Sedimentary Petrology, 44 (4): 122-127.

Wei Y, Sun S, Huang J, et al. 2018. A study on karst development characteristics and key control factors of collapse in Xuzhou, eastern China. Carbonates and Evaporites, 33: 359-373.

Wright V P. 1982. The recognition and interpretation of paleokarsts: two examples from the lower carboniferous of Wales. Jour Sedimentary Petrology, 52 (1): 83-94.

Wu Q, Li B, Chen Y. 2016. Vulnerability Assessment of Groundwater Inrush from Underlying Aquifers Based on Variable Weight Model and its Application. Water Resources Management, 30 (10): 3331-3345.

Wu Q, Zhao D K, Wang Y, et al. 2017. Method for assessing coal-foor water-inrush risk based on the variable weight model and unascertained measure theory. Hydrogeol J, 25 (7): 2089-2103.

Yang F, Bao Z, Zhang D, et al. 2017. Carbonate secondary porosity development in a polyphase paleokarst from Precambrian system: upper Sinian examples, North Tarim basin, northwest China. Carbonates & Evaporites, 32

（2）: 243-256.

Yang F, Pang Z, Duan Z. 2016. Distinguishing between faults and coal collapse columns based on sediment dating: a case study of the Huainan coal field, China. Environmental Earth ences, 75 (11): 1-8.

Yong Y W, Shu L S. 2018. Comprehensive critical mechanical model of covered karst collapse under the effects of positive and negative pressure. Bulletin of Engineering Geology & the Environment, 77 (1): 177-190.

Zeng Y, Wu Q, Liu S, et al. 2016. Vulnerability assessment of water bursting from Ordovician limestone into coal mines of China. Environmental Earth ences, 75 (22): 1431.

Zhang J F, Zhang H L, Meng D, et al. 2009. Numerical simulation of rock deformation and seepage field with a fully-water karstic collapse column under mining influence. Chinese Journal of Rock Mechanics and Engineering, 28 (1): 2824-2829.

Zhang S H, Lin C R. 2008. Study on the genesis of karstic collapse column and characteristics of high resolution seismic data in one coal field. Journal of coal science and engineering, 14 (04): 648-650.

Zuo J P, Peng S P, Li Y J, et al. 2009. Investigation of karst collapse based on 3-D seismic technique and DDA method at Xieqiao coal mine, China. International Journal of Coal Geology, 78 (4): 276-287.